# La Microbiologie, de ses origines aux maladies émergentes

AF853813

# Consultez nos catalogues sur le Web

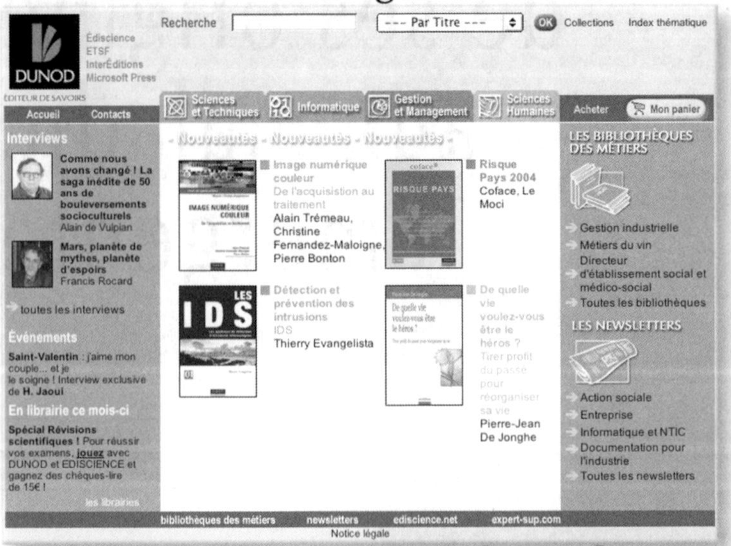


**www.dunod.com**

# La Microbiologie, de ses origines aux maladies émergentes

**Jean-Pierre Dedet**
Professeur de Parasitologie à la Faculté de Médecine de Montpellier (Université Montpellier 1), chef de service du Laboratoire de Parasitologie-Mycologie du CHU de Montpellier, et directeur de l'Unité Mixte de Recherche 5093 (CNRS-Université Montpellier 1) « Biologie moléculaire et génome des protozoaires parasites », directeur du Centre National de Référence des *Leishmania* et du Centre Collaborateur OMS pour les Leishmanioses, membre de l'Académie des Sciences d'Outre-Mer.

**Préface de Luc Montagnier**

DUNOD

DU MÊME AUTEUR :

*Les Instituts Pasteur d'outre-mer : cent vingt ans de microbiologie française dans le monde*, L'Harmattan, 2000.
*Les leishmanioses*, Ellipses, 1999 (coord. par).

**Illustrations de couverture :**

Le colibacille *Escherichia coli*, en microscopie électronique.
Cette bactérie commune du tube digestif, dont certaines souches peuvent être très pathogènes, est l'espèce bactérienne la plus étudiée car elle sert de modèle d'étude pour les généticiens.
© Institut Pasteur

Le pictogramme qui figure ci-contre mérite une explication. Son objet est d'alerter le lecteur sur la menace que représente pour l'avenir de l'écrit, particulièrement dans le domaine de l'édition technique et universitaire, le développement massif du photocopillage.
Le Code de la propriété intellectuelle du 1er juillet 1992 interdit en effet expressément la photocopie à usage collectif sans autorisation des ayants droit. Or, cette pratique s'est généralisée dans les établissements d'enseignement supérieur, provoquant une baisse brutale des achats de livres et de revues, au point que la possibilité même pour les auteurs de créer des œuvres nouvelles et de les faire éditer correctement est aujourd'hui menacée.
Nous rappelons donc que toute reproduction, partielle ou totale, de la présente publication est interdite sans autorisation de l'auteur, de son éditeur ou du Centre français d'exploitation du droit de copie (CFC, 20, rue des Grands-Augustins, 75006 Paris).

DANGER
LE PHOTOCOPILLAGE TUE LE LIVRE

© Dunod, Paris, 2007
ISBN 978-2-10-050806-8

Le Code de la propriété intellectuelle n'autorisant, aux termes de l'article L. 122-5, 2° et 3° a), d'une part, que les « copies ou reproductions strictement réservées à l'usage privé du copiste et non destinées à une utilisation collective » et, d'autre part, que les analyses et les courtes citations dans un but d'exemple et d'illustration, « toute représentation ou reproduction intégrale ou partielle faite sans le consentement de l'auteur ou de ses ayants droit ou ayants cause est illicite » (art. L. 122-4).
Cette représentation ou reproduction, par quelque procédé que ce soit, constituerait donc une contrefaçon sanctionnée par les articles L. 335-2 et suivants du Code de la propriété intellectuelle.

# Table des matières

**PRÉFACE** XIII

**AVANT-PROPOS** XIX

CHAPITRE 1 • **DES MIASMES AUX MICROBES : PRÉHISTOIRE DE LA MICROBIOLOGIE** 1

CHAPITRE 2 • **PASTEUR ET KOCH : LA NAISSANCE DE LA MICROBIOLOGIE** 13

Louis Pasteur 13

L'étude des fermentations 15

La controverse sur la génération spontanée 16

Les maladies des vers à soie 20

Bacille du charbon et vibrion septique 21

Le choléra des poules et l'atténuation de la virulence 24

La vaccination antirabique 27

Robert Koch 32

L'étude du charbon 32

Les avancées techniques 33

Les découvertes cardinales : bacilles tuberculeux et cholériques 34

© Dunod – La photocopie non autorisée est un délit.

Les postulats de Koch 37
La tuberculine 37
Les maladies tropicales 39

Les apports de Pasteur et de Koch 40

CHAPITRE 3 • **ÉVOLUTION DES ÉCOLES FRANÇAISE ET ALLEMANDE** 45

L'École pastorienne et l'Institut Pasteur 46
Les Instituts Pasteur d'outre-mer 52
Albert Calmette et la sérothérapie antivenimeuse 55
Alexandre Yersin et la peste 55

Le développement de la Microbiologie en France, hors Institut Pasteur 57

L'École allemande 59
Les disciples de Robert Koch 59
L'usage des colorants en Bactériologie 65
Le pneumocoque et la coloration de Gram 65
Le gonocoque 67
Escherich et la flore bactérienne intestinale 67

La sérothérapie : une mise au point franco-allemande 68

La Microbiologie européenne hors de France et d'Allemagne 73
Almroth Wright 74
La fièvre de Malte 75
La Médecine tropicale 76

Les débuts de la Microbiologie outre-atlantique 77

CHAPITRE 4 • **DE L'ANTISEPSIE À LA VACCINATION : LES GRANDES ÉTAPES DE LA PRÉVENTION DES MALADIES INFECTIEUSES** 81
John Snow et la transmission du choléra 82
Ignace Semmelweis, un précurseur méconnu 83
La découverte du streptocoque et du staphylocoque 84
Joseph Lister et l'antisepsie 86
L'asepsie 88

La vaccination 92
La variolisation 93
Jenner et la vaccination 94
Pasteur et l'atténuation des microbes 98

Wright et les vaccins bactériens tués 98
Albert Calmette et le BCG 99
Gaston Ramon : anatoxines, adjuvants de l'immunité et vaccinations associées 102
Les vaccins antipoliomyélitiques 103
Les vaccins d'aujourd'hui et de demain 105

CHAPITRE 5 • **LES DÉVELOPPEMENTS DE LA BACTÉRIOLOGIE DANS LA PREMIÈRE MOITIÉ DU XX^E SIÈCLE** 109

Charles Nicolle, du germe au milieu 110

L'épidémiologie des maladies vectorielles 115

Apports mitigés de la sérothérapie anti-pneumococcique 116

La classification des streptocoques 119

Les salmonelles 120

La réaction de fixation du complément 122

CHAPITRE 6 • **MICROBES AU SERVICE DE L'HOMME : LA DOMESTICATION DE L'UNIVERS MICROBIEN** 125

Le rôle des bactéries dans la nature 127

La préservation des aliments 130

La lutte biologique 131
Lutte biologique contre les rongeurs 131
Lutte biologique contre les insectes 133

CHAPITRE 7 • **LE DÉVELOPPEMENT DE LA VIROLOGIE** 137

Les virus filtrants 137

Les bactériophages 140

Les développements techniques 142

Les apports de la Biologie moléculaire 145

Les maladies infectieuses virales 147

Les vaccins antiviraux et les grandes campagnes d'éradication 149

Les virus émergents 152

© Dunod – La photocopie non autorisée est un délit.

L'oncogenèse virale 155

Le sida 158

Des maladies aux frontières de l'infection 161

Quel avenir pour les virus ? 162

CHAPITRE 8 • **DE LA CHIMIE MICROBIENNE À LA GÉNÉTIQUE MOLÉCULAIRE DES MICRO-ORGANISMES** 165

Le bacille typhoïdique et la biochimie bactérienne 166

L'enzymologie microbienne 167

La génétique microbienne 169

L'ADN support de l'hérédité 172

La découverte des mécanismes de la synthèse des protéines 175

La régulation génétique de la synthèse protéique 176

De l'enzymologie à l'ingénierie génétique 178

Le séquençage des génomes microbiens 179

CHAPITRE 9 • **DE LA QUININE AUX ANTIBIOTIQUES : LES GRANDES ÉTAPES DE LA THÉRAPEUTIQUE ANTI-MICROBIENNE** 183

Les substances naturelles 185

La quinine 185
L'armoise 188
L'huile de chaulmoogra 189
Autres substances naturelles 190

Les métaux et les antiseptiques 190

L'antimoine 190
L'arsenic 191
Le bismuth 192
Le mercure 192
Les antiseptiques 192

Les débuts de la chimiothérapie anti-infectieuse 194

Paul Ehrlich 194
Ernest Fourneau 197
Les sulfamides et les sulfones 199

Les antibiotiques 201

La pénicilline 201

La streptomycine 205

Recherche systématique 208

Les antiviraux 209

CHAPITRE 10 • **LES MICROBES CONTRE L'HOMME : LA GUERRE BIOLOGIQUE** 213

La guerre biologique avant les débuts de la Microbiologie 214

La guerre biologique durant les deux Guerres mondiales 215

La guerre biologique de 1945 à 1972 218

**CONCLUSION** 225

**REMERCIEMENTS** 229

**BIBLIOGRAPHIE** 231

**CHRONOLOGIE DES GRANDES DÉCOUVERTES EN MICROBIOLOGIE** 235

**LISTE DES PRIX NOBEL ATTRIBUÉS À DES MICROBIOLOGISTES** 241

**INDEX DES NOMS DE PERSONNES** 245

**INDEX DES NOMS DE GERMES, MALADIES ET PRODUITS** 255

*À mes enfants, Vincent,*
*Laurence, Guillaume et Antoine*

# Préface

Il est difficile d'imaginer qu'il y a seulement deux siècles, on ignorait encore tout d'un monde biologique invisible, à la fois indispensable à notre vie et pourtant si souvent dévastateur, celui des microbes. Ce sont des innovations techniques — dont le microscope — ainsi que la patience et le génie de quelques savants du XIXe siècle, qui ont permis la découverte de ce nouveau Monde des bactéries et des virus et, peu à peu, sa maîtrise.

Indispensables à notre vie car, sans les transformations bactériennes, notre sol — notre « terre » — serait inerte et impropre à la croissance des plantes. Sans la colonisation bactérienne de notre intestin, nos digestions ne seraient pas achevées. Aujourd'hui, les bactéries domestiquées nous permettent d'effectuer des fermentations contrôlées pour les produits alimentaires, et de produire en grande quantité des protéines utiles en thérapeutique.

Mais les bactéries étaient aussi de redoutables parasites, causant autrefois des épidémies gravissimes de maladies mortelles, rendant dangereuses toute blessure, toute intervention chirurgicale.

L'histoire de la microbiologie, c'est avant tout une aventure humaine aux multiples étapes, gravissant petit à petit une échelle de connaissances de plus en plus élevée, permettant à l'espèce humaine de s'affranchir des plus grands dangers causés par les bactéries et les virus.

© Dunod – La photocopie non autorisée est un délit.

Cette histoire, le Professeur Jean-Pierre Dedet nous la fait revivre d'une façon magistrale, à la fois attractive pour le lecteur le moins averti et instructive pour les étudiants en Biologie et en Médecine mais aussi pour les spécialistes curieux d'en connaître un peu plus sur l'élaboration de nos connaissances et sur l'origine des progrès dont ils bénéficient dans leur pratique quotidienne.

Deux figures dominent la fin du XIX$^{e}$ siècle en microbiologie, celle de Louis Pasteur en France et celle de Robert Koch dans la toute nouvelle Allemagne de l'époque. Leurs relations n'étaient pas bonnes, pour des raisons extrascientifiques, la guerre de 1870 était passée par là... Mais malgré tout, c'est la connaissance scientifique qui a triomphé et Koch finit par accepter la vaccination contre la rage. Leurs contributions respectives et celles de leurs disciples sont décrites dans ce livre avec objectivité.

En ce temps-là, les microbiologistes n'acceptaient pas l'application du darwinisme à leurs petites bêtes et croyaient donc à la fixité des espèces microbiennes, malgré les atténuations de souches qu'ils obtenaient par leurs vaccins. Et c'est pourtant à partir des bactéries que, un demi-siècle plus tard, la génétique moléculaire est née, établissant avec les transformations d'Avery le rôle primordial de l'ADN comme support de l'information génétique, et pour certains virus celui de l'ARN, avec les expériences d'ARN infectieux de Fraenkel-Conrat et de Gierer et Schramm.

Ce sont aussi à partir de systèmes bactériens que sont nés les concepts de prophage, étendus par la suite aux virus des eucaryotes, puis les premiers modèles de régulation de l'information génétique avec Monod et Jacob et la découverte des enzymes de restriction par Arber qui allait permettre le clonage moléculaire et l'essor de l'ingénierie génétique.

Aujourd'hui, les bactéries qui ont reçu des gènes humains fabriquent des protéines utiles en Médecine, telles l'insuline, l'interféron, des anticorps monoclonaux, des facteurs de croissance.

Les craintes exprimées par les chercheurs eux-mêmes, que ces microbes modifiés n'échappent à tout contrôle et créent des catastrophes écologiques, ne se sont pas vérifiées, grâce à des mesures strictes de confinement. Mais le danger vient d'ailleurs : il vient de l'extraordinaire capacité de variation, donc de résistance, des virus et bactéries aux actions que l'homme a menées contre eux et aussi des nouvelles occasions que nous leur offrons par la mondialisation et par l'expansion incontrôlée de populations humaines s'agglutinant en bidonvilles autour de villes géantes où les règles élémentaires d'hygiène ne sont plus appliquées. Les vecteurs de virus et bactéries, rats et oiseaux, pullulent dans les montagnes de déchets, les poux de tête réapparaissent dans les écoles (oui, dans nos écoles), les malades hospitalisés meurent d'infections nosocomiales polyrésistantes aux antibiotiques ou sont traumatisés à vie ; des bacilles tuberculeux multirésistants font des ravages dans les prisons russes.

La facilité des voyages donne lieu à des transhumances massives du Nord vers le Sud en période estivale et, à tout moment, la globalisation des échanges, notamment des produits de l'agriculture, permet un va-et-vient incessant de germes. Ainsi que l'avait prédit le Pastorien Charles Nicolle dans les années 1920, de nouvelles épidémies apparaissent, SIDA, SRAS, Chikungunya, grippe aviaire… et la liste n'est probablement pas terminée.

En fait, il faut s'attendre à une lutte perpétuelle entre les attaquants, les microbes, et les attaqués, nous les humains. Certes, nous possédons de puissantes défenses, le bras inné et le bras acquis du système immunitaire, les interférons contre les virus, un meilleur équilibre nutritionnel qu'autrefois. Grâce en plus aux vaccins, aux antibiotiques, les maladies infectieuses aiguës ont reculé mais leurs germes ne sont pas loin, mise à part la variole qui a été éradiquée par la vaccination. La chute de la couverture vaccinale au moment de l'écroulement de l'URSS a entraîné un retour de la diphtérie chez les enfants de ces pays.

Certes, au cours du XX^e^ siècle, la balance a été largement en notre faveur. La population mondiale a plus que triplé du début à la fin de ce siècle et ceci en grande partie grâce aux progrès de la médecine et de l'hygiène antimicrobienne. L'espérance de vie moyenne à la naissance a fait un bond énorme, du fait notamment de la diminution de la mortalité infantile. À une exception près cependant, qui doit nous imposer de rester vigilants : celle des pays où le SIDA a une grande prévalence, l'espérance de vie a diminué de 15 ans.

Mais il ne faut pas s'attendre à des gains aussi importants dans le siècle qui commence. D'abord parce que nous nous rapprochons de nos limites génétiques. Ensuite parce que la malnutrition liée à la surabondance et au marketing entraîne des décès prématurés par accident cardiovasculaire ou cérébral. Enfin, parce que « nos » microbes trouvent des parades de plus en plus subtiles : après l'apparition de gènes de multi-résistance aux antibiotiques, vient le temps des biofilms résistants à la pénétration des anticorps et des antibiotiques, et peut-être

© Dunod – La photocopie non autorisée est un délit.

demain, celui de nanoformes invisibles au système immunitaire et traversant les filtres les plus fins, sans parler des micro-bactéries intracellulaires, *Borellia*, *Bartonella* et autres *Chlamydia*.

Ainsi, les bactéries ont-elles trouvé le moyen de persister dans l'organisme et d'y causer des dégâts peut-être plus longs à apparaître mais tout aussi dévastateurs : cancer (*Helicobacter pylori*), plaques d'athérome (*Chlamydia*) et probablement aussi les maladies neurodégénératives : Alzheimer, Parkinson, sclérose en plaque. Il nous appartient de trouver des ripostes efficaces — essentiellement préventives — à ces menaces, sinon la société va se dépeupler en jeunes actifs et s'accroître en retraités grabataires perclus de rhumatismes, ou au cerveau ramolli. Une société invivable et non viable.

La recherche en microbiologie a donc encore un grand futur devant elle, et il est déplorable que de moins en moins de jeunes chercheurs et médecins se tournent vers cette discipline. Il y a encore de grandes découvertes à faire !

Puisse ce livre contribuer à renverser ce courant.

Professeur Luc Montagnier

« Il faut de temps en temps récrire l'histoire non pas parce qu'on découvre des faits nouveaux, mais parce qu'on aperçoit des aspects différents, parce que le progrès amène à des points de vue qui laissent apercevoir et juger le passé sous des angles neufs. »

Johann Wolfgang von Goethe

« On ne connaît bien une science que si l'on en connaît l'histoire »

Auguste Comte

# Avant-propos

Tout le monde sait ce que sont les microbes, des micro-organismes vivants de trop petite taille pour être vus à l'œil nu et qui nécessitent d'être examinés au microscope : virus, bactéries, algues, champignons et protozoaires. Chacun a appris à ses dépens que les microbes étaient sources de maladies. L'arrivée des nouvelles épidémies (fièvres hémorragiques dans les années 1970, Sida dans les années 1980, hépatite C dans les années 1990, SRAS et grippe aviaire dans les années 2000) n'a fait que conforter l'homme de la rue dans cette idée. Ces dernières années, des alertes au bioterrorisme, plus ou moins fondées mais largement relayées par les médias, ont dramatiquement contribué à accentuer la peur des microbes.

Mais peu de gens savent que de très nombreux microbes jouent un rôle bénéfique important dans la nature, chez les êtres vivants et jusque dans notre vie quotidienne. Les micro-organismes existaient dès les premiers temps de l'histoire de notre planète, au cours desquels ils ont contribué à la formation de divers milieux. Ils sont des acteurs essentiels de notre environnement et des éléments indispensables à la vie. Ils se trouvent à l'origine de toutes les chaînes alimentaires. Les micro-organismes furent aussi, et sont encore, responsables de nombreuses maladies humaines, animales ou végétales, dont le poids social et économique fut parfois, ou est encore, considérable.

© Dunod – La photocopie non autorisée est un délit.

Si les microbes sont présents depuis des temps immémoriaux, l'homme n'en a eu connaissance que depuis à peine un siècle et demi. Cette prise de conscience toute récente a succédé à de longs siècles d'ignorance et de méconnaissance. La Microbiologie est une science, dont les balbutiements remontent au XVII^e^ siècle, lorsque Leeuwenhoek, découvrant le microscope en 1675, démontra l'existence des microorganismes. Mais il fallut attendre le XIX^e^ siècle pour que leur rôle dans les maladies humaines et animales soit révélé.

L'histoire de la Microbiologie est certes éphémère à l'échelle de l'humanité, mais si courte soit-elle, cette histoire est extrêmement dense. Des avancées mémorables ont été accomplies en un temps somme toute réduit. Il est remarquable qu'il ait fallu si peu de générations pour passer de la théorie microbienne des maladies à l'explication des mécanismes infectieux au niveau moléculaire. La démarche expérimentale qui incarne l'apogée de la pensée occidentale rationnelle et logique, a eu un rôle décisif dans l'avènement du monde moderne. En ce sens, le développement de la Microbiologie a eu des conséquences déterminantes pour l'humanité. La Microbiologie a eu un impact énorme sur l'essor d'autres disciplines, telles que l'Écologie, l'Immunologie, la Génétique, la Biochimie et la Biologie moléculaire. Elle est fondatrice de la Biologie moderne et a donné lieu à de multiples applications dans les domaines de la Médecine, de la Santé animale, de l'Agronomie et de l'industrie. Elle a contribué de manière remarquable à l'amélioration de la santé et de l'alimentation humaine et animale. Environ le tiers des prix Nobel de Physiologie et Médecine fut attribué à des scientifiques travaillant dans le domaine de la Microbiologie.

Or, malgré un palmarès aussi positif, la Microbiologie souffre d'une méconnaissance préjudiciable. Peu de livres ont été consacrés à son histoire. En France, tout particulièrement, aucun ouvrage de synthèse n'est disponible. Ce paradoxe peut être attribué au fait que l'œuvre magistrale de Louis Pasteur a longtemps focalisé, de façon presque exclusive, une attention un peu chauvine et occulté les grandes découvertes réalisées dans d'autres pays.

Notre objectif est de brosser une histoire de la microbiologie et de ses différents domaines. Une telle étude ne saurait malheureusement être que sommaire, compte tenu de la diversité des champs à couvrir et de la multiplicité des découvertes à embrasser. Nous souhaitons malgré tout faire œuvre utile en comblant une lacune regrettable et en réhabilitant une discipline méconnue. Mais avant d'entrer dans le vif du sujet, il nous paraît important en préalable de bien faire saisir l'universalité du monde des micro-organismes.

L'apparition des micro-organismes à la surface de la planète est sans doute contemporaine du commencement de la vie, comme le démontrent les stromatolithes fossilisés, roches stratifiées formées par incorporation de minéraux dans des tapis bactériens. Les micro-organismes ont contribué à la formation de divers milieux. Ils sont impliqués dans les dépôts de minerais, tels le carbonate de sodium ou les minerais de fer, et la formation des combustibles. Le charbon résulte ainsi de la carbonisation de matières végétales par certaines bactéries, il y a deux cents millions d'années. Les hydrocarbures ont une origine organique et procèdent de la décomposition du plancton marin sous l'action de bactéries anaérobies.

Les micro-organismes sont présents dans tous les milieux naturels, qu'ils soient terrestres, aquatiques ou aériens. Ils sont présents dans le sol où un gramme de terre fertile contient cent millions de bactéries. Celles-ci constituent probablement le composant le plus important de la biomasse terrestre et ont été détectées jusqu'à 400 mètres sous terre. Dans les océans et les mers, les micro-organismes se rencontrent jusqu'à onze kilomètres de profondeur. Dans les airs, ils sont présents jusqu'à un kilomètre du sol. On a même recueilli des spores de bactéries et de champignons dans l'atmosphère jusqu'à trente-deux kilomètres de la terre.

Des micro-organismes existent même dans les milieux extrêmes. Les bactéries thermophiles peuvent vivre à 110 °C ; les bactéries psychrophiles sont adaptées au froid et se trouvent jusque dans les milieux polaires. Les micro-organismes halophiles sont adaptés aux milieux salés, et même la Mer Morte, à la salinité excessivement élevée, contient levures et bactéries. Des espèces barophiles résistent à de fortes pressions. Certains micro-organismes tolèrent l'acidité, d'autres les milieux alcalins. Il existe des bactéries dans les volcans sulfureux ou dans les sources hydrothermales sous-marines acides, chaudes et riches en sulfures.

Les bactéries interviennent dans les cycles de vie fondamentaux : cycles de l'azote, du carbone, de l'oxygène, du soufre, tous éléments chimiques indispensables aux organismes vivants. Les bactéries dénitrifiantes restituent à l'air de l'azote du sol ou des plantes, cependant que les bactéries fixatrices d'azote le rendent utilisable par les plantes. Divers micro-organismes contribuent à restituer le gaz carbonique à l'atmosphère à partir de la matière organique issue de la putréfaction

© Dunod – La photocopie non autorisée est un délit.

de diverses matières. De même, les bactéries sulfureuses transforment le sulfure issu de la putréfaction des organismes morts en sulfate, une forme réutilisable par les plantes.

Les êtres vivants, animaux ou végétaux, portent des multitudes de micro-organismes à la surface de leur revêtement cutané et muqueux et dans leurs cavités naturelles. Déjà Antonie Van Leeuwenhoek, grand observateur de micro-organismes, notait plaisamment : « Mon jugement personnel est que les êtres vivants que je porte dans ma propre bouche (même si je la lave !) sont plus nombreux que toute la population des Pays-Bas ». La plupart de ces micro-organismes participent activement à la digestion animale. Certains aliments ingérés par les animaux ne sont pas digérés directement par eux, mais ont besoin de bactéries ou de protozoaires pour que leur digestion soit effectuée. L'estomac des ruminants est un milieu rempli de micro-organismes, grâce auxquels la cellulose de l'herbe est digérée. De même, dans l'intestin des termites, des bactéries décomposent la cellulose contenue dans le bois rongé.

L'intestin humain contient entre 300 et 500 espèces différentes de bactéries, dont le nombre est dix fois supérieur au nombre de cellules du corps. Ces bactéries sont principalement localisées dans le gros intestin, où leur concentration atteint $10^{11}$ à $10^{12}$ par gramme de contenu luminal. Les bactéries anaérobies y sont 100 à 1 000 fois plus nombreuses que les aérobies. La colonisation du tractus gastro-intestinal de l'homme commence dès sa naissance et se complète dans les premiers jours de la vie. La microflore intestinale contribue à la digestion par absorption de nutriments et apporte de l'énergie. Les micro-organismes résidants jouent également un rôle important dans les synthèses vitaminiques, par exemple celles des vitamines B12 et K, et dans l'absorption de certains ions, en particulier le calcium, le magnésium et le fer. La flore intestinale a en outre un rôle protecteur important par son effet trophique sur l'épithélium intestinal et son influence sur le système immunitaire. Elle joue également un rôle efficace de barrière vis-à-vis des agents infectieux exogènes.

Si la plupart des micro-organismes présents chez les êtres vivants ont un rôle bénéfique, un petit nombre d'entre eux est responsable de maladies. Ils peuvent en effet envahir les organes profonds dans lesquels leur développement actif est source de maladie. Certaines de ces maladies infectieuses ont représenté et représentent encore parfois de véritables fléaux pour l'homme, l'animal ou le monde végétal. Enfin les micro-organismes peuvent se parasiter les uns les autres, formant des systèmes intriqués dans lesquels les interactions entre partenaires sont parfois difficiles à démêler.

Pourtant, malgré l'importance des micro-organismes dans les différents processus vitaux et dans les phénomènes pathologiques, leur existence a été ignorée pendant des siècles, leur rôle dans la nature et chez les êtres vivants totalement méconnu. Le concept même de maladie infectieuse ne fut que tardivement acquis, au XIX^e siècle, bien que les agents infectieux accompagnassent l'homme depuis son origine et que les maladies qu'ils engendrent fissent partie de ses misères. Quelques grandes maladies infectieuses ont profondément marqué l'humanité à une période donnée, par le nombre massif de sujets atteints et par l'impact socio-économique et politique majeur qu'elles ont pu avoir. Elles peuvent être considérées comme emblématiques d'une période donnée. Citons par exemple la peste et la lèpre au Moyen Âge, la syphilis à la Renaissance, la variole à l'époque classique (XVII^e et XVIII^e siècles), la tuberculose à l'ère de la révolution industrielle et du romantisme (XIX^e siècle) et le Sida au XX^e siècle.

Non seulement les grandes épidémies firent des hécatombes, telle la deuxième pandémie pesteuse, responsable entre 1345 et 1352 de la disparition d'environ la moitié de la population d'Europe, mais encore les maladies infectieuses affectaient l'homme au quotidien. Ainsi, au XVIII^e et XIX^e siècles, les infections puerpérales avaient des taux de mortalité de 10 à 30 % dans les cliniques et les maternités, la tuberculose était la cause du décès d'un Européen sur quatre, alors que la diphtérie représentait la première cause de mortalité infantile urbaine.

L'ouvrage que nous présentons ne concerne pas directement l'histoire des maladies infectieuses, mais celle des micro-organismes qui en sont responsables. Il se propose de suivre l'évolution des idées et des concepts sur les microbes et les maladies dont ils sont responsables, sur les méthodes mises au point pour les déceler et les produits pour les combattre. Il aborde les applications fructueuses qu'ont générées ces connaissances et leurs prolongements vers d'autres disciplines.

Les premiers chapitres suivent un ordre chronologique. Ainsi, les âges précédant Louis Pasteur et Robert Koch correspondent à ce qu'on pourrait appeler la préhistoire de la microbiologie (chapitre 1). De nombreuses théories s'y sont affrontées pour tenter d'expliquer les maladies infectieuses, avec la double limitation d'outils d'investigation pratiquement inexistants et d'une absence de rigueur dans les dogmes en cours à cette époque. Avec Pasteur et Koch, au cours de

© Dunod – La photocopie non autorisée est un délit.

la deuxième moitié du XIXe siècle, nous assistons à la naissance de la Microbiologie et tout particulièrement à l'essor de la Bactériologie (chapitre 2). Les découvertes de ces deux savants ont marqué un changement profond dans la pensée médicale de l'époque, et pas seulement dans le domaine des maladies infectieuses. Les écoles française et allemande qu'ils fondèrent essaimèrent dans le monde (chapitre 3). Depuis cette période, une remarquable moisson de découvertes fut faite dans les différents domaines de la Microbiologie et la première moitié du XXe siècle fut marquée par un développement remarquable de la Bactériologie (chapitre 5).

La diversification des découvertes devint rapidement si riche, qu'il est impossible de suivre ensuite le seul ordre chronologique. C'est pourquoi nous avons ensuite regroupé par thème l'évolution des idées et les avancées des connaissances. Les grandes étapes de la prévention des maladies infectieuses, de l'antisepsie à la vaccination, sont abordées au chapitre 4. La domestication de l'univers microbien, en particulier son utilisation dans le domaine agroalimentaire et dans la lutte biologique, est analysée ensuite (chapitre 6). L'histoire de la Virologie est abordée indépendamment (chapitre 7). La Biologie moléculaire doit son existence à la Bactériologie ; à ce titre l'histoire de sa naissance trouve toute sa place dans cet ouvrage (chapitre 8). Les grandes étapes de la Thérapeutique anti-microbienne sont résumées dans le chapitre 9. Enfin, si les microbes ont été couramment utilisés par l'homme pour des applications utiles, ils ont fait parfois l'objet d'emplois néfastes, dirigés contre lui, un sujet d'une actualité brûlante abordé au chapitre 10. Enfin, le lecteur intéressé par les repaires temporels comparatifs trouvera, à la suite de la bibliographie, une chronologie des principales découvertes faites en microbiologie et la liste des Prix Nobel attribués à des microbiologistes. Deux index permettront de retrouver les noms des acteurs cités, personnes d'une part et microbes ou maladies d'autre part.

Une histoire de la microbiologie est certainement un élément fondamental dans la culture générale des médecins, des pharmaciens, des vétérinaires, et plus largement des biologistes de notre époque. Mais au-delà, elle s'adresse à un public plus général auquel nous souhaitons faire partager son univers merveilleux, les découvertes qui ont jalonné ses diverses étapes, et les figures qui les ont marquées. Notre objectif serait atteint si nous avions pu éveiller la curiosité du lecteur, captiver son attention, répondre à ses questions.

# Chapitre 1

# Des miasmes aux microbes : préhistoire de la Microbiologie

Les maladies infectieuses ont de tout temps accompagné l'homme, mais celui-ci ne le sait que depuis à peine plus d'une centaine d'années, nous l'avons dit. Les manifestations cliniques des maladies infectieuses ne furent, sauf cas particulier, que tardivement individualisées et leurs causes restèrent ignorées jusqu'au milieu du XIX$^{e}$ siècle, époque de la naissance de la Microbiologie.

Il ne fait aucun doute que les maladies infectieuses ont existé depuis la préhistoire, mais leur rôle y est le plus souvent méconnu. Que l'homme préhistorique ait pu être dévoré par l'ours ou le lion n'étonne guère, par contre, l'idée qu'il ait pu succomber aux maladies infectieuses nous est moins familière. Pourtant, la preuve de leur existence en ces âges lointains existe pour certaines d'entre elles, dont les lésions spécifiques ou plus rarement les agents infectieux sont retrouvés sur les ossements ou sur les momies. Ainsi, des caries dentaires ont été détectées sur des fossiles hominiens du pléistocène. Des lésions osseuses de tuberculose ont été découvertes sur des squelettes et des œufs du ver nématode *Trichuris trichiura* dans l'intestin de la momie du glacier

© Dunod – La photocopie non autorisée est un délit.

alpin d'Otztal datant du néolithique (environ 5000 av. J.-C.). Des crânes de notables égyptiens ensevelis au IIe siècle av. J.-C. montraient des lésions spécifiques de lèpre. Des œufs calcifiés du ver plat *Schistosoma* ont été trouvés dans des momies égyptiennes de l'époque pharaonique et des lésions viscérales typiques de la trypanosomose américaine, ou maladie de Chagas, ont été décrites dans des populations anciennes vivant au nord du Chili en Amérique du Sud quelque 2000 ans av. J.-C.

Certaines maladies infectieuses ont des caractères cliniques suffisamment stéréotypés et des symptomatologies suffisamment évocatrices pour avoir fait l'objet de descriptions anciennes. Ainsi au deuxième millénaire av. J.-C., une maladie assimilable au choléra est citée dans la littérature védique sanskrite et la rage figure en Mésopotamie dans le Code Eshunna. L'hématurie de la bilharziose urinaire est signalée dans le papyrus Ebers en Égypte, 1500 ans av. J.-C. La peste est évoquée à plusieurs reprises comme un fléau majeur dans l'Ancien Testament, sans que l'on soit très sûr qu'il s'agisse exactement de ce que nous nommons aujourd'hui la peste. D'ailleurs l'épidémie de peste qui ravagea Athènes vers 430-429 av. J.-C., ressemble davantage au typhus exanthématique, selon le récit qu'en fit Thucydide. Les fièvres paludéennes se trouvent clairement identifiées chez le médecin grec Hippocrate (460-370 av. J.-C.). La rage était connue de Démocrite et d'Aristote, deux auteurs grecs du IVe siècle av. J.-C., et Celse, auteur latin du Ier siècle av. J.-C., en donna une bonne description clinique et préconisa de cautériser au fer rouge les morsures de chiens enragés.

De même, les maladies éruptives ou celles à expression cutanée dominante furent décrites précocement, même si elles eurent des difficultés à être individualisées les unes des autres. La lèpre est citée dans l'Ancien Testament (Lévitique), dans d'antiques traités de médecine indienne, tel le Sushrata (environ 600 av. J.-C.) et dans les écrits de Celse (25 av./37 apr. J.-C.) qui fait également allusion à la rage et au tétanos. La variole et la rougeole furent décrites pour la première fois en Chine au IVe siècle apr. J.-C., respectivement par Ko Hong (281-340) et Tche Fa Ts'ouen (vers 307). Plus tard, le médecin arabe Rhazès (850-925) fit, dans son étude sur les maladies éruptives, une description précise de ces deux maladies et le médecin chinois Houa Cheou consacra une monographie à l'étude de la rougeole dont il décrivit, au XIVe siècle, les taches blanc bleuâtre sur la muqueuse buccale.

Le caractère contagieux de certaines maladies semble avoir été pressenti dès l'antiquité grecque, en particulier par un auteur comme Hésiode au VIIIe siècle av. J.-C., mais il fut nié par Hippocrate et l'École de Cos, qui croyaient que les épidémies ne pouvaient venir que d'un air corrompu. La pensée hippocratique s'imposa durant des siècles au corps médical méditerranéen, puis européen, rejetant la contagion avec la force d'un dogme incontournable. Même la pensée novatrice du poète latin Varron (Ier siècle av. J.-C.) ne put féconder la croyance de l'époque totalement aveuglée par les dogmes hippocratiques. Pourtant, il affirmait dans son *De re rustica* : « là où se trouvent des endroits marécageux, de minuscules animaux se multiplient, qui sont si petits que l'œil ne peut les distinguer, mais qui pénètrent dans le corps avec la respiration du nez ou de la bouche et provoquent de graves maladies ».

En dépit donc des quelques mentions anciennes que nous venons de citer, la notion de maladie infectieuse était méconnue des médecines antiques. Les maladies infectieuses ne se distinguaient pas des autres maladies, dont les causes étaient expliquées suivant les théories en cours dans les époques et les civilisations correspondantes. Elles étaient généralement attribuées à la volonté de dieux ou de génies châtiant les coupables (Mésopotamie, IIe siècle av. J.-C.). En Égypte ancienne, les maladies étaient causées par des démons subtils véhiculés dans l'air, particulièrement les jours néfastes. À Rome, Fébris, la déesse de la fièvre, possédait trois temples. Cette conception du châtiment divin traversa les âges, relayée avec une belle constance par les trois grandes religions révélées : Judaïsme, Christianisme et Islam, et reste encore fichée dans l'inconscient collectif des populations les plus développées. Dans la Bible déjà, depuis le Pentateuque jusqu'au Nouveau Testament, la lèpre est de nombreuses fois citée, et toujours associée au surnaturel, à l'impureté, au péché. Ailleurs, les maladies étaient rapportées à l'action de facteurs internes, comme un déséquilibre entre les trois dosas, éléments constitutifs du corps (vent, bile et phlegme) dans l'Ayurveda de l'Inde ancienne, ou entre le souffle (K'i) et le sang (hiue) dans la médecine chinoise depuis les Han. En France, on parlait encore, au XVIIe siècle, « d'humeurs peccantes ». Les maladies furent ailleurs attribuées à des causes externes : miasmes contenus dans l'air (Hippocrate), dans le brouillard (Jean de Mésué, 776-855) ou encore dans l'air et l'eau (Avicenne, 980-1037).

En Occident, le Moyen Âge se caractérisa par une longue période d'obscurantisme médical avec une domination de la médecine par l'Église qui imposait le respect inconditionnel de certains dogmes hérités de l'Antiquité et compatibles avec le monothéisme. Tout essai de révision ou de discussion était considéré comme hérétique. Jusqu'au XVIIe siècle, la maladie était considérée comme voulue par Dieu, à la

© Dunod – La photocopie non autorisée est un délit.

fois châtiment individuel (collectif en cas d'épidémie) pour les péchés des hommes et injonction de faire pénitence et de se préparer à mourir. La grande peste était un fléau envoyé par Dieu pour châtier les hommes d'avoir péché. Les artistes de l'époque figuraient souvent sur leurs toiles des flèches envoyées par Dieu du haut du ciel et frappant les corps aux lieux de prédilection des bubons pesteux. Cette relation avec le ciel dura jusqu'à la fin de la deuxième pandémie et joua un rôle essentiel dans la lutte contre la maladie. La syphilis de même demeura longtemps considérée par certains comme une punition divine du péché de luxure.

Intéressant à la fois l'âme et le corps, la maladie relevait du prêtre autant, sinon plus, que du médecin. Au Moyen Âge d'ailleurs, la pratique médicale s'apprenait et s'exerçait au contact des moines. Les médecins parlaient latin, étaient clercs, et, en tant qu'hommes d'Église, ne pouvaient verser le sang, tâche qu'ils réservaient aux barbiers.

Aux yeux de l'Église, la maladie se combattait d'abord par la prière et la pénitence : on adressait sa prière à Dieu par l'intermédiaire de la Vierge et des saints. Mais la piété populaire attribuait aux divers saints plus qu'un simple pouvoir de médiateur et voyait en eux de véritables puissances surnaturelles capables d'intervenir directement dans la vie des hommes. Ainsi se développèrent les cultes de nombreux saints guérisseurs, avec parfois des pèlerinages à leurs sanctuaires. Saint Hubert était invoqué contre la rage, saint Roch ou saint Sébastien contre la peste.

La conception surnaturelle de la maladie s'est maintenue dans les civilisations traditionnelles. Dans les sociétés africaines, les maladies sont la signature d'une faute, la conséquence de la transgression d'un interdit, le résultat d'un sort jeté. Elles sont déclenchées par les dieux ou les mauvais sorciers. Ceux-ci, qui ont le pouvoir d'envoûter, sont aussi les guérisseurs. Le traitement consiste à rechercher d'où vient la faute, qui est le responsable, voire le coupable. Même de nos jours, dans des sociétés modernes et rationnelles, un fond de superstition demeure sur la cause et le traitement des maladies, infectieuses ou non, prêt à resurgir à l'occasion, comme ce fut le cas lors de l'irruption du Sida, au début des années quatre-vingt. Cette maladie, ne touchant au départ apparemment que des homosexuels et des drogués, fut assimilée par certains ecclésiastiques et dans certaines couches de la population à un châtiment divin provoqué par les mœurs dissolues du temps. Pour d'autres, la maladie était la rançon prévisible de comportements déviants, condamnables au regard des normes concernant la sexualité établies par les différentes religions. Cette notion de faute à l'origine de la maladie était encore soulignée par l'existence de victimes considérées comme innocentes : nourrissons nés de mères infectées ou hémophiles transfusés.

À l'époque de la Renaissance, la médecine connut un essor tout à fait remarquable dans ses divers domaines, y compris celui qui nous intéresse ici. L'histoire des maladies infectieuses est dominée à cette époque par Girolamo Frascator (1483-1553). Celui-ci fit, dans un poème de 1530, une description précise de la syphilis, mal communiqué en punition par les dieux au berger Syphile, d'où le nom qui resta attaché à l'affection. Mais il est surtout l'auteur d'un ouvrage sur la contagion (*De contagione et contagionis morbis*, 1546) dans lequel il distingue deux modes de transmission des maladies : la contagion directe d'un individu à un autre (phtisie ou lèpre) et la contagion indirecte due à des sortes de germes, les « seminaria », transportés par l'air, les vêtements ou les objets usuels, et spécifiques pour une maladie donnée. Si le concept était abstrait, puisque les « seminaria » étaient composées, selon Frascator, d'une combinaison forte et visqueuse ayant pour l'organisme une antipathie à la fois matérielle et spirituelle, la notion de leur spécificité pour chaque maladie constituait une intuition intéressante. Les hypothèses de Frascator induisirent chez quelques médecins un mouvement de recherche et d'observation qui ne cessa plus et revisita la notion de contagion. Ainsi, André Joubert écrivait-il à propos de l'épidémie de peste de 1626 à Château-Gontier : « on a découvert que la contagion ne vient que de la fréquentation des gens pestiférés avec les autres habitants, et non de la corruption de l'air ».

À partir du XVIIe siècle, l'idée novatrice de Frascator se précisa grâce à la théorie du « contagium vivum », selon laquelle les maladies infectieuses étaient dues à des animalcules vivants, invisibles à l'œil nu. L'un de ses premiers partisans fut le savant Jésuite allemand Athanasius Kircher (1602-1680), auteur d'un ouvrage sur la peste. Mais le microscope rudimentaire utilisé par Kircher ne lui permettait pas de voir le bacille pesteux, et, bien que sa conception fût purement intuitive, elle eut néanmoins un retentissement certain.

C'est à peu près à la même époque que se place la découverte des premiers micro-organismes. Celle-ci est à mettre au crédit du hollandais Antonie van Leeuwenhoek (1632-1723) en qui l'on s'accorde généralement à voir l'inventeur du microscope (Figure 1). Drapier de son état, il fabriqua des microscopes simples, composés de lentilles doubles convexes maintenues entre deux plaques d'argent, et d'une

© Dunod – La photocopie non autorisée est un délit.

qualité et d'un grossissement nettement supérieurs à ce qu'on avait réalisé jusqu'alors. Il se servait de ses appareils pour examiner la trame des tissus. Mais son intérêt pour la biologie l'amena à observer toutes sortes de matériels. Grâce aux quelque 250 microscopes qu'il fabriqua, il put observer des échantillons en milieu liquide en les plaçant entre deux morceaux de verre et en les éclairant sous un angle de 45°, ce qui produisait une sorte d'éclairage sur un fond noir. Dans les lettres qu'il adressa avec régularité, à partir de 1673, à la Royal Society de Londres, Leeuwenhoek décrivit des bactéries, divers éléments figurés du corps humain et des protozoaires. Dans le tartre de ses dents, dans les matières fécales de l'homme et des animaux, il aperçut des animalcules variés. Dans le moût de bière, il découvrit des globules qu'il ne rattacha toutefois pas au phénomène de la fermentation.

**Figure 1.** À l'aide des microscopes simples qu'il confectionna et qui lui servaient à examiner la trame des tissus, Antonie Van Leeuwenhoek fut le premier à explorer et décrire l'univers microbien. Portrait peint par Johannes Verkolje en 1686. © *Institut Pasteur*

Bien que les contemporains de Leeuwenhoek se soient émerveillés de ses découvertes, l'exploration microscopique du monde microbien si brillamment entamée ne connut pas de développement appréciable pendant plus d'un siècle après sa mort. Des raisons techniques paraissent expliquer ce retard. Les microscopes simples de fort grossissement tels que ceux de Leeuwenhoek étaient difficiles et fatigants à employer et le polissage de très petites lentilles était une opération nécessitant une très grande adresse. Aussi, la plupart des contemporains de Leeuwenhoek, comme ses successeurs immédiats, utilisèrent-ils des microscopes composés, qui souffraient de graves défauts optiques les rendant moins performants que le montage simple de Leeuwenhoek. Les principales améliorations qui devaient conduire à des microscopes composés de la qualité que nous connaissons aujourd'hui apparurent vers 1820 et continuèrent jusqu'en 1870. Ces améliorations furent aussitôt suivies d'une reprise de l'exploration du monde microbien.

Au XVIII<sup>e</sup> siècle, pendant que l'hypothèse du « contagium vivum » s'épanouissait, quelques découvertes de micro-organismes se firent, mais sans lien avec le « contagium vivum », qui fut défendu par divers médecins et naturalistes, parmi lesquels Picoteaul, Cogrossi et Bradley. L'anglais Marten supposait que la phtisie était due à des animalcules, quant au français Jean-Baptiste Goiffon il postulait que des maladies épidémiques et contagieuses, comme la peste, et des maladies contagieuses mais non épidémiques, comme la variole, la lèpre, la rage ou la gale, étaient dues à l'action d'animalcules. L'existence des protozoaires fut confirmée par le français Louis Joblot (1645-1723) et celle des bactéries par l'allemand Otto Freiderich Müller (1730-1784). Celui-ci décrivit de nombreuses bactéries et les classa en genres et espèces selon les règles de la nomenclature mise au point, en 1762, par Carl von Linné (1707-1778).

L'un des obstacles majeurs au rapprochement entre micro-organismes et maladies résidait dans l'incompréhension qui entourait l'origine des micro-organismes. La croyance très ancienne que les insectes, et même des animaux de grande taille, prenaient spontanément naissance à partir de matières organiques en putréfaction avait été battue en brèche par l'italien Francesco Redi (1626-1697) qui, s'appuyant pour la première fois sur l'expérimentation, avait démontré en 1688 qu'il suffit de protéger la viande par une gaze pour empêcher l'apparition des vers et que ceux-ci naissent d'œufs déposés par les mouches. La découverte des micro-organismes avait cependant provoqué un rebondissement dans la querelle de la génération spontanée. L'obscurantisme prospérant au royaume de l'invisible, il fut supposé que des animalcules

© Dunod – La photocopie non autorisée est un délit.

de la taille de ceux signalés par Leeuwenhoek provenaient de la transformation de matières organiques préexistantes, selon les opinions partagées par divers savants, dont le Français Georges Buffon (1707-1788) et l'Anglais John Tuberville Needham (1713-1781). Celui-ci observait que du bouillon de viande, porté à ébullition dans un flacon bouché hermétiquement, se troublait rapidement, signe de la présence de micro-organismes. Il en déduisait que la matière organique possédait une force vitale qui pouvait conférer les propriétés de la vie à la matière non vivante. Le prêtre et naturaliste italien Lazzaro Spallanzani (1729-1799) améliora les expériences de Needham scellant à l'avance les flacons, puis les plaçant dans l'eau bouillante trois quarts d'heures. Il suggéra que non seulement l'air transportait les germes dans l'infusion, mais aussi qu'il était nécessaire à la croissance des germes déjà présents dans l'infusion.

On aurait pu penser que les belles expériences de Spallanzani allaient régler la question une fois pour toutes. Cela aurait pu être le cas si ses successeurs avaient suivi les précautions expérimentales qu'il recommandait. Cependant, des expériences erronées continuèrent à être réalisées et des résultats favorables à la génération spontanée furent encore obtenus. En même temps cependant, une très intéressante application des découvertes de Spallanzani avait été faite. Ses expériences avaient en effet montré que des bouillons animaux ou végétaux, même très périssables, ne subissaient ni putréfaction ni fermentation quand ils avaient été correctement débarrassés de tout micro-organisme. Un industriel parisien, Appert, lança, au début du XIXᵉ siècle, la conservation des aliments dans des boîtes étanches chauffées à l'ébullition. Cette méthode de conservation indéfinie de denrées périssables ou « appertisation » se répandit largement avant que ses bases scientifiques eussent été clairement établies.

La découverte de l'oxygène, à la fin du XVIIIᵉ siècle, et la reconnaissance de son rôle essentiel pour la vie des animaux firent rebondir la querelle de la génération spontanée. D'ingénieuses expériences de Theodor Schwann en 1837 apportèrent pour la première fois la démonstration que ni la croissance microbienne ni la décomposition ne se produisent dans un bouillon correctement chauffé, même s'il est exposé à l'air, pourvu que cet air ait été au préalable entièrement débarrassé de tout micro-organisme. Nous rapporterons plus loin (chapitre 4) les remarquables expériences de l'anglais John Tyndall dans le même domaine.

Malgré ce, expériences et contre-expériences se poursuivirent durant tout le XVIIIᵉ et la première moitié du XIXᵉ siècle, opposant défenseurs et adversaires de la génération spontanée. Ce que quelqu'un a qualifié plaisamment de « guerre des bouillons » ne devait trouver de conclusion définitive que lorsque Louis Pasteur s'attaqua au problème. Avec une absolue rigueur expérimentale, il réfuta définitivement la thèse de la génération spontanée, ce sur quoi nous reviendrons plus loin (chapitre 2).

Un autre obstacle à la compréhension de la cause des maladies infectieuses résidait dans les théories médicales qui se multiplièrent au XVII^e^ et surtout au XVIII^e^ siècle. Les iatrochimistes, à la suite du hollandais Jan Baptist Van Helmont (1577-1644) faisaient des phénomènes organiques le résultat de réactions chimiques, alors que les iatromécanistes, à la suite de l'italien Giovanni Alphonso Borelli (1608-1679) y voyaient des mouvements soumis aux lois physiques. Pour les vitalistes montpelliérains Paul Joseph Barthez (1734-1806) et Théophile de Bordeu (1722-1776), la maladie résultait de l'altération de l'élan vital qui animait le corps humain, retentissant sur les échanges physicochimiques. Les animistes, avec Georg Ernst Stahl (1660-1734) voyaient dans la maladie un dérèglement de l'activité de « l'âme sensible », principe réglant les échanges à l'intérieur du corps. Pourtant, des médecins comme René-Théophile Laennec (1781-1826) et Pierre Bretonneau (1771-1852) croyaient à l'existence « d'entités morbides spécifiques » aux causes mystérieuses.

De même au début du XIX^e^ siècle, le mode de transmission des épidémies frappant les collectivités donnait matière à discussion. Si le caractère contagieux de certaines d'entre elles était évident pour le public, les médecins se divisaient sur l'existence ou non des « miasmes » ou des virus. La controverse connut un regain d'activité à propos du choléra, opposant « infectionnistes » qui préconisaient une politique d'hygiène publique, et « contagionistes » qui demandaient des lazarets et des quarantaines. Le rejet des idées de John Snow par le monde médical (chapitre 4) est tout à fait caractéristique du dogmatisme aveugle, comme le refus des démonstrations d'Ignace Semmelweis quelques années plus tard (chapitre 4). Et pourtant, dès le début du XIX^e^ siècle, des dispositifs nationaux d'hygiène publique d'une grande similitude se mirent progressivement en place à travers l'Europe.

Le perfectionnement du microscope, toujours au début du XIX^e^ siècle, amena la multiplication des descriptions de bactéries libres ou saprophytes. Si les fermentations étaient encore considérées comme des phénomènes chimiques, quelques rares précurseurs, tel Charles Cagniard-Latour (1777-1859), reconnurent le rôle des levures. Et

© Dunod – La photocopie non autorisée est un délit.

même à la fin des années 1860, le rôle des ferments dans certaines maladies et fièvres fut discuté, et la question posée de savoir si le typhus, le choléra, la dysenterie formaient des entités distinctes. Selon ces idées, les miasmes provenaient notamment des matières en « état de fermentation putride », et les matières en putréfaction représentaient une cause commune à ces différentes maladies que l'on devait ranger dans la classe des maladies « parasitaires ». La théorie de la fermentation rejoignait celle du parasitisme : les maladies contagieuses et infectieuses n'étaient qu'une fermentation, dont l'élément déterminant au sein de l'organisme était le « microzoaire », le « microphyte », ou encore le « bactérium », le « vibrion », le « bacteridium », le « spirillum » ou la « spore », tous noms désignant les diverses formes des bactéries, comme on appelait vers 1840 en Allemagne les micro-organismes unicellulaires considérés comme n'appartenant ni au monde animal ni au végétal.

L'un des premiers agents infectieux décrit fut le sarcopte de la gale, signalé au VII^e^ siècle par le médecin chinois Tch'ao, mais dont le rôle dans la maladie ne fut reconnu que plus tard, en particulier par le médecin arabe Avenzoar (1101-1162) au XII^e^ siècle, puis ensuite confirmé par Renucci en 1834. Alexandre Donné (1801-1878) découvrit en 1836 *Trichomonas vaginalis*, protozoaire parasite des voies génitales humaines, auquel il attribuait un rôle pathogène certain. Mais la première démonstration expérimentale de la relation existant entre un micro-organisme et une maladie, animale dans le cas particulier, revient à l'italien Agostino Bassi (1773-1856) : travaillant sur une maladie épidémique du ver à soie, la muscardine, il découvrit en 1837 qu'elle était due à un champignon parasite, qui reçut le nom de *Botrytis* (aujourd'hui *Boveria*) *bassiana* en hommage à son découvreur. Les champignons responsables des teignes furent découverts par Johann Lucas Schönlein (1793-1864) en 1839 pour le favus, puis par David Gruby (1810-1898) entre 1841 et 1844. Vint ensuite la découverte du bacille du charbon par Rayer et Davaine en 1850, qui ouvrit la voie aux remarquables travaux de Robert Koch et de Louis Pasteur et permit la naissance de la bactériologie.

Dès lors fut démontrée la responsabilité de nombreuses bactéries dans l'étiologie des maladies infectieuses correspondantes. La remarquable mise au point méthodologique de Robert Koch, la culture en milieu solide, lui permit, avec ses élèves, d'identifier et d'isoler en une dizaine d'années les bactéries responsables de la majorité des maladies infectieuses. L'ère de la Bactériologie s'ouvrait, à laquelle nous consacrerons les chapitres suivants. Elle fut déterminante dans le développement de la Microbiologie. Pourtant, certains agents infectieux restaient invisibles, ce qui n'empêcha pas de croire à la nature infectieuse des maladies correspondantes, et à des hommes comme Pasteur de développer des méthodes de protection avant que leurs agents ne soient identifiés. Il fallut attendre des avancées méthodologiques importantes pour que les virus puissent être identifiés, complétant ainsi l'inventaire des agents responsables des maladies infectieuses.

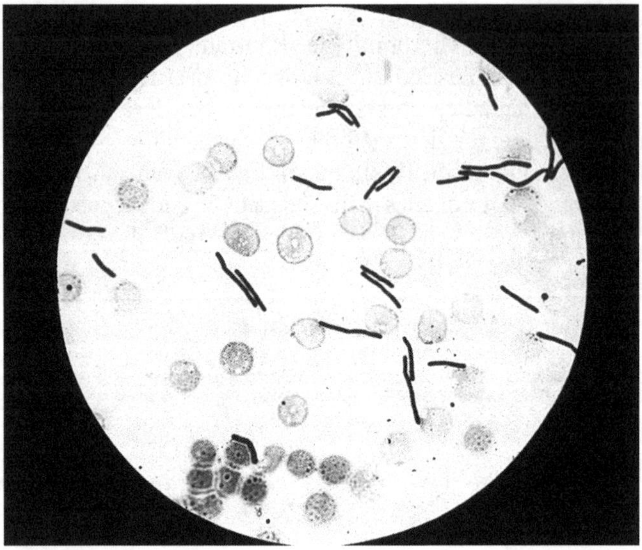

Bactéries charbonneuses dans le sang d'un animal infecté.
Les études sur le charbon menées indépendamment
par Robert Koch (1873) et Louis Pasteur (1876) peuvent être considérées
comme le démarrage de la Bactériologie. © *Institut Pasteur*

## Chapitre 2

# Pasteur et Koch : la naissance de la Microbiologie

La naissance de la Microbiologie se situe dans la deuxième moitié du XIXe siècle. Deux fortes personnalités, deux hommes aux destins remarquables, dominent cette période. Il s'agit du français Louis Pasteur (1822-1895) et de l'allemand Robert Koch (1843-1910). Esprits brillants et expérimentateurs talentueux, ils s'ignorèrent le plus souvent, se combattirent régulièrement. En réalité, leurs œuvres furent remarquablement complémentaires. Les travaux de Pasteur jetèrent les bases de la théorie microbienne des maladies infectieuses et apportèrent les clés du contrôle de ces maladies au plan individuel et populationnel par la vaccination. Avec ses avancées méthodologiques, Robert Koch ouvrit la voie à la découverte de la majorité des bactéries pathogènes pour l'homme, grâce à leur isolement et leur culture à partir des prélèvements réalisés chez des sujets souffrant de maladies infectieuses. Sa contribution fut déterminante dans le domaine de l'hygiène et de la santé publique.

© Dunod – La photocopie non autorisée est un délit.

## LOUIS PASTEUR

L'homme qui allait révolutionner la médecine avec la théorie microbienne des maladies n'était pas médecin, mais chimiste. Il naquit en

1822 à Dôle, fit ses études primaires et secondaires à Arbois où demeuraient ses parents, et les termina à Besançon. Entré à l'École Normale à Paris, il y acquit une solide formation en physique et chimie. Il entra en contact avec des hommes exceptionnels, comme Jean-Baptiste Dumas, Antoine-Jérôme Balard et Gabriel Delafosse. Il demeura à l'École Normale, comme assistant du chimiste Balard, pour y préparer une thèse sur la dissymétrie moléculaire par l'étude des cristaux de tartrate et de para-tartrate de soude et d'ammoniaque. Devenu professeur suppléant de Chimie à la Faculté des Sciences de Strasbourg, Louis Pasteur poursuivit ses travaux sur la cristallographie et la dissymétrie moléculaire. Il y épousa Marie Laurent, la fille du Recteur de l'Académie. Devenu doyen de la nouvelle Faculté des Sciences de Lille de 1853 à 1857, il y établit des relations étroites avec le monde de l'industrie. Administrateur de l'École Normale Supérieure de Paris de 1857 à 1867, il installa un petit laboratoire dans une partie inoccupée d'un grenier. Cette soupente devint le laboratoire central où Pasteur conçut et réalisa de multiples expériences et coordonna ses travaux de terrain, dans les vinaigreries d'Orléans, à la campagne ou sur les montagnes, dans le Gard, en Provence, à Royat, au lazaret de Pauillac, en Seine-et-Marne. Il fut élu à l'Académie des Sciences en 1862, puis à l'Académie de Médecine en 1873. Il était devenu professeur de Chimie organique à la Sorbonne en 1867. En 1884, une ancienne propriété de la famille impériale sise dans le parc de Villeneuve l'Étang, à Marnes-La-Coquette, fut achetée par l'État au profit du Ministère de l'Instruction et affectée à Pasteur et à ses collaborateurs pour leurs travaux sur la rage. Le succès de la vaccination antirabique entraîna un remarquable mouvement d'opinion qui aboutit à la construction du premier bâtiment de l'Institut Pasteur, rue Dutot à Paris, grâce au succès d'une souscription publique internationale. Pasteur l'inaugura le 14 novembre 1888 et y demeura jusqu'à sa mort. Le 27 septembre 1892, la Troisième République fêta le soixante-dixième anniversaire de Pasteur, au cours d'impressionnantes cérémonies de jubilé auxquelles assistait le Président de la République, Sadi Carnot. Louis Pasteur mourut à Villeneuve l'Étang le 28 septembre 1895.

L'œuvre scientifique de Pasteur peut être divisée en trois grandes périodes centrées sur des objets scientifiques différents. La première, purement physico-chimique, fut consacrée à la cristallographie. La seconde, biologique, mena à la réfutation de la génération spontanée. La troisième fut vouée au développement d'une science nouvelle : la Microbiologie.

Pasteur a consacré les dix premières années de sa vie scientifique, de 1847 à 1857, à étudier le pouvoir qu'ont les substances organiques de faire tourner la lumière polarisée et à approfondir les relations de cette propriété avec la structure cristalline et la configuration moléculaire. C'est sur ces études qu'a été fondée, de son vivant, une science nouvelle, la stéréochimie. Ce sont elles aussi qui l'ont d'abord amené à la conviction intuitive que les fermentations étaient la manifestation de processus réalisés par des organismes vivants et l'ont finalement conduit à la théorie microbienne des maladies.

## L'étude des fermentations

C'est tout naturellement que Pasteur aborda l'étude des fermentations, car elles étaient considérées, à l'époque, comme des réactions chimiques. De plus, il était devenu professeur et doyen de la nouvelle Faculté des Sciences de Lille, une ville où brasseries et distilleries abondaient et où la maîtrise des fermentations apparaissait comme un enjeu important pour la transition entre fabrication artisanale et production industrielle.

L'usage des boissons fermentées remonte à des temps reculés ; il est mentionné dans la Bible et faisait partie du mythe de Dionysos. Au Moyen Âge, les alchimistes distillaient l'alcool. Mais les études sur la nature des fermentations ne commencèrent qu'avec la naissance de la chimie, à la fin du XVIIIe siècle. Après quelques observations préliminaires de Mac Bride et de Cavendish, c'est à Antoine-Laurent de Lavoisier (1743-1794) que revint le mérite d'avoir montré que les processus de fermentation obéissaient aux mêmes lois quantitatives que les réactions chimiques ordinaires. Au cours de la fermentation alcoolique, le sucre « donne naissance » à des poids à peu près égaux de gaz carbonique et d'alcool. Mais si Lavoisier reconnut le pouvoir de la levure à déclencher la fermentation, il n'en considéra pas moins la fermentation comme un processus purement chimique. La nature réelle de la levure et son rôle dans la fermentation ne furent découverts que quelques années plus tard, en particulier par le baron Cagniard-Latour qui décrivit la levure de bière. Bien que confirmée par Schwann et par Kützing, la nature biologique des processus de la fermentation fut battue en brèche par les plus hautes sommités de la biologie de l'époque, en particulier Berzelius, Wöhler et Justus Von Liebig. L'autorité de ce dernier était telle que ses vues furent communément acceptées à l'époque. Il fallut attendre les travaux de Louis Pasteur pour qu'elles fussent infirmées. Celui-ci démontra, entre 1857 et 1865, que les fermentations étaient liées à la multiplication d'organismes vivants microscopiques

© Dunod – La photocopie non autorisée est un délit.

(ferments vivants, globules de levures), et qu'à chaque fermentation, alcoolique, acétique, lactique ou butyrique, correspondait un ferment singulier. Cette notion de « spécificité », il la transporta plus tard dans le monde des maladies infectieuses et des organismes vivants qui en sont les agents responsables.

Pasteur établit que les ferments ne se créaient pas spontanément aux dépens de la matière morte, mais provenaient de micro-organismes présents dans l'air, l'eau ou à la surface des êtres vivants, par exemple à la surface des grappes de raisin dans le cas de *Mycoderma vini*. Pasteur démontra également que le phénomène de la fermentation est possible non seulement à l'air, mais aussi en son absence. Il forgea le terme d'anaérobiose pour rendre compte de ce phénomène, et celui d'aérobiose pour son contraire. Certains de ces travaux furent effectués à Paris, dans le laboratoire de fortune que Pasteur s'était installé dans les combles de l'École Normale. Mais la plupart d'entre eux furent le fruit des innombrables recherches faites par Pasteur dans des conditions plus défavorables encore, dans les chais, les brasseries ou les vinaigreries.

L'un des concepts particulièrement fécond à la base de la pensée pastorienne résulta de ces études et postulait que les transformations de la matière organique se faisaient par l'intermédiaire de micro-organismes. Ces travaux eurent des applications pratiques déterminantes pour les industriels. Pasteur montra, en effet, que les maladies du vin et de la bière étaient dues à des contaminations par divers micro-organismes autres que la levure habituelle, et qu'elles pouvaient être prévenues par un chauffage à 50 °C, procédé universellement employé par la suite sous le nom de « pasteurisation ». On peut dire que c'est avec Pasteur qu'a commencé la domestication de la vie microbienne (voir au chapitre 6).

Pasteur s'attaqua ensuite au problème, récurrent depuis des siècles, de la génération spontanée.

## La controverse sur la génération spontanée

Grâce au microscope, on avait noté le grouillement des micro-organismes vivants dans les déchets organiques, mais on voyait en eux l'effet et non la cause de la putréfaction. Leur présence témoignait, pensait-on, de la désagrégation de la matière, et n'était pas considérée comme la source d'un remodelage actif de celle-ci. Bien sûr, à l'époque où Pasteur aborda le problème de la génération spontanée, on ne croyait plus que la génération spontanée affectait les formes supérieures de la vie. Une évolution conceptuelle s'était accomplie depuis les affirmations d'Ambroise Paré sur les crapauds issus de la substance humide des pierres, ou depuis celles de Van Helmont, selon lesquelles la fermentation de grains de blé en présence de linge sale pouvait engendrer des souris. On ne croyait plus la conception de Buffon sur l'apparition sans germes préexistants des « êtres inférieurs », parmi lesquels il classait les vers de terre et les mouches. Pourtant les hétérogénistes continuaient à prétendre que la vie microbienne qui grouille dans les liquides en fermentation et en putréfaction était le produit d'une altération des matières organiques et le résultat de quelque génération spontanée.

On savait, en effet, depuis le milieu du XVIII^e^ siècle, que les bouillons organiques putrescibles où la vie a été détruite par le maintien prolongé d'une haute température se conservent souvent intacts, et que la vie microbienne ne s'y développe généralement pas tant qu'ils sont protégés du contact de l'air. La simple admission d'air suffit à créer les conditions favorables à la fermentation et la putréfaction des liquides, ce qui se traduit, au bout de quelques jours, par la présence d'une multitude de micro-organismes divers. Les tenants de la génération spontanée y voyaient la preuve que l'oxygène est nécessaire pour déclencher la génération de la vie. Leurs adversaires affirmaient au contraire que le rôle de l'air était simplement d'introduire les germes vivants de la fermentation et de la putréfaction.

Pasteur aborda le problème en expérimentateur hors pair, comme à son habitude. Il réalisa d'innombrables expériences sur tous les types de liquides organiques : extrait de levures, bouillon de viande, lait, urine, sang, et fit varier les conditions d'admission de l'air, chauffé ou non, filtré ou non. Il emprunta les techniques et les procédés élaborés par ses prédécesseurs en la matière, mais en consacrant une attention soutenue aux plus menus détails techniques. Il réussit à mettre au point des expériences reproductibles et qui donnaient infailliblement les résultats attendus. Sur les conseils de Balard, il adopta les ballons à col-de-cygne (Figure 2). Ceux-ci, contenant de l'extrait de levure et du sucre, étaient portés à ébullition pour y détruire la vie et en chasser l'air. Les ballons fermés au chalumeau pendant que la vapeur s'en échappait encore, se trouvaient pratiquement vidés d'air et leur contenu demeurait stérile aussi longtemps qu'on les gardait scellés. Lorsqu'on brisait le col des ballons, le sifflement de l'air y pénétrant se faisait entendre. Les ballons étaient à nouveau scellés et déposés dans une étuve. La plupart voyaient ensuite la suspension se troubler, preuve que l'air admis contenait des germes, mais certains demeuraient stériles, preuve que la concentration des germes dans l'air variait suivant les lieux.

© Dunod – La photocopie non autorisée est un délit.

**Figure 2.** Louis Pasteur basa son expérimentation contre la génération spontanée sur l'utilisation des ballons à col-de-cygne. Leur milieu de culture restait stérile tant que le ballon n'avait pas été ouvert. En revanche, les micro-organismes contenus dans l'air pouvaient le troubler après leur ouverture. Peinture de Robert Thom. © *Institut Pasteur*

Pasteur promena ses ballons dans de très nombreux endroits, à Paris, dans les caves et sur la coupole de l'Observatoire, à la campagne, sur la Mer de Glace à Chamonix. Il brisait le col de ses ballons selon de strictes précautions, avec des pinces passées au préalable dans la flamme d'une lampe à alcool, maintenant les ballons aussi haut que possible au-dessus de la tête de l'opérateur pour éviter tout risque de contamination par les vêtements de celui-ci. Et de fait, le nombre de ballons demeurant stériles était le plus faible à basse altitude, particulièrement à proximité des terres en culture, et le plus élevé en haute montagne loin des habitations et des cultures, ou dans un endroit où l'air était resté longtemps immobile, comme dans les caves de l'Observatoire de Paris. La plupart des ballons ouverts par Pasteur sur les glaciers suisses restèrent stériles.

Par leur simplicité, leur rigueur et leur élégance, ces expériences firent sensation dans les milieux scientifiques et profanes. Elles prouvaient de façon définitive que les agents de la putréfaction ne se développaient pas *de novo* dans les solutions organiques, mais qu'ils étaient soit présents au début de l'expérience, soit apportés par l'air. Pourtant elles ne firent pas désarmer les hétérogénistes, et particulièrement leur chef de file, Félix Archimède Pouchet, directeur du Muséum d'Histoire naturelle de Rouen, avec lequel la controverse dura plusieurs années. Pouchet obtenait des résultats contradictoires à ceux de Pasteur, en utilisant, comme milieu organique, l'infusion de foin, un milieu plus difficile à stériliser par la chaleur que l'eau de levure employée par Pasteur. L'explication de ces résultats contradictoires vint du botaniste et bactériologiste allemand Ferdinand Cohn, de l'Université de Breslau. Celui-ci montra en effet qu'au cours du cycle du bacille du foin, *Bacillus subtilis,* des structures intrabactériennes encapsulées, les endospores, résistaient au chauffage à 100 °C et demeuraient vivantes.

Le combat autour de la génération spontanée était ainsi terminé au bénéfice de Pasteur, lorsqu'en 1872, le bactériologiste anglais Henry Charlton Bastian relançait à nouveau le débat. Celui-ci avait découvert que, tandis que l'urine acide portée à haute température demeurait claire et en apparence stérile lorsqu'elle était maintenue à l'abri de l'air, elle se troublait et grouillait de bactéries vivantes dans les dix heures qui suivaient sa neutralisation par la potasse. Pour Bastian, c'était l'acidité seule de l'urine qui empêchait le développement des bactéries et non pas la stérilisation. Pasteur montra que l'eau pouvait contenir des germes, et que d'autre part la température de 110 °C ne suffisait pas à tuer les spores bactériennes.

Il y eut encore quelques combats d'arrière-garde. De 1865 à 1890, le médecin français Antoine Béchamp soutint avec obstination sa théorie des microzymas, granulations microscopiques composant les cellules des organismes supérieurs. Dans certaines conditions pathologiques, ces microzymas se libéraient des cellules et se transformaient en bactéries. Mais Pasteur avait bel et bien mis à bas le mythe de la génération spontanée.

Il ne faut pas croire que la querelle sur la génération spontanée n'ait été qu'une simple controverse conceptuelle. Ce fut un remarquable moment de découvertes pratiques précieuses et déterminantes pour la bactériologie, parmi lesquelles les filtres bactériologiques de porcelaine, la stérilisation par la vapeur surchauffée par autoclave, la stérilisation par chaleur sèche au four, la stérilisation par chauffage discontinu (tyndallisation), la pasteurisation. Nous reviendrons en détail au chapitre 6 sur ce foisonnement de découvertes fondamentales pour le développement de la Microbiologie et pour ses applications.

© Dunod – La photocopie non autorisée est un délit.

## Les maladies des vers à soie

C'est avec l'étude des maladies des vers à soie, entreprise en 1865, que Pasteur démontra que les germes pouvaient être causes de maladie.

Vers le milieu du XIX^e siècle, une maladie mystérieuse commença à sévir dans les élevages français de vers à soie. En 1853, aucune production d'œufs de vers à soie n'était plus possible en France et, en 1865, l'industrie française du ver à soie était près de la ruine. La maladie fut diagnostiquée en Italie, en Espagne et en Autriche ; elle envahit ensuite la Grèce, la Turquie et le Caucase, puis finit par gagner la Chine et le Japon. Le Ministre de l'Agriculture nomma une commission d'étude, dont Jean-Baptiste Dumas pria Pasteur d'accepter la responsabilité.

Durant cinq années, Pasteur fit des séjours prolongés et réguliers près d'Alais (orthographe de l'époque, Alès aujourd'hui), menant ses travaux d'abord dans une magnanerie, puis dans une maison, dont l'orangerie fut transformée en laboratoire et en magnanerie expérimentale, à Pont-Gisquet. Il y venait accompagné de ses assistants Gernez et Maillot, puis avec Duclaux, sa femme et leur dernière fille. Lui qui n'avait au départ pas la moindre notion de ce qu'était un ver à soie, devint un expert dans l'art de les élever.

L'étude fut laborieuse, car le problème biologique à résoudre était complexe. Dans la pébrine, les vers atteints se couvraient de petites taches ressemblant à du poivre en grain ; leur développement se trouvait arrêté et ils dépérissaient peu à peu, ne donnant qu'une récolte insignifiante. Pasteur demeura deux ans convaincu que la maladie était essentiellement de nature physiologique, et que les corpuscules n'étaient qu'une manifestation accessoire provoquée par la désintégration des tissus. Pasteur en effet était familiarisé, grâce à ses études sur les fermentations et la génération spontanée, avec la morphologie des levures et des bactéries. Il était absolument étranger à la Protozoologie et ne sut pas, au début, interpréter les observations qu'il faisait. On sait depuis que le parasite de la pébrine est un protozoaire, une microsporidie, *Nosema bombycis,* qui envahit pratiquement tous les tissus de l'embryon, de la larve, du cocon et du ver adulte. Il envahit de nombreuses cellules, y devient presque invisible avant de se subdiviser en corpuscules à nouveau visibles puis de détruire les cellules. Mais même si Pasteur ne réussit pas d'abord à rattacher la maladie à un organisme vivant, il avait dès le début compris que la pébrine était à la fois contagieuse et héréditaire et que les corpuscules représentaient un indice de sa progression. Il proposa la méthode du grainage cellulaire pour sa prévention : si l'on détruit le ver reconnu malade et si l'on ne garde pour l'élevage que les œufs des individus sains, on arrête la diffusion de la maladie à l'ensemble de l'élevage. C'est l'hygiène qui sauve l'élevage des vers à soie.

Pasteur finit par s'apercevoir que les élevages de vers à soie étaient en fait décimés par deux maladies distinctes. Outre la pébrine, sévissait la flacherie au cours de laquelle les vers dépérissaient, mourraient et devenaient mous (d'où l'appellation de morts-flats donnée aux vers) et finissaient par pourrir. Empiriquement, les éleveurs s'en étaient rendu compte et avaient créé des noms différents suivant l'aspect des vers malades, mais personne encore n'avait formulé l'hypothèse d'agents multiples. On sait aujourd'hui que la flacherie est due à un virus que Pasteur ne pouvait apercevoir avec les moyens optiques de l'époque. Il avait cependant observé que le tube digestif des vers à soie, à peu près exempt de micro-organismes en temps normal, contenait au cours de la flacherie de nombreuses bactéries. Il acquit une bonne connaissance des manifestations de la maladie et des éléments qui en favorisaient le développement : température élevée, humidité excessive et ventilation insuffisante des élevages qui permettaient une multiplication anormale des bactéries sur les feuilles. Il formula les règles pratiques nécessaires pour prévenir le développement de la nouvelle maladie.

Comme dans le cas de la pébrine, et plus tard de la rage, Pasteur avait mis au point une solution pratique avant même que les causes de la maladie n'aient été complètement reconnues. Les travaux sur les maladies des vers à soie furent, dans l'œuvre de Pasteur, un trait d'union entre les fermentations et les maladies contagieuses. Il y avait en effet découvert la contagion et une confirmation de ses travaux sur la décomposition des tissus végétaux et animaux par la fermentation et la putréfaction. « Tout annonce, écrivait-il en 1859, que c'est à des causes de cette nature que les maladies contagieuses doivent leur existence ».

## Bacille du charbon et vibrion septique

Le charbon occupa une place prééminente dans les premiers développements de la microbiologie. La bactéridie charbonneuse fut vraisemblablement découverte par Pollander en 1849, bien que son mémoire ne parût qu'en 1855. Toujours est-il que c'est Pierre Rayer (1793-1867) qui signala, dans une communication à la Société de Biologie de Paris, en 1850, que le sang des moutons morts de charbon contenait de nombreux micro-organismes immobiles, en forme de bâtonnets.

© Dunod – La photocopie non autorisée est un délit.

L'injection de ce sang à d'autres animaux se traduisait par le développement de la maladie. Rayer était le seul auteur du mémoire, mais la découverte fut revendiquée également par son élève, Casimir-Joseph Davaine (1812-1882), qui semble-t-il était à l'origine de l'observation. De sorte que le germe fut par la suite appelé bactéridie de Rayer et Davaine, voire même bactéridie de Davaine. Les hétérogénistes prétendirent que la bactéridie de Rayer et Davaine était la conséquence et non la cause de l'état morbide, certains n'y voyant que des fibrilles de fibrine. Cette polémique devait se poursuivre plus de vingt ans, jusqu'à ce que Robert Koch et Louis Pasteur abordent ce problème à l'aide de leurs nouvelles méthodes et de leurs nouveaux concepts.

Louis Pasteur se mit à l'étude du charbon en 1876, sans savoir qu'un jeune médecin de campagne allemand, Robert Koch, s'était déjà lancé dans la même étude et qu'il venait de présenter à Ferdinand Cohn, à l'Institut de Botanique de Breslau, la biographie complète du bacille du charbon.

Pasteur introduisit, avec toutes les précautions d'asepsie qu'il avait développées, une goutte de sang d'un animal atteint de charbon dans 50 $cm^3$ d'urine stérile. Après séjour dans l'étuve et multiplication bactérienne, il transférait une goutte de cette culture dans un nouveau ballon contenant à nouveau 50 $cm^3$ d'urine stérile ; et ainsi de suite cent fois. Une goutte de la centième culture tuait un cobaye ou un lapin aussi rapidement qu'une goutte du sang primitif, alors qu'il n'en subsistait pas une molécule dans le produit final. Bien que cette démonstration eût pu suffire à elle seule, Pasteur imagina d'autres expériences ingénieuses pour démontrer le rôle étiologique du bacille du charbon, car de nombreux scientifiques et médecins doutaient que le bacille fut la cause de la maladie. Les travaux de Colin, professeur à l'École Vétérinaire d'Alfort, méritent d'être cités : ils sont en effet à l'origine d'une nouvelle découverte de Pasteur. Après inoculation du sang de vache charbonneuse à un grand nombre de lapins, cet auteur ne trouvait pas trace des bâtonnets de Rayer et Davaine, bien que les lapins fussent morts. Il concluait que ces bâtonnets n'étaient pas la cause du charbon. Mais Pasteur suspecta que la maladie provoquée expérimentalement chez les lapins n'était pas le charbon, le sang ayant été prélevé chez l'animal après sa mort. Il découvrit que ce sang contenait un autre type de bacille qu'il nomma vibrion septique et dont il étudia avec beaucoup de soin la physiologie et les propriétés chez le lapin, un animal herbivore. Il montra que ce germe répandu dans la nature vit souvent dans l'intestin des herbivores où il est inoffensif. Lorsqu'il passe accidentellement la barrière intestinale, il s'introduit dans de nombreux organes où il se multiplie activement entraînant des poches gazeuses et la destruction de ces tissus, résultant en une maladie rapidement fatale. Pasteur s'aperçut que le germe ne pouvait être cultivé qu'en milieu dépourvu d'air : *Clostridium septicum,* agent de la putréfaction cadavérique, était la première bactérie anaérobie pathogène découverte.

Pasteur multiplia à cette époque les découvertes qui confortèrent la théorie microbienne. En 1879, il découvrit le streptocoque dans le pus d'un abcès survenu dans les suites de couches et lui attribua la fièvre puerpérale, que de nombreux médecins de l'époque, dont Hervieux, de l'Académie de Médecine, croyaient encore due aux miasmes. Des furoncles de son assistant Duclaux, il isola en 1880 le staphylocoque. Retrouvant la même bactérie dans le pus d'une ostéomyélite infectieuse, il n'hésita pas à déclarer que l'ostéomyélite et le furoncle étaient deux formes d'une même maladie, ce qui ne manqua pas de déclencher le scepticisme de nombreux médecins de l'époque mais s'avéra exact par la suite. En 1881, Pasteur découvrit, dans la salive d'un enfant atteint de rage, le pneumocoque, qu'il crut d'abord être l'agent de cette maladie.

Sur le charbon, Pasteur confirma les travaux de Koch sans leur apporter de compléments importants, si ce n'est dans le domaine de la transmission et de la prévention. Chaque été pendant plusieurs années, le laboratoire de Pasteur, rue d'Ulm, était abandonné dès la fin juillet pour les environs de Chartres. Charles Chamberland et Émile Roux y demeuraient en permanence, Pasteur venait une fois par semaine suivre les travaux et donner la direction. Là furent expérimentalement démontrés les mécanismes de la transmission et furent expliquées nombre de connaissances empiriques des paysans de la Beauce. Ceux-ci avaient observé que les moutons contractaient le charbon dans certains pâturages (les champs maudits), même après des années d'abandon. La survie des spores du bacille du charbon dans le sol y fut prouvée. L'idée originale de Pasteur de la remontée en surface des spores par les vers de terre, depuis les cadavres d'animaux enterrés, fut démontrée. Les moutons ayant pâturé après la moisson montraient-ils une mortalité importante par le charbon, Pasteur et ses élèves démontrèrent le rôle facilitant la pénétration des spores joué par les blessures superficielles causées à la muqueuse buccale par les chaumes.

Intrigué par le fait que les poules étaient réfractaires au charbon, Pasteur s'était demandé si la cause n'en serait pas la température élevée de la poule (42 °C), supérieure à celle des animaux sensibles au charbon. Pour vérifier cette hypothèse, il fit inoculer une poule aussitôt

© Dunod – La photocopie non autorisée est un délit.

placée dans un bain froid pour abaisser sa température : cet animal mourut le jour suivant avec le sang et ses principaux organes remplis de bacilles de charbon. Pour prouver que ce n'était pas le bain prolongé qui l'avait tuée, une autre poule, non inoculée celle-là, fut placée dans les mêmes conditions : elle survécut. Pour rendre l'expérience encore plus concluante, une troisième poule reçut dix gouttes (au lieu de cinq) de culture de charbon, mais sans être soumise à la baignade : elle demeura en vie. Grâce à cette expérience, Pasteur se rendit compte que la présence d'un agent « pathogène » dans le corps d'un sujet n'était pas nécessairement synonyme de maladie. C'était la première démonstration que l'influence du milieu interne conditionne l'évolution de la maladie. Mais il fallut attendre des années pour que l'importance du terrain dans le déterminisme de la maladie infectieuse puisse émerger en tant que concept.

## Le choléra des poules et l'atténuation de la virulence

Si l'étude du charbon avait apporté une démonstration expérimentale au concept de contagion déjà entrevu dans les études sur les maladies des vers à soie, l'étude du choléra des poules conduisit Pasteur à la notion d'atténuation de la virulence et à son application magistrale, la vaccination.

En 1878, Pasteur commença l'étude de la maladie épizootique des basses-cours, improprement appelée choléra des poules, car sans relation avec le choléra de l'homme. Il s'agit d'une maladie bactérienne frappant les volailles qui meurent en quelques jours d'une septicémie hémorragique. L'injection d'une culture pure du bacille tue une poule normale en 24 à 48 heures. L'absorption d'aliments contaminés par le bacille provoque la maladie et la mort des poules, mais aussi des lapins, alors que les cobayes adultes présentent un abcès localisé et guérissent. Pasteur saisit immédiatement l'importance de cette observation chez le cobaye et y vit une résistance à l'infection.

Entré un an plus tôt comme préparateur au laboratoire de Pasteur, rue d'Ulm, Émile Roux fit en septembre 1879 une constatation surprenante. Reprenant les cultures de choléra des poules abandonnées depuis juillet, il eut la surprise de voir qu'elles ne provoquaient pas la maladie chez les poules inoculées. De plus, ces mêmes poules n'étaient ensuite pas affectées par l'inoculation ultérieure d'une culture récente, « virulente » de choléra, qui tuait des poules « neuves » achetées au marché.

Pasteur vit immédiatement l'analogie de ce phénomène accidentel avec la vaccination et y reconnut l'application d'une loi générale. Le vieillissement de la culture avait, dans le cas du bacille du choléra des poules, provoqué une atténuation du bacille, désormais capable d'induire un état de protection de la poule vis-à-vis de bacilles virulents. Pasteur comprit qu'il était possible de produire au laboratoire l'atténuation d'autres micro-organismes pour en faire des vaccins. Et c'est ce qu'il fit avec ses préparateurs Émile Roux, André Chantemesse, Charles Chamberland, Louis Thuillier. Dans un délai incroyablement bref de quatre ans, ils réussirent à obtenir l'atténuation, outre de l'agent du choléra des poules, de ceux du charbon, du rouget des porcs et de la rage.

L'atténuation du bacille du choléra des poules avait été obtenue par le vieillissement en présence d'air, car si les cultures étaient conservées dans des tubes scellés à la flamme elles conservaient leur virulence pendant de long mois. En faisant vieillir les cultures plus ou moins longtemps, on pouvait obtenir des cultures de virulence intermédiaire. L'atténuation du bacille du charbon fut plus difficile à produire, car ce bacille engendre des spores impossibles à modifier. La stratégie développée par Pasteur et ses collaborateurs fut d'empêcher la formation des spores, ce qu'ils obtinrent d'abord par l'addition de certains antiseptiques aux cultures et, par la suite, en maintenant les cultures à 42-43 °C dans des récipients peu profonds. Avant de perdre totalement leur virulence, les cultures de charbon passaient par des stades successifs d'atténuation. Pasteur établit que, pour ce germe, il valait mieux pratiquer la vaccination en deux temps : d'abord une inoculation préparatrice avec une culture de très faible virulence, puis, douze jours plus tard, une deuxième inoculation avec une culture très virulente. Il en résultait une protection remarquable des cobayes, lapins et moutons d'expérience contre la forme la plus virulente du bacille.

La maladie du charbon était à l'époque de Pasteur un grand problème de santé animale, aux conséquences économiques lourdes. Les vétérinaires étaient divisés sur les mesures à prendre pour lutter contre elle. Les travaux de Pasteur n'étaient pas toujours connus, et étaient souvent dénigrés. La Société d'Agriculture de Melun proposa à Pasteur une épreuve publique de la nouvelle méthode. Les conditions en furent dictées par un vétérinaire local, M. Rossignol, très critique à propos de la théorie des germes. Vingt-quatre moutons, une chèvre et six vaches seraient vaccinés et ensuite inoculés du charbon en même temps que vingt-quatre moutons, une chèvre et quatre vaches témoins.

© Dunod – La photocopie non autorisée est un délit.

L'expérience se déroula à Pouilly-le-Fort du 5 mai au 2 juin 1881 (Figure 3). Rossignol se chargea d'assurer le maximum de publicité à l'événement qui fut suivi par les agriculteurs, les médecins et les vétérinaires, non seulement de la région, mais de la France entière, voire du monde grâce au correspondant du Times de Londres, M. de Blowitz, présent sur le site de l'expérience. Lorsque Pasteur et ses assistants, Roux, Chamberland et Thuillier, arrivèrent le 2 novembre sur le terrain d'expériences ils furent accueillis pas les acclamations de la foule. Toutes les bêtes vaccinées étaient en bonne santé, alors que les témoins étaient morts ou gravement atteints et mourants. Le succès était complet et eut une audience internationale. Quelques semaines plus tard, Pasteur présentait au Congrès international de Médecine de Londres ses résultats sur la vaccination contre le choléra des poules et le charbon. C'est là qu'il proposa l'adoption des mots « vaccin » et « vaccination » en hommage aux immenses services rendus par Edward Jenner (chapitre 4).

**Figure 3.** L'atténuation des micro-organismes découverte par Pasteur et ses élèves allait permettre le développement de la vaccination. La démonstration, dans les conditions naturelles, de la protection assurée par le vaccin anti-charbonneux de Pasteur se fit au cours de l'expérience publique de Pouilly-le-Fort (1881). © *Institut Pasteur*

Aussitôt convaincu de l'efficacité prophylactique de la vaccination contre le charbon, Pasteur se fit le propagandiste de la méthode nouvelle. Il fit répéter ses expériences en France comme à l'étranger. La préparation du vaccin pour la vente en gros fut transférée dans un petit laboratoire, sous le contrôle de Chamberland. La méthode de vaccination comportait deux inoculations à douze jours d'intervalle, avec des vaccins dont le degré de virulence était essentiel. Pasteur analysait les résultats, répondait aux demandes d'informations et aux plaintes. Moins d'un an après l'expérience de Pouilly-le-Fort, près de 80 000 moutons avaient été vaccinés et la mortalité par le charbon passait de 9 % chez les animaux non vaccinés à 0,6 % chez les vaccinés. Pasteur remporta son succès suivant avec l'immunisation contre le rouget, ou érysipèle, du porc. Ici l'atténuation du bacille se fit par passage sur le lapin. De 1886 à 1892, plus de 100 000 porcs furent immunisés en France, et près d'un million en Hongrie entre 1889 et 1894.

## La vaccination antirabique

Dès 1880, Pasteur s'attaqua à une maladie mythique : la rage. Au moment où il abordait cette étude, on savait que la rage était une maladie virulente, transmissible par la morsure à l'homme et à divers mammifères. On savait aussi que ses symptômes étaient principalement nerveux et que son issue était toujours fatale. Galtier, professeur à l'École Nationale vétérinaire de Lyon, avait magistralement déblayé le problème. Il avait obtenu les symptômes de la rage chez le lapin en inoculant de la bave de chien enragé, et démontré que le « caractère transmissible » de la rage de lapin à lapin était dépendant de l'inoculation de la salive. Mais les inoculations étaient inconstantes et généraient parfois des surinfections. Pasteur le nota d'ailleurs rapidement. Le mucus prélevé dans la bouche d'un enfant mort de rage inoculé au lapin entraîna la mort de l'animal par une maladie que Pasteur reconnut être différente de la rage. De même, il en isola une bactérie dont il montra qu'elle n'était pas l'agent de la rage, et qui s'avéra par la suite être le pneumocoque. Les travaux de Galtier avaient montré que le système nerveux central était le siège du développement de l'agent infectieux. C'est dans le liquide céphalorachidien d'un homme mort de rage que Pasteur trouva le virus : le lapin inoculé devint enragé deux mois après l'inoculation. Le bulbe rachidien devint dès lors le matériel habituel d'inoculation. Il est tout à fait remarquable d'entendre Pasteur parler du virus de la rage avec une conviction totale et une assurance parfaite alors qu'il n'avait pas réussi à l'isoler et pour cause, cet agent étant un « vrai virus », il était très en deçà des moyens de détection de

© Dunod – La photocopie non autorisée est un délit.

l'époque. Outre cette inébranlable conviction, l'autre arme de Pasteur résidait dans ses techniques minutieuses et rigoureusement aseptiques. Chamberland et Roux pratiquèrent de nombreuses infections du chien et du lapin, par inoculation à la base du cerveau après trépanation. Ils parvinrent à reproduire une infection chez le lapin au temps d'incubation constant de quinze jours. Ils observèrent ensuite que le virus exaltait sa virulence par passage successif de lapin à lapin, c'est-à-dire que la durée d'incubation diminuait régulièrement au cours des passages : elle n'était plus que de huit jours au 25$^{e}$ passage, de sept jours au-delà et jusqu'au 90$^{e}$, car on s'arrêta là. Ces expériences avaient duré trois ans et nécessité de très nombreux lapins. Mais Pasteur et ses collaborateurs disposaient d'un virus rabique d'une pureté parfaite et toujours identique à lui-même, virus que l'on nomma par la suite « fixe », par opposition au virus « des rues », dont l'incubation était si désespérément longue et variable.

L'idée vint alors à Pasteur de mettre à profit la longue durée d'incubation de la rage chez l'homme pour tenter d'établir un état réfractaire avant l'apparition de la maladie. Émile Roux mit au point la méthode d'atténuation de la virulence en desséchant la moelle épinière du lapin mort de rage et en la suspendant dans un flacon dont l'air était entretenu à l'état sec par des fragments de potasse déposés sur le fond du vase (Figure 4). Plus les jours passaient et plus la virulence de la moelle diminuait. En quatorze jours les moelles perdaient leur virulence. Commença alors une longue série d'expériences destinées à rendre le chien réfractaire à l'inoculation par le virus rabique. Des injections successives de moelles de quatorze jours, puis de treize, de douze, de onze, et ainsi de suite, permettaient d'obtenir en quatorze jours un état réfractaire du chien confirmé par sa survie à l'injection de moelle virulente. Les chiens étaient utilisés par douzaines. Le laboratoire de l'École Normale ne suffisait pas à contenir l'activité débordante de l'équipe. La commission créée par le Ministre de l'Instruction, à la demande de Pasteur, jugea les résultats suffisamment probants pour que l'État achète une ancienne propriété de la famille impériale dans le parc de Villeneuve-l'Étang, à Marnes-la-Coquette, au bénéfice dudit Ministère, et la mette à la disposition de Pasteur et de ses collaborateurs pour héberger les quantités de chiens en expérimentation.

La vaccination antirabique était au point chez le chien. L'idée de passer à l'homme préoccupait Pasteur, divisait ses collaborateurs, dont presque tous estimaient la méthode insuffisamment testée pour être appliquée aux humains. C'est alors qu'une occasion se présenta.

**Figure 4.** Louis Pasteur contemple un flacon dans lequel une moelle épinière de lapin rabique est en cours d'atténuation, avant d'être utilisée pour vacciner des sujets mordus. Peinture de Edelfelt. © *Institut Pasteur*

Un petit berger alsacien âgé de neuf ans, Joseph Meister avait été cruellement mordu sur tout le corps, y compris au visage et aux mains, par un chien à l'évidence enragé. Le médecin du village, le docteur Weber, qui lui donna les premiers soins, avait lu les notes sur la vaccination antirabique présentées par Pasteur à l'Académie des Sciences et à celle de Médecine. Il prit sur lui d'envoyer directement à Paris, M^me^ Meister et son fils, qui se présentèrent à Pasteur le 6 juillet 1885. Pris au dépourvu et plein d'appréhension, Pasteur demanda à deux de ses confrères de l'Académie de Médecine, le professeur Vulpian et le docteur Grancher d'examiner l'enfant. Le diagnostic ne prêtait pas à équivoque : l'enfant n'échapperait pas à la rage. Pasteur ne pouvait pas se dérober devant sa responsabilité. Contre l'avis de son entourage et

© Dunod – La photocopie non autorisée est un délit.

de ses principaux collaborateurs, dont Émile Roux, il décida de procéder à la vaccination de l'enfant. Joseph Grancher prit la responsabilité médicale du traitement et pratiqua les injections sous l'étroit contrôle de Pasteur. En douze inoculations successives, l'enfant reçut du virus de force croissante et, le 16 juillet, on l'inocula avec la moelle d'un lapin mort la veille à la suite de l'inoculation avec du virus rabique fixé. Joseph Meister n'eut aucun symptôme de la maladie et retourna sain et sauf en Alsace (Figure 5). Trois mois plus tard, un berger du Jura, Jean-Baptiste Jupille, fut traité à son tour avec succès.

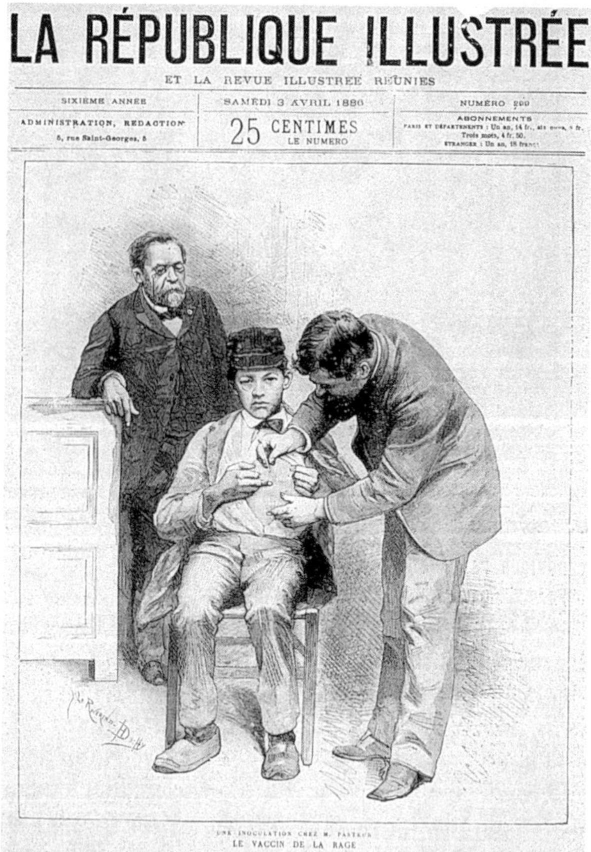


**Figure 5.** La vaccination antirabique pratiquée par Pasteur sur le jeune Joseph Meister, en juillet 1885, eut un grand retentissement dans les journaux de l'époque. Ici, un dessin de H. Dochy, publié dans le journal « La République illustrée » du 3 avril 1886. © *Institut Pasteur*

Pasteur présenta devant l'Académie de Médecine une communication : « méthode pour prévenir la rage après morsure », qui reprenait les travaux expérimentaux chez le chien et exposait le traitement du petit Meister. Un tonnerre d'applaudissements salua l'exposé. Les journaux du lendemain reprirent l'essentiel de la communication de Pasteur. Le succès populaire fut immense, en France comme à l'étranger, à la mesure de l'angoisse que cette maladie représentait dans le conscient collectif. De nombreuses victimes mordues par des chiens enragés, ou supposés tels, affluèrent au laboratoire de la rue d'Ulm (Figure 6).

**Figure 6.** Le succès populaire de la vaccination antirabique fut immense. Les sujets mordus par un chien suspect de rage affluèrent à l'École Normale, rue d'Ulm, pour recevoir le traitement de Pasteur, comme ces dix-neuf paysans russes reçus par Pasteur. C'est le docteur Grancher qui pratique les injections. Dessin de Bayard (1886). © *Institut Pasteur*

© Dunod – La photocopie non autorisée est un délit.

Si le succès populaire fut immense, l'adhésion à la méthode de Pasteur ne fut pas unanime dans le milieu médical. Pasteur subit l'attaque de nombreux détracteurs qui considéraient le traitement comme inefficace et même susceptible de provoquer la maladie qu'il était supposé prévenir. Au premier mars 1886, 350 personnes avaient déjà été traitées. Une seule était morte, Louise Pelletier, mordue à la tête 37 jours auparavant par un chien enragé et que Pasteur n'avait accepté de traiter que par humanité pour les parents. En novembre, le nombre de mordus traités dépassait les deux mille et celui de morts atteignait douze. L'Académie des Sciences, comparant les résultats de Pasteur au taux de mortalité par la rage des victimes de morsure de chien la même année (40 %) conclut à l'efficacité du traitement de Pasteur et adopta le projet d'un établissement pour le traitement de la rage après morsure, à Paris. Une souscription publique internationale fut lancée. Les fonds affluèrent du monde entier. Les listes des souscripteurs étaient régulièrement publiées. Elles mêlaient les dons souvent modestes des plus humbles, aux sommes impressionnantes des grandes fortunes et des personnalités régnantes.

Sur un terrain de 11 000 $m^2$ d'un seul tenant, sis rue Dutot, au milieu des jardins maraîchers fut construit le premier bâtiment de l'Institut Pasteur. Il fut inauguré le 14 novembre 1888 en présence de Pasteur qui se remettait à peine d'une attaque cérébrale. C'est son fils Jean-Baptiste qui lut le discours préparé par son père : « J'ai la poignante mélancolie d'y entrer comme un homme vaincu du temps, qui n'a plus autour de lui aucun de ses maîtres… ». Pasteur vécut les dernières années de sa vie dans l'institut qui portait déjà son nom et qu'il dirigeait, relayé pourtant dans ses travaux scientifiques par ses collaborateurs.

## ROBERT KOCH

D'une génération plus jeune que Pasteur, Robert Koch naquit en 1843 en Basse Saxe et fit ses études de médecine à l'Université de Göttingen. Ses débuts comme médecin généraliste furent laborieux et hésitants, avec beaucoup de changements de positions et de villes. À 29 ans, après la guerre de 1870 où il prit part au conflit, il passa l'examen d'Officier médical de District et s'installa à Wollstein, près de Posen. Pendant les rares loisirs que lui laissaient ses fonctions d'Officier médical de District et l'exercice de la médecine privée, l'obscur médecin de campagne aborda en 1873 l'étude du charbon.

### L'étude du charbon

Avec des moyens de fortune, dans la moitié de son cabinet médical transformé en laboratoire, il réussit à cultiver *in vitro* l'agent du charbon dans de l'humeur aqueuse de lapin. Il nota l'importance d'une température élevée (30-35 °C) et de l'oxygène dans le développement de la culture. Il constata la formation de spores thermorésistantes dont il comprit qu'elles pouvaient rester vivantes dans le sol et devenir des sources persistantes d'infections des herbivores. Il montra qu'après huit alternances de sporulations et de germinations, l'inoculation à des souris de cultures en quantité minime continuait à leur transmettre le charbon.

En un peu plus d'un mois, Koch avait découvert un milieu de culture adapté à la croissance de l'agent du charbon, son cycle de développement, et il l'avait nommé *Bacillus anthracis*, selon la classification des bactéries proposée par Ferdinand Cohn, professeur à l'Université de Breslau et autorité incontestée dans le domaine naissant de la biologie des bactéries. Il démontrait pour la première fois qu'une bactérie pouvait causer une maladie non purulente. Peu sûr de ses résultats, Koch écrivit à Cohn une lettre proposant de venir publiquement refaire ses expériences et exposer ses résultats. Ce qu'il fit durant trois jours, devant une audience réduite, fascinée par le travail complet et systématique réalisé. Le mémoire fut publié en 1876 dans la revue fondée par Cohn, *Beiträge zur Biologie der Pflanzen*. À 32 ans, Koch faisait une entrée fracassante dans le monde de la microbiologie.

Pendant plusieurs années encore, il poursuivit en parallèle ses études bactériologiques et son travail de médecin de district à Wollstein. Il perfectionna, avec des moyens réduits, les techniques d'étude microscopique des bactéries, en particulier la pratique des frottis secs fixés par la chaleur et par l'alcool, et colorés par les dérivés de l'aniline que Carl Weigert avait commencé à employer dès 1874. C'est à l'aide de ces frottis, et grâce à une exceptionnelle patience, que Koch fit les premières microphotographies de bactéries. Il fut le premier à utiliser les objectifs à immersion et le condenseur mis au point par Ernst Abbe, consultant de la compagnie de microscopes Carl Zeiss.

## Les avancées techniques

En 1880, Robert Koch obtint une position à l'Office Impérial de Santé (Kaiserliche Gesundheitsamt) à Berlin, où il fut très rapidement entouré de jeunes collaborateurs, tels Georg Gaffky, Freiderich Loeffler, Ferdinand Hueppe et Bernhard Proskauer. Il y développa à partir de 1881 une méthode d'isolement des bactéries sur milieu solide. Au lieu de rechercher un milieu solide qui convienne à la culture d'agents pathogènes, il choisissait le milieu capable d'assurer la croissance du germe et le rendait ensuite solide par adjonction de gélatine. Mais la gélatine imposait d'incuber les cultures à température ambiante, inférieure à la température optimale de développement de la plupart des bactéries ; elle fondait lorsque la température ambiante s'élevait, par exemple

© Dunod – La photocopie non autorisée est un délit.

l'été. Il utilisa d'abord des plaques de gélatine ou de sérum sanguin coagulé. La même année, la femme d'un de ses collaborateurs, Fannie Hesse, lui suggéra l'emploi de l'agar-agar, substance traditionnellement utilisée en Extrême-Orient pour la confection de gelées et de confitures. Incorporée à un milieu nutritif, elle n'en modifie pas les propriétés et n'est pas métabolisée par la plupart des micro-organismes. Elle fond à ébullition, pour se solidifier en refroidissant et donner une gélose homogène et transparente. Ce support des cultures bactériennes permit d'inclure différentes sortes de milieux nutritifs et devint un outil bactériologique de base qui s'est avéré irremplaçable depuis. L'invention en 1887, par un autre assistant de Koch, Richard J. Petri, de la boîte de verre ronde et plate qui porte son nom, donna à la méthode d'isolement et de culture des bactéries sa forme définitive. L'ensemencement d'une suspension bactérienne diluée de façon adéquate permettait d'obtenir sur ce type de milieu solide des colonies, issues d'une seule bactérie, séparées les unes des autres et visibles à l'œil nu. Le repiquage d'une de ces colonies permettait d'obtenir une culture pure, dérivée d'une seule cellule. Cette technique conduisit rapidement à l'isolement de la plupart des bactéries responsables de maladies infectieuses. Elle permit en outre d'évaluer le nombre et les sortes de bactéries trouvées dans des échantillons très divers, air, eau, sol, produits alimentaires, objets manufacturés. Peu de techniques eurent une importance aussi déterminante sur le développement d'une discipline que celle de la culture sur milieu solide pour la bactériologie.

## Les découvertes cardinales : bacilles tuberculeux et cholériques

Mettant à profit les méthodes qu'il avait soigneusement mises au point, Robert Koch découvrit en huit mois le bacille tuberculeux, qui depuis porte son nom. Il réussit à colorer ce bacille de petite taille (le dixième du bacille du charbon). En utilisant une vieille solution de bleu de méthylène, il arrivait à deviner de rares bacilles. Il eut alors l'idée de recouvrir la lame déjà bleue avec de la vésuvine, un colorant brun qui lui permettait d'obtenir de meilleurs clichés photographiques. Le succès fut remarquable : les bacilles apparaissaient bleus sur fond brun. Avec une solution fraîche de bleu de méthylène, aucune coloration des bacilles n'était obtenue : il fallait pour être efficace que la solution soit devenue alcaline. Robert Koch vérifia, avec une grande rigueur, l'absence des germes dans ses réactifs, leur présence élective dans les lésions tuberculeuses et leur absence en dehors des lésions spécifiques. Il réussit l'isolement du bacille et sa culture sur sérum coagulé incubé à 37 °C. Les cultures contenaient les mêmes bâtonnets que les lésions, elles étaient « repiquables » et étaient virulentes pour le cobaye.

Cette découverte peut être considérée comme le chef-d'œuvre et l'aboutissement de tout le travail antérieur de Koch (Figure 7). Elle fut communiquée à la Société de Physiologie de Berlin, au cours d'une célèbre conférence tenue le 24 mars 1882 et fit l'objet d'une publication trois semaines plus tard dans le Berliner Klinische Wochenschrift.

**Figure 7.** Robert Koch au travail dans son laboratoire de l'Institut des Maladies infectieuses de Berlin, dont il fut directeur à partir de 1891. © *Charité-Universitätsmedizin Berlin, Institut für Mikrobiologie und Hygiene, Robert-Koch-Museum, Berlin*

© Dunod – La photocopie non autorisée est un délit.

Dans la nuit même qui suivit la communication de Koch, Paul Ehrlich, enthousiaste, améliora la technique de coloration en utilisant la fuchsine avec l'huile d'aniline comme mordant et l'acide nitrique comme décolorant. Une variante fut ensuite proposée par Ziehl et Neelsen, dont la seule originalité fut de remplacer l'huile d'aniline par le phénol, mais c'est elle qui se généralisa.

La découverte du bacille tuberculeux souleva l'enthousiasme général. Elle se répandit dans le monde et valut à Koch une renommée extraordinaire. Deux ans plus tard, Robert Koch, déjà au sommet de sa gloire, récidivait en découvrant le vibrion cholérique.

En 1883, la cinquième pandémie de choléra, partie d'Inde deux ans plus tôt, atteignait l'Égypte qui demandait l'aide de la France et de l'Allemagne. La mission d'étude française, composée d'Émile Roux et de Louis Thuillier, mais aussi d'Isidore Straus et Edmond Nocard, arriva la première à Alexandrie et s'installa à l'Hôpital français. Elle devait se solder par un échec scientifique : les cultures du sang restèrent négatives et les examens anatomo-pathologiques de l'intestin donnèrent des informations peu probantes. La mort de Thuillier atteint de choléra précipita le retour de la mission, rendue de toute façon inutile par l'extinction de l'épidémie.

La mission allemande était arrivée un peu plus tard que la française. Conduite par Robert Koch, elle comprenait en outre Georg Gaffky, Bernhard Fischer et Treskow, et transportait dans ses bagages un laboratoire complet de bactériologie. Elle s'établit à l'Hôpital grec d'Alexandrie. Ses travaux montrèrent la présence constante d'une bactérie dans l'intestin des patients atteints, mais il fut impossible d'isoler le germe en culture et d'obtenir son développement chez l'animal. Les cas de choléra se raréfiant en Égypte, la mission allemande se transporta avec son laboratoire à Calcutta, en Inde, où l'épidémie se poursuivait. Là, Koch et ses collaborateurs mirent en évidence dans les selles et l'intestin des patients décédés le même bacille en virgule qu'en Égypte. Ils réussirent son isolement en culture pure. Bien qu'ils ne pussent reproduire de maladie chez les différents animaux d'expérimentation utilisés, l'étude épidémiologique qu'ils firent leur permit de retrouver le même bacille dans les eaux des citernes utilisées par les familles atteintes de choléra. Cette constatation fournit une preuve supplémentaire que le bacille en virgule décrit par Koch était bien l'agent de la maladie. La mission rentra en Allemagne, huit mois après son départ, et reçut un accueil triomphal. Lorsque le choléra atteignit le sud de la France, durant l'été 1884, Koch fut appelé comme expert. Il se rendit à Toulon où il isola le bacille en virgule à partir de l'intestin des patients et en fit la démonstration à Roux et Straus, venus spécialement de Paris. Il ramena en Allemagne une souche, ce qu'il n'avait pas osé faire avec les souches isolées en Inde.

## Les postulats de Koch

Robert Koch est couramment connu pour avoir énoncé les règles destinées à rattacher un micro-organisme à une maladie infectieuse donnée. Ces postulats dits « de Koch » avaient été pressentis quelque trente-cinq ans plus tôt par son maître Jacob Henle. Et de façon assez surprenante, la première formulation dans leur forme définitive se trouve dans l'article de Loeffler sur le bacille diphtérique. Mais il est vrai que Koch y avait fait référence à plusieurs reprises au cours de ses travaux.

Pour rattacher un micro-organisme spécifique à une maladie infectieuse, il faut que ce micro-organisme soit retrouvé dans tous les cas de la maladie considérée et que sa distribution dans l'organisme corresponde aux lésions caractéristiques de la maladie. Il faut qu'il soit isolé en culture pure et, qu'ainsi cultivé *in vitro* pendant plusieurs générations le micro-organisme reproduise la maladie chez les animaux « sensibles ». Il faut enfin qu'il puisse être ré-isolé à partir des animaux expérimentalement inoculés. L'application de ces principes, jointe à toutes les avancées méthodologiques qu'il développa, conduisit Robert Koch et ses élèves à identifier, en quelques années, les agents des principales maladies infectieuses (chapitre 3).

## La tuberculine

Robert Koch devint en 1885 professeur d'Hygiène à la Faculté de Médecine de l'Université Friedrich-Wilhelm et directeur de l'Institut d'Hygiène de Berlin. Il reprit ses études sur le bacille tuberculeux et isola, en 1890, une substance, appelée ensuite tuberculine, dont il étudia les propriétés. Son injection à des cobayes se traduisait par l'existence d'un état réfractaire à la tuberculose. Koch décrivit aussi les réactions allergiques provoquées par cette substance et connues sous le nom de phénomène de Koch.

L'annonce que la tuberculine était le remède de la tuberculose fit naître un espoir immense parmi les très nombreux malades atteints de cette affection, la maladie infectieuse la plus répandue dans le monde en ce temps-là. Médecins et patients affluèrent à Berlin dans l'espoir de recevoir une injection de la « lymphe de Koch ». Presque un an après l'annonce de la découverte, 2 172 personnes avaient déjà été traitées. Mais il apparut alors évident que la tuberculine ne guérissait

© Dunod – La photocopie non autorisée est un délit.

pas la maladie, mais qu'en revanche elle pouvait être utilisée comme réactif pour établir le diagnostic surtout pour les stades précoces du développement du bacille. L'insuccès de la tuberculine comme médicament jeta toutefois une ombre sur la carrière de Koch.

En 1891, Koch prit possession du nouvel institut créé pour lui et dont il devint directeur. Il s'agissait d'un Institut de Maladies Infectieuses, constitué de la juxtaposition d'un hôpital et de laboratoires de recherche. Ses principaux collaborateurs, Behring, Kitasato, Ehrlich, Pfeiffer et quelques autres, firent d'importantes découvertes que nous décrirons plus loin (Figure 8) (chapitre 3). La pandémie de choléra qui atteignit Hambourg, où en quelques semaines se déclarèrent 17 000 cas, dont la moitié mortels, mobilisa totalement Koch. Il y démontra de manière magistrale le rôle de l'eau de boisson dans le développement de l'épidémie et l'importance de la filtration dans la prévention. Les principes et méthodes développés par Koch furent adoptés dans le contrôle sanitaire des eaux.

**Figure 8.** Robert Koch et quelques-uns de ses élèves. De gauche à droite, premier rang : Weisser, Petri, Koch, Plagge et Globig ; deuxième rang : Laplace, Sherrington, Roth, Kitasato, Denham, Cornet, Prauskauer, Fraendel, Frane et Donaz. © *Charité-Universitätsmedizin Berlin, Institut für Mikrobiologie und Hygiene, Robert-Koch-Museum, Berlin*

## Les maladies tropicales

À partir de 1896, Koch entama une série de voyages en Afrique, principalement en Afrique du Sud et en Afrique de l'Est, où il étudia les maladies tropicales de l'homme (paludisme, maladie du sommeil) ou de l'animal (peste bovine, theilériose, babésiose). Dans la campagne romaine, puis en Indonésie et Nouvelle-Guinée il étudia l'épidémiologie et le mode de transmission du paludisme, mettant au point des méthodes efficaces de prévention qui restèrent valides jusqu'à l'arrivée du DDT, après la seconde guerre mondiale. En Rhodésie il décrivit plusieurs stades du parasite de la Fièvre de la côte orientale, parasite décrit plus tard sous le nom de *Theileria parva*. Il découvrit une partie du cycle de *Babesia bigemina*, agent d'une fièvre hémoglobinurique grave des troupeaux dans la tique, un arthropode hématophage, et proposa les méthodes de lutte adéquates. En Afrique de l'Est enfin ses études permirent d'établir que la glossine était impliquée dans le cycle de l'agent de la maladie du sommeil.

Entre ces divers séjours tropicaux, il passa peu de temps en Allemagne, où ses travaux portèrent sur la fièvre typhoïde. Il y supervisa une remarquable campagne anti-typhoïdique mise sur pied par le gouvernement prussien dans le sud-ouest de l'Allemagne. Un réseau de onze laboratoires de bactériologie s'employa à assister les médecins dans le diagnostic des cas de fièvre typhoïde, mais également dans la recherche de la source des infections. Ces travaux montrèrent que le nombre de cas notifiés par les médecins sous-estimait le nombre de cas réels de la maladie, et ils mirent en lumière le grand nombre de sujets porteurs chroniques sains du bacille. Dans le cadre de cette enquête, des améliorations des réseaux d'eau permirent de faire chuter le nombre de malades. Cette remarquable étude fut la dernière contribution significative de Koch à la Microbiologie. Il reçut le Prix Nobel de Physiologie et Médecine en 1905, puis effectua un véritable tour du monde, recevant un accueil enthousiaste aux États-Unis et au Japon, seulement terni par une vive controverse avec les vétérinaires à propos de la tuberculose bovine.

En effet, les travaux de Koch sur la tuberculose de l'homme et des bovins l'avaient amené à affirmer que la maladie était identique chez ces deux hôtes, ce qui avait immédiatement conduit les vétérinaires à préconiser des mesures de prévention destinées à éviter la transmission du bacille de la tuberculose à l'homme par le lait ou la viande de bovins infectés. Mais à la suite d'expérimentations sur des lots plus importants d'animaux, au cours desquelles l'infection des bovins ne put être obtenue à partir de cultures de bacilles et de tissus humains

© Dunod – La photocopie non autorisée est un délit.

infectés, Koch changea d'avis. Il déclara, au Congrès sur la Tuberculose de Londres en 1901, que la tuberculose humaine était différente de celle du bovin et ne pouvait lui être transmise et qu'en sens inverse le lait, le beurre et la viande de bovin ne pouvaient transmettre le bacille bovin à l'homme. En conséquence des mesures préventives ne lui paraissaient pas utiles. Cette position souleva une tempête de protestations chez les vétérinaires et certains infectiologues. Le roi d'Angleterre Edouard VII nomma une commission dont les rapports conclurent à l'existence de trois types différents (on dit plus tard trois espèces) de bacilles tuberculeux et à la transmissibilité du bacille de la tuberculose bovine à l'homme. Cette controverse trouva son point d'orgue au Congrès International sur la Tuberculose de Washington, en 1908, au cours duquel Robert Koch campa sur sa position de 1901, cependant qu'il était clairement établi que le bacille tuberculeux bovin pouvait causer des maladies humaines graves. Contre l'avis de Koch, des mesures préventives furent décidées, particulièrement la généralisation du dépistage régulier de la tuberculose par tuberculinisation chez les vaches laitières et la pasteurisation du lait et de la crème.

Robert Koch mourut en 1910 à Baden-Baden.

## LES APPORTS DE PASTEUR ET DE KOCH

Les travaux de Pasteur et de Koch se sont situés dans le contexte géopolitique d'opposition forcenée et d'âpre rivalité qui caractérisait les relations franco-allemandes à la fin du XIX^e^ siècle. Alors que le retentissement des découvertes pastoriennes, en particulier de la première vaccination antirabique, avait été considérable en Europe, seule l'Allemagne se révéla hostile, tant par opposition politique systématique qu'en raison du différend qui opposait Robert Koch à Louis Pasteur. Dès 1881, les relations entre les deux hommes étaient orageuses : confrontations dans les Congrès (en particulier au IV^e^ Congrès International pour l'Hygiène et la Démographie à Genève, en septembre 1882), attaques dans les journaux médicaux. Cette opposition procédait en particulier d'une méconnaissance réciproque de leurs travaux, due à une ignorance complète de leurs langues respectives. À la publication des travaux de Pasteur sur la vaccination antirabique, Robert Koch et l'ensemble des bactériologistes de l'École de Berlin prirent une position de scepticisme et d'opposition. Pourtant, Koch dut se rendre à l'évidence. Et dès 1896, il organisa à l'Institut d'Hygiène de Berlin un service de vaccination antirabique selon la méthode de Pasteur.

Aujourd'hui la complémentarité des travaux des deux hommes est immédiatement évidente. Grâce à la rigueur et à la précision de la méthode expérimentale sur laquelle ils basèrent leurs travaux, ils firent passer la connaissance des maladies infectieuses d'une époque d'hypothèses approximatives à une phase de démonstrations solides. Pasteur et Koch sont réellement les fondateurs de la Microbiologie qui, à leur suite, fit un bond prodigieux et put connaître un développement remarquable, passant de sa préhistoire à son âge d'or.

Les travaux de Pasteur jetèrent les bases de la théorie microbienne des maladies infectieuses et apportèrent les clés du contrôle de ces maladies aux plans individuel et collectif par la vaccination. Avec ses avancées méthodologiques, Robert Koch ouvrit la voie à la découverte de la majorité des bactéries « cultivables » pathogènes pour l'homme ; sa contribution fut également déterminante dans le domaine de l'hygiène, de la santé publique et de la veille microbiologique.

Pasteur et Koch poussèrent à la perfection la rigueur expérimentale, au point que leurs expérimentations donnaient invariablement les résultats attendus et permettaient la validation des hypothèses formulées. Elles servirent de modèle à des générations de microbiologistes, qui à leur tour développèrent des expériences de laboratoire rigoureuses incluant des témoins. Grâce à eux la Microbiologie s'assit sur des bases expérimentales fortes. Ils savaient aussi parfaitement passer de l'étape de démonstration expérimentale à celle de généralisation du concept. Pasteur avait en plus un goût prononcé pour l'expérimentation dans la nature, en conditions naturelles, ce qui donna à beaucoup de ses découvertes des applications pratiques immédiates.

Mais Pasteur et Koch, préoccupés qu'ils étaient de convaincre leurs concitoyens, et surtout les médecins et les vétérinaires de leur époque, de la responsabilité du germe dans la maladie infectieuse correspondante, se focalisèrent totalement sur le germe lui-même et sa responsabilité exclusive dans la maladie. Pasteur croyait que tout germe était responsable d'une maladie infectieuse et ne serrait pas les mains par crainte de la contagion. Quant à Koch, les postulats l'avaient amené à concevoir la spécificité des germes pour un « hôte » donné comme un phénomène absolu. Sous son influence, la notion de spécificité devint une doctrine intransigeante qui proclamait que chaque micro-organisme avait des formes et des propriétés invariables et demeurait en toutes circonstances semblable à ses ascendants. Cette notion de fixité des micro-organismes s'accompagnait de celle de spécificité d'hôte, ce qui eut parfois des effets néfastes, comme ce fut le cas avec la position qu'il adopta au Congrès international sur la Tuberculose qu'il présidait

© Dunod – La photocopie non autorisée est un délit.

à Washington en 1908, comme nous venons de le voir plus haut. Cette position aurait pu entraver la généralisation de la pasteurisation du lait, et, partant, la prévention de la tuberculose chez l'homme. Elle fut heureusement violemment combattue, ce qui évita la contamination de la population.

Pasteur partageait les vues de Koch sur la spécificité des micro-organismes. Sa théorie microbienne de la fermentation et de la maladie repose sur la croyance au caractère spécifique et stable des propriétés biologiques et chimiques des genres et des espèces microbiens. Et pourtant Pasteur avait eu l'occasion de s'apercevoir que cette règle n'était pas absolue. Ses recherches sur le choléra des poules avaient fait apparaître l'existence d'un phénomène profond et durable, celui de « l'atténuation de la virulence ». Cette transformation était si diamétralement opposée au dogme de la fixité des espèces qu'elle dut le troubler. Mais Pasteur était un esprit positif et pragmatique, très éloigné du dogmatisme de Robert Koch. Il ne s'attacha pas à l'entorse à la règle de la fixité des micro-organismes, totalement séduit qu'il était par les applications pratiques que cette propriété lui paraissait devoir générer, c'est-à-dire la propriété de vacciner l'animal, puis l'homme à partir de micro-organismes de virulence atténuée. D'ailleurs la possibilité d'atténuer la virulence s'était révélée rapidement comme un caractère général, puisqu'elle fut obtenue avec tous les micro-organismes qu'il avait étudiés et manipulés : choléra des poules, charbon, rouget du porc, rage. Il découvrit aussi que des cultures atténuées pour un animal donné pouvaient conserver une virulence forte chez d'autres animaux. Ainsi, des cultures de choléra des poules qui avaient perdu la virulence pour la poule, s'avéraient encore capables de tuer les moineaux et d'autres petits oiseaux. En outre, lorsqu'il était « passé » de moineaux à moineaux le germe retrouvait sa « virulence » pour les poules. Autre exemple remarquable, celui de l'érysipèle du porc. L'inoculation au pigeon de bacilles prélevés sur un porc, entraînait la mort du pigeon en six à huit jours. Si le sang était injecté de pigeon à pigeon, la virulence des bacilles augmentait progressivement à la fois pour le pigeon et pour le porc. Si au contraire les bacilles étaient passés de lapin à lapin, leur virulence augmentait pour le lapin, mais diminuait pour le porc, de telle sorte que le bacille ne provoquait plus la maladie chez l'animal même chez lequel il avait été prélevé et isolé.

Pasteur émit l'hypothèse qu'à l'inverse un regain de virulence des micro-organismes pouvait déclencher des épidémies, et même dans certains cas leur aptitude à acquérir la virulence pour une nouvelle espèce animale. Mais c'était une observation très préliminaire qui n'eut de suite que beaucoup plus tard.

Un acquis tout à fait remarquable de l'œuvre des deux hommes fut représenté par les mises au point de techniques développées à l'occasion de leurs travaux. Elles eurent une importance capitale dans le développement de la nouvelle discipline, voire de toute la médecine et de la chirurgie. Elles fécondèrent l'hygiène et ses applications à la chirurgie et à l'obstétrique. Elles permirent l'extension de la Microbiologie aux domaines industriels et agro-alimentaires.

À Pasteur et à ses élèves, nous devons l'emploi systématique du bec Bunsen dans les mises en culture, repiquages ou manipulations, un régulateur de température pour étuve, des modes de culture en anaérobiose, la stérilisation par la vapeur surchauffée en autoclave, la stérilisation par chaleur sèche au four, la stérilisation par chauffage modéré ou pasteurisation, les filtres bactériologiques de porcelaine (filtres Chamberland) et une verrerie perfectionnée pour la microbiologie. La mise au point des différentes techniques de stérilisation permit le développement de l'asepsie, ce qui ouvrit la voie à l'avènement de la chirurgie moderne. L'ensemble de l'œuvre de Pasteur eut également des applications fécondes dans le domaine agroalimentaire. Ses travaux fondamentaux sur les fermentations permirent une rationalisation des méthodes de production de la bière, du vin, du vinaigre et de nombreux autres alcools. L'industrie agroalimentaire put dès lors connaître le développement que nous lui connaissons. De même les travaux de Pasteur jetèrent les bases de la chimie et de la physiologie microbiennes.

La contribution de Koch fut tout aussi déterminante. Sa méthode de culture sur plaque représente encore de nos jours la technique de base en bactériologie. Son aide au perfectionnement de l'observation microscopique (immersion à huile, condensateur d'Abbe, examen à l'état frais), son amélioration des techniques de coloration et de mise en évidence des germes dans les tissus (sur frottis desséchés, sur biopsies ou sur coupes de tissus prélevés sur des cadavres, fixés et traités pour l'analyse histologique), sa conceptualisation de la démarche d'étude rendirent possible la découverte des principales bactéries par lui-même, ses collaborateurs et les nombreux élèves allemands ou étrangers qu'il forma ou contribua à former. S'il échoua dans sa recherche d'un vaccin contre la tuberculose, sa découverte de la tuberculine n'en fut pas moins un grand moment de l'histoire de la tuberculose qu'il avait déjà marquée en décrivant le bacille.

© Dunod – La photocopie non autorisée est un délit.

Les travaux de Pasteur et de Koch s'inséraient dans le contexte de connaissances de leur époque. Il ne faut évidemment pas les voir comme étant apparus soudainement sur un terrain totalement vierge. Les chercheurs abordent rarement des sujets hors de toute influence antérieure. Pasteur et Koch eurent évidemment des précurseurs, dont nous avons, dans les pages précédentes, brièvement restitué les contributions dans le contexte de l'époque. Mais de même que l'hagiographie développée autour de Pasteur sous l'influence de ses disciples directs ou de ses chroniqueurs officiels, René Vallery-Radot, puis plus tard Pasteur Vallery-Radot, était excessive, de même la tendance inverse développée de nos jours par certains détracteurs pèche par manque d'objectivité. À vouloir limiter le rôle de Pasteur à celui de plagiat de devanciers méconnus et abusés par le cynisme du savant, on s'expose à ne saisir qu'une situation très partielle d'une réalité complexe. Certes, certaines des idées développées par Pasteur ou Koch avaient pu être formulées au moment où ils abordèrent certains problèmes. Mais le fait est que ces deux hommes exceptionnels ont seuls pu et su transformer ces idées en concepts fructueux, grâce à des expérimentations parfaites et indiscutables. On peut trouver des précurseurs sur tel ou tel thème résolu par ces deux savants, mais aucun ne peut prétendre à une quelconque paternité sur l'ensemble de leurs œuvres qu'il faut considérer dans leur globalité. Les contributions de Louis Pasteur et Robert Koch se déclinent comme une suite d'étapes majestueuses intégrées dans une logique tout à fait remarquable. Leur génie réside dans la cohérence de la pensée qui a sous-tendu le continuum de leurs travaux. La communauté scientifique, comme d'autres communautés, regorge d'envieux qui ne supportent pas de voir réussir par d'autres des travaux qu'ils avaient eux-mêmes ébauchés sans arriver à les conclure. « Dans les champs de l'observation, le hasard ne favorise que les esprits préparés » écrivait Louis Pasteur, qui savait de quoi il parlait.

# Chapitre 3

# Évolution des Écoles française et allemande

Si aujourd'hui la recherche scientifique est un travail d'équipe, il n'en était pas de même à l'époque où Pasteur et Koch débutèrent leurs travaux. Pourtant ils formèrent très vite chacun un groupe qu'ils dirigèrent, ce qui représentait une innovation pour l'époque. C'est à travers leurs écoles respectives que les œuvres de Louis Pasteur et de Robert Koch permirent l'épanouissement de la Microbiologie. Leurs écoles connurent des évolutions différentes, reflet des orientations des travaux et du caractère de leur chef, mais n'en furent pas moins, comme les découvertes des deux hommes, profondément complémentaires.

L'École française s'attacha en priorité à comprendre la manière dont les bactéries étaient responsables de maladies, ainsi que les principes à la base de la résistance à l'infection pour permettre sa prévention et sa guérison, en particulier par la vaccination et par la sérothérapie. L'École de bactériologie allemande se dédia principalement à la découverte des principales bactéries et à l'étude de leurs particularités biologiques essentielles, ainsi qu'à la prévention des maladies infectieuses par l'application de mesures sanitaires. Elle a particulièrement contribué au développement de l'Hygiène.

© Dunod – La photocopie non autorisée est un délit.

## L'ÉCOLE PASTORIENNE ET L'INSTITUT PASTEUR

Pendant trente ans, Pasteur avait poursuivi ses travaux dans des conditions matérielles précaires, dans des laboratoires de fortune. Il débuta dans les combles de l'École Normale, avec la fameuse chambre-étuve « où l'on n'entrait qu'à genoux ». Certes Victor Duruy qui fut le ministre de l'Instruction publique le plus progressiste de son siècle lui accorda tout ce qu'il lui fut possible d'accorder, et son laboratoire connut des agrandissements successifs, au collège Rollin, puis à Garches. Mais la science nouvelle étouffait entre les murs de l'École Normale. L'exemple de l'Allemagne ennemie et concurrente, où trois instituts successifs furent créés pour Robert Koch, donnait à réfléchir en France. La popularité que valurent à Louis Pasteur ses divers travaux, et particulièrement la vaccination antirabique, conduisit à faire admettre l'impérieuse nécessité de la création d'une institution spécifique, non seulement pour le traitement des sujets mordus, mais aussi pour l'épanouissement de la nouvelle discipline, alors appelée Microbie. Cette institution spécifique fut obtenue grâce à la générosité publique, précédent qui eut tendance à se pérenniser en France.

Une souscription publique internationale fut lancée le 8 mars 1886. Les fonds affluèrent du monde entier et le total des souscriptions atteignait 2 669 171 francs en novembre 1889. Débuté en juin 1887, le chantier fut mené avec rapidité. Les deux grands bâtiments de l'Institut Pasteur, sis au 25 de la rue Dutot, furent inaugurés le 14 novembre 1888, en présence du Président de la République Sadi Carnot (Figure 9). Pasteur se remettait à peine d'une attaque cérébrale, c'est son fils Jean-Baptiste qui lut le discours qu'il avait préparé, et où il y définissait l'Institut Pasteur comme un « dispensaire pour le traitement de la rage, centre de recherches pour les maladies infectieuses et centre d'enseignement pour les études qui relèvent de la microbie ».

Pasteur, dont la santé déclinait, habitait un appartement au premier étage de l'aile gauche de son institut. Mais ce sont ses élèves, particulièrement Duclaux et Roux qui investirent les nouveaux locaux et y propagèrent la doctrine. L'Institut Pasteur fut dès le début divisé en cinq grands services : rage sous la direction de Grancher, microbie générale sous la direction de Duclaux, microbie technique avec Roux, microbie appliquée à l'hygiène avec Chamberland et microbie morphologique avec Élie Metchnikoff.

Deux faits importants marquèrent la naissance de l'école pastorienne : la fondation des Annales et la création du « Cours de Microbie ». Pour la diffusion des travaux de la toute nouvelle discipline bactériologique,

**Figure 9.** Inauguration de l'Institut Pasteur, le 14 novembre 1888. Ce premier bâtiment fut construit grâce à la souscription publique internationale lancée le 8 mars 1886, à la suite du succès de la vaccination antirabique. Dessin de Tinayre, 1886. © *Institut Pasteur*

Émile Duclaux créa un journal scientifique, les Annales de l'Institut Pasteur, dont le premier numéro parut en janvier 1887. Ce périodique était destiné à devenir l'organe officiel des travaux de la maison. Les travaux plus courts, ou plus pressés, car la moisson était grande, firent souvent une première apparition dans les Comptes Rendus de l'Académie des Sciences ou ceux de la Société de Biologie.

Grâce au Cours de Microbie technique, créé par Émile Roux quatre mois après l'inauguration de l'Institut Pasteur (Figure 10), la vocation de formation donnée par Pasteur à son institut put être concrétisée. Fortement marqué par l'esprit de son créateur, le « Cours de Roux » fut d'abord donné trois fois par an, à une audience qui pouvait atteindre cent personnes venues de France ou de pays étrangers, tels l'Argentine, l'Angleterre, la Russie, la Suède, les États-Unis, le Brésil, la Hollande. Le premier préparateur du cours fut Alexandre Yersin. Ils furent nombreux au fil des années à suppléer Émile Roux lorsque sa fragile santé l'immobilisait : Waldemar Haffkine, Maurice Nicolle, Louis Martin, Charles Nicolle, Amédée Borrel, Victor Morax, Charpentier,

© Dunod – La photocopie non autorisée est un délit.

Etienne Sergent, Etienne Burnet, René Legroux. Ce Cours dura sans interruption jusqu'en 1914. Après la guerre, il fut remplacé par le « Grand Cours ». La tradition des Cours existe toujours à l'Institut Pasteur, mais ils se sont aujourd'hui diversifiés pour répondre à la spécialisation sans cesse croissante des nombreux domaines de la Microbiologie.

**Figure 10.** Premier cours de Microbie technique de l'Institut Pasteur, en 1889. Le responsable du cours, Émile Roux est assis au centre (toque sur la tête). Également assis, Alphonse Laveran à sa droite, Élie Metchnikoff et Alexandre Yersin à sa gauche. © *Institut Pasteur*

Au plan scientifique, les débuts de l'Institut Pasteur furent marqués par la mise au point de la sérothérapie antidiphtérique et le combat pour la phagocytose. Nous traiterons plus loin de la sérothérapie, dans un paragraphe distinct, car ce thème illustre parfaitement la complémentarité des Écoles française et allemande, au moins en ce qui concerne la sérothérapie antidiphtérique. Nous nous arrêterons un instant sur la phagocytose, phénomène dont l'établissement mit, en revanche, en lumière l'opposition entre les deux écoles.

Élie Metchnikoff (1845-1916) était un brillant zoologiste russe formé à l'université d'Odessa. À partir de 1865, il effectua plusieurs séjours dans les universités de Giessen et de Göttingen et à la station marine de Naples, où se retrouvaient les plus célèbres zoologistes et embryologistes de l'époque. Metchnikoff voyait dans l'étude du développement embryonnaire des animaux la seule voie permettant d'établir, de manière sûre, les rapports génétiques existant entre les êtres vivants. La grande diversité de travaux qu'il conduisit sur l'embryogenèse comparée l'amena à découvrir que, chez certains animaux, l'intestin n'était pas représenté sous la forme d'un tube, mais par une masse parenchymateuse dont les cellules assuraient une fonction de digestion. Il individualisa les deux fonctions de ce phénomène : l'internalisation des particules par les cellules (endocytose) et la digestion des particules internalisées.

C'est au début des années 1880 que Metchnikoff saisit la portée générale de ce phénomène. Pour lui cette fonction de digestion intracellulaire n'était pas limitée aux cellules fixes du parenchyme digestif, mais elle était partagée par des cellules mobiles, telles les cellules blanches du sang, les neutrophiles, dont il assimila la phagocytose d'agents pathogènes à un cas particulier de la digestion intracellulaire. Travaillant sur des animaux aquatiques transparents, larves d'étoile de mer ou encore daphnies d'eau douce, Metchnikoff découvrit en 1882 le phénomène du chimiotactisme, c'est-à-dire l'afflux massif de cellules amiboïdes au point de l'épiderme où il avait implanté une épine de rosier, phénomène semblable à l'afflux de neutrophiles au point de piqûre d'un doigt par une écharde. Cette expérience aboutit au concept de phagocytose (1883). Cette accumulation de neutrophiles au niveau d'un foyer infectieux, suivie de l'internalisation et de la digestion des bactéries par les neutrophiles, Metchnikoff la considéra comme une réaction de défense de l'organisme vivant contre les agents infectieux.

Ce concept heurtait totalement le dogme en vigueur chez les bactériologistes allemands qui, observant au microscope des neutrophiles et des macrophages bourrés de bactéries chez des patients septicémiques, faisaient de ces cellules des vecteurs capables de transporter et de disséminer les bactéries à distance du foyer d'infection primaire. Metchnikoff dut combattre pied à pied. Chez la daphnie, il mit en évidence la phagocytose du champignon *Monospora bicuspida* par des cellules de la lymphe. Puis passant à un micro-organisme modèle pour les bactériologistes de l'époque, le bacille du charbon, il démontra sa phagocytose par des leucocytes de grenouille, de pigeon, de rat et de chien.

La théorie cellulaire de l'immunité que préconisait dès lors Metchnikoff s'affronta de longues années avec la théorie humorale de l'immunité défendue par les bactériologistes allemands, à la suite des travaux de Pfeiffer sur la lyse intrapéritonéale des vibrions. Cette controverse

© Dunod – La photocopie non autorisée est un délit.

s'éteignit au tout début du XX$^{e}$ siècle avec l'observation du bactériologiste anglais Almroth Wright montrant que la phagocytose était fortement stimulée lorsqu'on ajoutait à la suspension de bactéries du sérum d'animal vacciné contre ces bactéries. Les substances du sérum d'animal vacciné capables de stimuler la phagocytose furent appelées opsonines par Wright. Comme souvent en biologie, le temps montra donc que ces deux théories ne s'opposaient nullement, mais qu'elles étaient au contraire complémentaires. La doctrine de la phagocytose apparaît avec le recul comme l'une des plus fécondes de la biologie, rattachant les phénomènes de l'immunité à ceux de la digestion intracellulaire, expliquant le mécanisme de l'inflammation, celui des atrophies ou des dégénérescences. Cette immunité cellulaire, encore appelée innée ou non spécifique, apparaît comme une caractéristique de tout le règne animal. L'œuvre d'Élie Metchnikoff fut à juste titre couronnée par l'attribution du Prix Nobel de Physiologie et Médecine en 1908.

Bien que la théorie cellulaire de l'immunité commençât à apparaître prépondérante dans la lutte contre les micro-organismes, les travaux sur les facteurs humoraux de l'immunité, complément et anticorps, se multiplièrent à l'Institut Pasteur, sous l'impulsion de Jules Bordet, Eugène Wollman, Constantin Levaditi et Maurice Nicolle. Par un paradoxe dont l'histoire est friande, c'est précisément dans le laboratoire de Metchnikoff que Jules Bordet jeta les bases de l'immunité humorale. Il décrypta le phénomène de la lyse intrapéritonéale des vibrions, découvrant du même coup le complément, qu'il nomma alexine, et les sensibilisatrices, qui devinrent plus tard les anticorps. Jules Bordet poursuivit à partir de 1904, à l'Institut Pasteur du Brabant à Bruxelles, une carrière scientifique particulièrement féconde dans le domaine de l'immunologie (étude des anticorps, réaction de déviation du complément à la base du diagnostic immunologique des maladies infectieuses) et de la bactériologie (découverte du bacille de la coqueluche). L'ensemble de son œuvre fut également couronné en 1919 par l'attribution du prix Nobel de Physiologie et Médecine.

Sous l'impulsion d'Émile Duclaux, directeur de l'Institut depuis la mort de Pasteur en 1895, de nouveaux bâtiments furent construits, et en particulier l'Hôpital Pasteur inauguré en 1900 et qui fut dirigé par Louis Martin jusqu'en 1940. Spécialement conçu pour le traitement des maladies contagieuses par les méthodes pastoriennes, il reposait sur un système d'isolement en petits box individuels, faciles à désinfecter à la sortie du patient. Les services de l'Institut Pasteur se multiplièrent également à cette époque et de nouvelles disciplines apparurent. Le service de chimie biologique se développa particulièrement, grâce à Gabriel Bertrand qui découvrit les oxydases et étudia de nombreuses enzymes et les « infiniment petits chimiques » qui interviennent dans le fonctionnement cellulaire. Au laboratoire de physiologie, Delezenne et ses collaborateurs étudièrent sucs digestifs et venins de serpents.

Dans le premier quart du XX^e^ siècle, de nombreux travaux de bactériologie furent conduits à l'Institut Pasteur. Veillon étudia les germes anaérobies, Roux et Metchnikoff réussirent à transmettre la syphilis au chimpanzé. Weinberg, un élève de Metchnikoff, étudia intensivement la flore anaérobie des gangrènes gazeuses et mit au point le sérum antigangréneux, qui fut très utile durant la première guerre mondiale. Auguste Pettit et Louis Martin se focalisèrent dès 1917 sur les leptospires.

La pathologie exotique naquit sous l'impulsion d'Alphonse Laveran. Celui-ci, médecin militaire en Algérie, à Constantine, avait découvert en 1880 l'hématozoaire responsable du paludisme. Ayant pris en 1897 une retraite prématurée, Laveran entra à l'Institut Pasteur où il organisa, grâce en particulier au Prix Nobel qu'il reçut en 1907, un Service de Pathologie exotique comprenant trois grands laboratoires : l'un de Protozoologie dirigé par Félix Mesnil, l'autre de Microbiologie avec Émile Marchoux, spécialiste de la lèpre, et l'autre enfin d'Entomologie médicale, sous la direction d'Émile Roubaud. Ces chercheurs s'attachèrent à l'étude de nombreuses maladies tropicales, en particulier les trypanosomoses africaines et les leishmanioses. Laveran et Mesnil fondèrent en 1908 la Société de Pathologie exotique, dont ils animèrent les séances et la rédaction du Bulletin durant de nombreuses années.

Venu de Russie comme son maître, Alexandre Besredka (1870-1940) fut l'un des élèves les plus proches de Metchnikoff, dans le laboratoire duquel il fut chargé de rechercher le rôle des phagocytes contre les toxines microbiennes. Il démontra la phagocytose des produits solubles et constata que, selon qu'on exaltait ou qu'on amoindrissait leur activité, la résistance de l'animal d'expérience aux intoxications se trouvait renforcée ou amoindrie. Les découvertes de Besredka furent nombreuses et portèrent tant sur la préparation des vaccins que sur l'anaphylaxie, dont nous reparlerons plus tard. Les années 1920 virent les découvertes de Gaston Ramon renouveler entièrement les stratégies de la vaccination, avec ses découvertes majeures des anatoxines, des adjuvants de l'immunité et des vaccinations associées, qui seront détaillées au chapitre 4.

© Dunod – La photocopie non autorisée est un délit.

Au fil des années, l'Institut Pasteur se développait, des bâtiments étaient construits et des départements se créaient. L'effectif du personnel augmentait progressivement, dépassant les mille personnes dans les années soixante. Ses activités se diversifiaient dans tous les domaines de la microbiologie, alliant recherche, production et enseignement. Au cours de certaines périodes, la production prit le pas sur la recherche, particulièrement durant les deux guerres mondiales, où les pastoriens mobilisés sur le site assurèrent la production de millions de doses de sérums et vaccins nécessaires aux armées.

Les années cinquante virent le développement prépondérant de la Virologie et de l'Immunologie. Avec l'étude de la Physiologie et de la Biochimie microbiennes, des hommes comme André Lwoff et Jacques Monod engageaient le développement de la Génétique microbienne et de la Biologie moléculaire, dont nous envisagerons l'épopée au chapitre 8.

Rappelons qu'en France métropolitaine, outre celui de Paris, des Instituts Pasteur furent également créés à Lille (1894), Strasbourg (1919) et Lyon (1954), ces deux derniers ayant disparu depuis.

## Les Instituts Pasteur d'outre-mer

Le succès de la vaccination antirabique (1885) n'entraîna pas seulement, comme nous l'avons déjà vu, la construction du premier bâtiment de l'Institut Pasteur. Elle fut aussi à l'origine de l'essaimage de centres de vaccinations antirabiques à travers le monde. En 1887, soit à peine deux ans après les premières vaccinations parisiennes, quatorze centres appliquaient ce traitement dans le monde, d'Odessa à New York en passant par le Brésil et le Mexique. Parallèlement, un mouvement centrifuge initié à l'Institut Pasteur conduisit à la diffusion de la méthode pastorienne à partir des médecins français et étrangers assistant aux Cours de Microbie et à la dissémination dans le monde de laboratoires aux débuts modestes, mais dont certains furent appelés à de brillantes réussites.

Le premier laboratoire pastorien créé outre-mer fut celui de Saigon (1891), du vivant même de Pasteur qui chargea Albert Calmette de sa fondation. Il fut suivi de nombreux autres, non seulement dans l'empire colonial français, mais aussi dans des pays de tout temps indépendants. Il y eut jusqu'à trente Instituts Pasteur hors de France, disséminés dans le monde, sur les cinq continents.

Parmi les colonies, l'Indochine française fut la mieux fournie en filiales, avec, outre celle de Saigon (1891), les Instituts Pasteur de

Nhatrang (1895), d'Hanoi (1925) et de Dalat (1931), quatre établissements placés sous une même direction générale (Alexandre Yersin puis Noël Bernard). À cet ensemble performant s'ajouta l'Institut Pasteur de Phnom Penh, en 1953. En Afrique du Nord, la Tunisie fut dotée, dès 1893, d'un « Service des vaccinations antirabiques et des fermentations » créé par Adrien Loir, le neveu de Pasteur. Mais un véritable Institut Pasteur lui succédait rapidement, que Charles Nicolle dirigea de 1903 à sa mort, en 1936. En Algérie, une mission médicale permanente dirigée par Edmond et Etienne Sergent séjournait au Sahara depuis 1900, à la demande d'Émile Roux ; un premier laboratoire saharien fut ouvert en 1907 à Beni Ounif-de-Figuig, et en 1909, l'Institut Pasteur d'Algérie s'installait à Alger. Au Maroc enfin, l'installation à Tanger d'une dépendance de la maison-mère (1910) précéda la création d'un institut autonome à Casablanca (1929).

En Afrique subsaharienne, le laboratoire de microbiologie ouvert en 1896 par Émile Marchoux à Saint-Louis du Sénégal était transféré à Dakar en 1913 et devint, en 1923, Institut Pasteur de Dakar. Des Instituts Pasteur furent créés à Brazzaville (Congo) en 1908, pour l'étude de la maladie du sommeil et à Kindia (Guinée) en 1922 avec, pour ce dernier, une vocation originale de centre de primatologie (Pastoria). L'Institut bactériologique installé à Tananarive par André Thiroux en 1898 devint l'Institut Pasteur de Madagascar. Dans les départements et territoires d'outre-mer, des laboratoires d'Hygiène confiés à des pastoriens coloniaux devinrent des filiales directes de l'Institut Pasteur : ce furent les cas de la Martinique en 1939, de la Guyane française en 1940, de la Guadeloupe en 1948 et de la Nouvelle-Calédonie en 1955. Des Instituts Pasteur s'installèrent également dans des pays indépendants, en Europe à Constantinople (1893), Bruxelles (1900), Athènes (1920), Saint-Pétersbourg (1923) et Rome (1970), ainsi qu'en Asie, à Bangkok (1913), en Chine à Chengdu (1911) et à Shanghai (1938) et à Téhéran (1920), et en Australie (1888).

La plupart des Instituts Pasteur d'outre-mer furent créés comme centres de traitement antirabique, souvent aussi comme laboratoires vaccinogènes. Ils débutèrent pour la plupart très modestement, simples pièces dans un hôpital colonial, puis ils prirent leur essor sous la férule d'une forte personnalité scientifique et médicale. Bien qu'hétérogènes dans leurs structures, les Instituts Pasteur d'outre-mer avaient tous une dualité de fonction, associant recherche et activités de service. Ils ont pratiquement tous œuvré dans quatre directions principales : recherche dans le domaine de la microbiologie et des maladies infectieuses, production de sérums et vaccins, actions en santé publique et formation.

© Dunod – La photocopie non autorisée est un délit.

L'épopée pastorienne outre-mer fut accomplie par des centaines de médecins, vétérinaires, pharmaciens, scientifiques, chercheurs ou praticiens, aux destins exemplaires mais bien souvent méconnus, et dont l'action commune a permis l'extension de l'œuvre pastorienne à l'ensemble du monde et tout particulièrement aux zones chaudes surpeuplées et pauvres de la terre. Beaucoup furent des médecins militaires sortis de l'École de Santé navale de Bordeaux, ayant opté pour le Corps de Santé des Colonies et Pays de Protectorat, et en détachement hors cadre. Tous étaient coulés dans le moule pastorien par le biais des Grands Cours de l'Institut Pasteur.

Les Pastoriens d'outre-mer furent des savants polyvalents aux compétences scientifiques et techniques étendues. Animateurs scientifiques de valeur, gestionnaires avertis de leurs instituts, certains furent également de grands bâtisseurs. Ils ne réussirent pas tous cette gageure, mais quelques-uns dominent, remarquables figures dont les noms se défient du temps : Albert Calmette, Alexandre Yersin, Charles Nicolle, Jules Bordet, Edmond Sergent, Paul Remlinger, Georges Blanc, Georges Girard, Marcel Baltazard.

Si l'on voulait esquisser une ébauche de bilan sur l'œuvre des Instituts Pasteur d'outre-mer, il faudrait souligner à la fois leur contribution à la connaissance des micro-organismes et des maladies infectieuses de l'homme, de l'animal et du végétal, la part qu'ils prirent dans la diffusion de la Microbiologie dans le monde, et leur rôle considérable dans l'amélioration de la santé publique dans les colonies et au-delà dans le monde tropical. L'histoire scientifique des Instituts Pasteur d'outre-mer peut globalement se diviser en deux parties, de durée et de valeurs inégales : l'épopée des débuts, où la contribution à l'étude des maladies infectieuses de l'homme, de l'animal ou du végétal fut particulièrement brillante et féconde, et l'époque des maturités, où les découvertes scientifiques originales furent rares et où les Instituts Pasteur d'outre-mer se cantonnèrent dans un rôle, très honorable certes mais limité, d'instituts de santé publique. Ils furent alors autant de laboratoires de services pratiques, capables d'assurer le diagnostic, le traitement et la prévention des maladies infectieuses, dans des zones pauvres et totalement démunies au plan sanitaire.

Deux exemples tout à fait démonstratifs de l'époque des épopées méritent d'être brièvement relatés : la mise au point de la sérothérapie antivenimeuse par Albert Calmette et la découverte du bacille de la peste par Alexandre Yersin, à Hong Kong en 1894.

## Albert Calmette et la sérothérapie antivenimeuse

À l'Institut Pasteur de Saigon, en 1891-92, une circonstance fortuite amena Albert Calmette à entreprendre l'étude du venin de cobra, serpent redoutable de l'Extrême-Orient, et en particulier de l'Inde. Fuyant l'inondation, des cobras avaient envahi un village et un habitant avait pu en capturer dix-neuf spécimens. L'administrateur proposa à Calmette de lui envoyer ophidiens et « captureur ». Ainsi commença une étude qui aboutit à la mise au point de la sérothérapie antivenimeuse. Car Calmette pressentit une analogie probable entre les propriétés du venin et celles des toxines microbiennes que l'on commençait à connaître, grâce aux travaux de Roux et Yersin sur la diphtérie, et à ceux de Behring et Kitasato sur le tétanos.

Il commença par étudier les propriétés biologiques du venin et sa toxicité pour diverses espèces animales : mammifères, oiseaux, poissons, batraciens, mollusques. Il étudia les variations de toxicité chez un même serpent, selon la récolte, et les variations des effets pathologiques, selon le mode d'inoculation à l'animal d'expérience. Il rechercha les produits chimiques capables de donner avec le venin des précipités insolubles dans l'eau et, partant, de neutraliser son pouvoir toxique. Il les trouva avec les hypochlorites alcalins. Grâce à cette neutralisation, il put injecter des doses croissantes de venin à des lapins et observa que le sérum de ces animaux hyper-immunisés était antitoxique aussi bien en préventif qu'en curatif. Ces études, commencées à l'Institut Pasteur de Saigon, se poursuivirent à son retour à Paris, où elles furent étendues à d'autres espèces de serpents et aboutirent à la fabrication de sérum antivenimeux. En 1894, la mise au point de la sérothérapie antivenimeuse fut annoncée à Paris à la fois par Césaire Phisalix et Bertrand et par Calmette.

Nous retrouverons Albert Calmette à propos du vaccin BCG, au chapitre suivant.

## Alexandre Yersin et la peste

Explorant le pays Moï, en Indochine, Alexandre Yersin fut ramené à la microbiologie par la survenue d'une épidémie de peste qui ravagea le sud de la Chine en 1894. Il fut chargé par l'Institut Pasteur d'aller à Hong Kong étudier la maladie. En un temps extrêmement court, dans une paillote installée en laboratoire de fortune, et malgré la mauvaise volonté des autorités anglaises désireuses de favoriser les travaux du japonais Kitasato qu'ils avaient appelé en renfort, Alexandre Yersin isola, décrivit et cultiva le bacille de la peste (Figure 11).

© Dunod – La photocopie non autorisée est un délit.

**Figure 11.** Alexandre Yersin devant la paillote qui lui servit de laboratoire, à Hong Kong, et où il découvrit le bacille de la peste, en 1894.
© *Institut Pasteur*

Il souligna également le rôle de réservoir joué par le rat, et ceci à la barbe, si l'on peut dire, de Kitasato dont les moyens matériels et le support britannique étaient massifs. On se souvient, à propos de la découverte du bacille du choléra par Koch et ses élèves, que l'expédition française peu équipée n'avait pas vu son amateurisme payant face au professionnalisme de l'expédition allemande venue avec un laboratoire complet en pièce détachée, et qui avait pu changer de zone d'étude, passant d'Égypte, où l'épidémie s'éteignait, à Calcutta, en Inde, où elle flambait. Dans le cas de la peste, ce fut l'inverse, le dénuement matériel de Yersin fut une condition de la réussite face à un Kitasato dont l'équipement matériel comportait une étuve à 37 °C, comme c'était la règle pour la recherche des germes infectieux. Yersin, lui, ne possédait que son microscope personnel et un autoclave prêté par l'Hôpital de Saigon, mais pas d'étuve, ce qui le condamnait à garder ses cultures à température ambiante. Ce fut sa chance : les températures moyennes à Hong Kong étaient de 27 °C en juin et de 28,4 °C en juillet, c'est-à-dire celles qui convenaient le mieux au développement du bacille de la peste. La concurrence fut rude autour de la paternité du germe de la peste, en raison de la mauvaise foi de Kitasato et de James A. Lawson, son correspondant britannique sur place. Un accord général existe à présent sur l'exclusivité d'Alexandre Yersin dans la découverte du bacille qui d'ailleurs porte son nom.

Dans ce domaine de la peste, les pastoriens d'outre-mer connurent un autre succès, celui de la découverte du rôle de vecteur assuré par la puce, qui revient à Paul-Louis Simond (1858-1947). Celui-ci avait observé que les puces provenant de rats morts contenaient du bacille pesteux. Il réalisa, à Karachi, l'expérience décisive, introduisant dans un grand bac de verre un rat moribond capturé dans la maison de pestiférés, ainsi qu'une cage grillagée contenant un rat sain. Les deux animaux ne pouvaient se toucher, mais le grillage laissait passer les puces. Cinq jours après la mort du rat pesteux, le rat sain tombait malade à son tour et mourait en présentant des bubons inguinaux et axillaires, une congestion du foie et de la rate, et des bacilles fourmillant dans tous ces organes.

Bien que les travaux de Yersin et de Simond aient fait la preuve du rôle du rat et de la puce dans la transmission de la peste, il fallut attendre cinq ans pour que la Convention internationale sanitaire rende obligatoire la destruction des rats sur les bateaux infectés.

On ne peut clore ce court chapitre sur la peste sans évoquer un pastorien plus mineur, Waldemar Haffkine (1860-1930). Cet émigré russe d'Odessa ayant travaillé à l'Institut Pasteur dans le laboratoire de Metchnikoff entreprit en 1891 ses travaux sur la vaccination contre le choléra. En 1896, le gouvernement indien l'invita à se rendre à Bombay pour y étudier l'épidémie de peste bubonique. Il y prépara son vaccin anti-pesteux, la « lymphe haffkinienne », qu'il essaya sur des rats, puis sur lui-même, et enfin sur des prisonniers. Les résultats furent jugés suffisamment encourageants pour que, dans les mois suivants, plus de 11 000 habitants de Bombay fussent vaccinés à leur tour. Pour répondre à la très forte demande du pays fut créé en 1899 le Plague Reasearch Laboratory dont Haffkine assura la direction jusqu'à son départ d'Inde en 1914. Ce vaccin ne prévenait pas la peste, mais faisait fortement chuter sa mortalité.

## LE DÉVELOPPEMENT DE LA MICROBIOLOGIE EN FRANCE, HORS INSTITUT PASTEUR

Si l'Institut Pasteur fut le phare de la Microbiologie en France et le centre principal de recherches dans cette nouvelle discipline, il convient de noter que la doctrine diffusa parallèlement dans le pays, souvent d'ailleurs grâce à des disciples pastoriens. En publiant en 1879 un

© Dunod – La photocopie non autorisée est un délit.

important article sur Pasteur et le rôle des microbes en pathologie, Charles Talamon, interne des hôpitaux de Paris, amorçait un revirement dans l'attitude d'une partie du corps médical, pendant longtemps critique sur les travaux de Pasteur. À cette époque, la « Bactériologie médicale » commençait à se développer dans les hôpitaux parisiens, amorçant un mouvement décisif dans la naissance de la clinique des maladies infectieuses. L'année 1888 vit se créer, au Val-de-Grâce, un cours et un laboratoire de Bactériologie, dont le premier titulaire fut Louis Vaillard, ami intime d'Émile Roux. La même année, Isidore Straus, qui avait participé à l'expédition du choléra en Égypte, fut nommé professeur de Médecine expérimentale et comparée et consacra entièrement son cours à la Bactériologie. De même, Chantemesse, nommé professeur à la Faculté de Médecine, ouvrit en 1889 un cours de Bactériologie, avec le concours de Granger et de Widal. De nombreux petits laboratoires de Bactériologie se créèrent au sein même des services cliniques des divers hôpitaux, parisiens particulièrement, où les techniques bactériologiques étaient pratiquées par les médecins eux-mêmes. L'hygiène des salles d'hospitalisation fut l'objet de beaucoup d'améliorations dans les années 1880-1900, toutefois, la méthode antiseptique n'était adoptée que dans les services dont le chef était sensibilisé au problème des infections.

Fernand Widal fut le microbiologiste français non pastorien le plus renommé et dont l'œuvre fut la plus fructueuse. Il mit au point, avec André Chantemesse, la première vaccination antityphoïdique sur les animaux de laboratoire. Il est l'auteur du sérodiagnostic de la typhoïde par agglutination de cultures du bacille par le sang de patient, et du cytodiagnostic dans les liquides biologiques (plèvre, liquide céphalo-rachidien). Il réalisa également d'importants travaux sur le polymorphisme d'expression clinique du streptocoque, sur les maladies rénales et les manifestations anaphylactiques chez l'homme.

Edmond Nocard (1850-1903) fut le fondateur de la Microbiologie vétérinaire en France. Collaborateur et ami de Pasteur, il participa à la mission d'étude du choléra en Égypte, avec Roux, Straus et Thuillier. Professeur à l'École Vétérinaire d'Alfort, il prit une part très active au succès français de la sérothérapie antidiphtérique en organisant très rapidement à Alfort un service d'immunisation des chevaux, véritable succursale de l'Institut Pasteur capable de répondre rapidement à l'importante demande du public. Directeur de l'École Vétérinaire d'Alfort, il fut un grand découvreur de germes animaux, dont les agents de la psittacose, de la lymphangite ulcéreuse du cheval, de la mammite gangreneuse de la brebis, du farcin du bœuf, de la mammite contagieuse de la vache, et surtout de la péripneumonie contagieuse des petits ruminants, dont il découvrit, avec Émile Roux en 1898, le germe, *Mycoplasma mycoïdes*. Ses principaux travaux s'intéressèrent à la tuberculose bovine, pour laquelle il montra l'intérêt de la tuberculine dans la prophylaxie, la morve, pour le diagnostic de laquelle il produisit la malléine, encore avec Émile Roux, et le tétanos. Homme d'action et de terrain, il avait un sens aigu de l'hygiène et de la santé publique.

Raymond Sabouraud (1864-1938) suivit le Cours de Microbie de Roux. Interne dans le Service de Dermatologie de l'Hôpital Saint-Louis, il y fit installer un laboratoire de bactériologie et commença à étudier les teignes du cuir chevelu. Nommé chef de laboratoire dans cet hôpital, il y travailla toute sa vie. Il est le fondateur de la Mycologie médicale en France.

## L'ÉCOLE ALLEMANDE

### Les disciples de Robert Koch

Les débuts de Robert Koch furent solitaires. Tant qu'il fut à Wollstein, sa femme Emmy fut sa seule « assistante ». Mais lorsqu'il prit la direction du laboratoire de recherche bactériologique de l'Institut Impérial de Santé à Berlin, en juillet 1880, il s'entoura d'un groupe de collaborateurs. Ses deux premiers assistants furent Georg Gaffky et Friedrich Loeffler qui devaient tous deux devenir de grandes figures de la Bactériologie. D'autres collaborateurs les rejoignirent rapidement : Ferdinand Hueppe, Gustav Wolffhügel, le chimiste Bernhard Proskauer. Nous avons évoqué plus haut Fannie et Walther Hesse et Richard Petri et les avancées techniques que générèrent leurs découvertes. Ses collaborateurs accompagnaient Koch dans ses missions, par exemple Gaffky et Bernhard Fischer participèrent à la mission du choléra en Égypte et en Inde.

Lorsque Koch, au sommet de sa gloire après la découverte du bacille de la tuberculose et de celui du choléra emménagea en 1885 dans l'Institut d'Hygiène créé pour lui, Gaffky et Loeffler restèrent à l'Institut Impérial de Santé, et Koch eut de nouveaux collaborateurs : Carl Fraenkel, Eduard Pfuhl, Richard Pfeiffer, et Martin Kirchner. Robert Koch créa, avec son ami Carl von Flügge, de Göttingen, un journal d'hygiène, Zeitschrift für Hygiene. Déménageant à nouveau en 1891 pour l'Institut de Maladies infectieuses, Koch amena avec lui la plupart des membres de son équipe de l'Institut d'Hygiène,

© Dunod – La photocopie non autorisée est un délit.

à laquelle s'ajoutèrent plusieurs autres collaborateurs talentueux : Emil von Behring, Shibasaburo Kitasato, Paul Ehrlich et August Von Wassermann.

Nombre des élèves et collaborateurs de Robert Koch s'illustrèrent dans la Bactériologie ou dans de nouvelles branches de la Microbiologie, en Virologie par exemple, ou de la Médecine, comme l'Immunologie. Ils appartenaient pour la plupart au Service de Santé publique impérial qui développait une politique de recherche fondamentale ciblée et coordonnée. Certains faisaient même partie du corps des officiers de l'armée. Une succession de très succinctes présentations des principaux élèves de Koch donnera un aperçu de l'ampleur de cette École allemande. Nous reviendrons plus loin à une analyse par bactérie ou par thème. Cette approche combinée donnera une vision d'ensemble d'une histoire aussi complexe que celle du développement de la Microbiologie allemande à l'époque de Koch et dans les années qui suivirent sa disparition.

**Georg Gaffky** (1850-1918) fut l'un des premiers assistants de Koch et son élève préféré. Médecin assistant du Corps médical royal prussien, il fut spécialement affecté à l'Institut Impérial pour travailler avec Koch. Les travaux qu'il mena avec son maître furent consacrés en particulier au bacille typhoïdique qu'il cultiva le premier. Étudiant la tuberculose, il développa entre autres un schéma d'appréciation de la gravité par comptage du nombre de bacilles dans l'expectoration, échelle qui porte encore son nom. Il accompagna Koch durant l'expédition sur le choléra en Égypte et en Inde. Il succéda à Koch à l'Office Impérial de Santé, lorsque celui-ci devint directeur de l'Institut d'Hygiène de Berlin. Il devint ensuite professeur d'Hygiène à l'université de Geissen et dirigea, en 1897, une expédition en Inde pour l'étude de la peste. En 1904, il succéda à nouveau à Koch, cette fois à la tête de l'Institut des Maladies infectieuses de Berlin. Après la mort de Koch, il publia son œuvre complète, en collaboration avec Julius Schwalbe.

**Freiderich Loeffler** (1852-1915) était également médecin militaire lorsqu'il devint en 1880 le collaborateur de Koch à l'Office Impérial de Santé. Il identifia, en 1884, selon les postulats de Koch, le bacille de la diphtérie, précédemment vu par Klebs dans le mucus buccal d'un enfant diphtérique, *Corynebacterium diphteriae*, et connu depuis sous le nom de bacille de Klebs-Loeffler. Il isola également le bacille de la morve, celui de l'érysipèle du porc et *Salmonella typhimurium* à partir du rat. Son œuvre dans le domaine de l'hygiène publique fut importante, ses travaux portant principalement sur la bactériologie du lait et de l'eau, et sur le traitement des eaux d'égouts. À partir de 1897, il fut chargé par le gouvernement prussien de la lutte contre la fièvre aphteuse, important problème de santé animale. Avec son collaborateur Paul Frosch, il reconnut que l'agent de la fièvre aphteuse était un germe invisible passant à travers les filtres qui retenaient les bactéries. Il le qualifia de « virus filtrable » et est à ce titre considéré en Allemagne comme le père de la Virologie. Bien que n'ayant pu isoler le germe, il s'attacha à étudier la transmission de la maladie à diverses espèces animales, le mode d'infection, la durée d'activité du matériel infectieux et les méthodes de destruction de cet agent pathogène. Il mit au point, en quelque sorte, les méthodes d'étude des maladies virales. Sous la pression des autorités, il s'efforça de développer des moyens de contrôle de la maladie : sérum et vaccin. Il réalisa avec succès un premier essai de vaccination de terrain. En ce sens, il fut le plus « pastorien » des bactériologistes allemands. Interrompu en 1907 à la demande du Ministère, le travail sur la fièvre aphteuse fut localisé à partir de 1910 dans l'île de Riems pour éviter la dissémination de matériel virulent. L'institut qui y fut établi fut le premier institut de Virologie au monde. Loeffler fut nommé en 1913 directeur de l'Institut de Maladies infectieuses Robert Koch, mais il disparut en 1915.

**Emil Behring** (1854-1917) fit ses études de médecine à l'Académie médicale militaire de Berlin (Institut Royal Frédéric-Guillaume) (Figure 12). Après des affectations dans diverses unités, il fut envoyé à l'Institut de Pharmacologie de Bonn, pour poursuivre sa formation. C'est de là que date son intérêt pour la Bactériologie. Il se mit à étudier l'effet d'un antiseptique, l'iode, recherche qui fut à l'origine de son intérêt pour la sérothérapie antitoxique. Travaillant sur le charbon, il constata que le sérum des rats blancs résistants au charbon tuait les bacilles *in vitro*. Envoyé en 1889 à l'Institut d'Hygiène de Berlin où il devint assistant de Koch, il y entreprit ses travaux sur l'inoculation des cobayes par la toxine diphtérique immédiatement suivie par un traitement à l'iode. Il montra que les animaux survivants résistaient à une nouvelle inoculation. Kitasato menant en même temps des expériences identiques sur la toxine tétanique, les deux auteurs publièrent ensemble leurs résultats qui conduisirent au développement de la sérothérapie. Ce sujet sera abordé plus bas dans sa globalité. Une collaboration avec Paul Ehrlich à partir de 1893, et un engagement de la compagnie Meister Lucius et Brüning, localisée à Hoechst, un faubourg de Frankfort, permirent à Behring de financer des recherches qu'il avait

© Dunod – La photocopie non autorisée est un délit.

personnellement supportées antérieurement, et de passer au stade de la production et de la standardisation. Devenu professeur d'Hygiène à Marburg, il y créa l'Institut de Thérapie expérimentale en 1898 et fonda sa propre compagnie, « Behringwerke ». Abordant ensuite la tuberculose, il essaya diverses méthodes pour obtenir une immunisation des patients. En compétition avec Koch sur ce sujet, il ne réussit pas plus que lui : sa « tulase », un extrait de bacilles tuberculeux traités par l'hydrate de choral, ne permit pas d'obtenir la protection des patients, pas plus que la tuberculine de Koch n'avait réussi à les guérir. À partir de 1905, Behring travailla sur des méthodes aseptiques de collecte du lait, et sa conservation par le formol et le peroxyde d'hydrogène. Il obtint en 1901 le premier Prix Nobel de Physiologie et Médecine.

**Figure 12.** Emil Von Behring, médecin allemand élève de Robert Koch. Ses travaux sur la toxine diphtérique aboutirent à la sérothérapie antidiphtérique. Il fonda sa propre compagnie, « Behringwerke » pour la production et la standardisation de produits biologiques.
*Cliché : Novartis Behring, avec l'aimable autorisation de Patrick Bierther*

**Shibasaburo Kitasato** (1852-1931), médecin japonais formé à l'Université de Tokyo, fut envoyé en Allemagne pour être formé dans le domaine de la Bactériologie. Il travailla à Berlin de 1886 à 1892 à l'Institut d'Hygiène de Robert Koch (Figure 8). Son domaine de recherche incluait le choléra, le typhus et surtout le tétanos. Il isola en 1889 l'agent causal du tétanos, *Plectridium tetani*. Il utilisa pour ce faire la propriété de la thermo-résistance des spores, qu'il venait de découvrir, ce qui lui permit d'éliminer toutes les autres bactéries par chauffage à 80 °C durant 45 minutes, et d'obtenir le bacille tétanique en culture pure. Avec Weyl, Kitasato montra que ce micro-organisme produisait en culture une toxine puissante. Avec Emil Behring, il démontra la possibilité d'obtenir la protection de l'animal d'expérimentation par le sérum antitoxique (*cf.* infra).

Durant une épidémie de peste, Kitasato fut envoyé en 1894 à Hong Kong, où il décrivit un bacille qu'il pensa être responsable de la peste, mais qui fut reconnu plus tard distinct de celui découvert par Yersin, auquel le monde scientifique accorde aujourd'hui la paternité du bacille pesteux, *Yersinia pestis*.

Kitasato étudia ensuite la tuberculine avec Robert Koch, puis, ayant obtenu le titre de professeur, il retourna au Japon où il fonda, dans les environs de Tokyo, un Institut des Maladies infectieuses, grâce à l'appui de deux hommes d'affaires. Lorsque cet institut fut absorbé par le Ministère de l'Éducation, Kitasato le quitta en signe de protestation et fonda l'Institut Kitasato, où il fut rejoint par la majorité de ses collaborateurs. Parmi ceux-ci, Kiyoshi Shiga découvrit l'agent de la dysenterie bacillaire, *Shigella dysenteriae*, et Sahachiro Hata démontra avec Paul Ehrlich l'efficacité du salvarsan dans la syphilis.

Kitasato devint le premier doyen de la Faculté de Médecine de l'Université Keio à Tokyo, et fut le premier président de l'Association médicale japonaise, à sa création en 1923. Il termina sa carrière couvert d'honneurs de la part de son gouvernement, nommé baron et reçu à la Chambre des Pairs.

**Richard Pfeiffer** (1858-1945) était un médecin militaire qui fut détaché à l'Institut d'Hygiène de Berlin pour travailler avec Koch, dont il gagna rapidement la confiance. Il est largement connu comme l'auteur de la théorie des endotoxines. Après sa découverte de *Haemophilus influenzae,* en 1892, il orienta ses recherches vers les relations entre infection et immunité. Travaillant sur le choléra, il découvrit que l'injection de vibrions cholériques dans la cavité péritonéale de cobayes immunisés contre le choléra était suivie de la destruction de ces vibrions.

© Dunod – La photocopie non autorisée est un délit.

Il montra que ce phénomène de la bactériolyse immune pouvait être transféré passivement par injection du sérum d'un cobaye immunisé, et qu'il était réalisable *in vitro*. Ces travaux permirent de différencier la résistance non spécifique de l'immunité spécifique. Ils servirent de base conceptuelle à l'immunisation active, c'est-à-dire à la vaccination protectrice, en particulier contre le choléra et la fièvre typhoïde. Ils conduisirent également à la découverte des endotoxines. Pfeiffer observa en effet que les cobayes non-immunisés auxquels on injectait les vibrions combinés à l'immunsérum tout comme les cobayes immunisés auxquels on injectait les vibrions non traités mouraient alors que ne persistait aucun vibrion vivant dans leur cavité péritonéale. Il en conclut que les vibrions détruits dans la cavité péritonéale sous l'influence du sérum immun relâchaient des toxines contenues dans le corps bactérien. Il montra également que le vibrion cholérique tué par chauffage ne perdait pas son potentiel toxique. Ces observations le conduisirent à postuler l'existence d'une endotoxine, un poison qui est étroitement lié à la cellule bactérienne durant sa vie et libéré seulement après la mort bactérienne, où il remplit son pouvoir pathogène. Pfeiffer se mit alors à rechercher des endotoxines dans plusieurs groupes de bactéries, et il les mit en évidence chez *Salmonella typhi* et *Haemophilus influenzae*.

**August Wassermann** (1866-1925) fit des études de médecine dans les universités d'Erlangen, Vienne, Munich et Strasbourg, puis s'en alla travailler à Berlin (1891), comme assistant bénévole dans l'Institut de Maladies infectieuses de Koch, où il collabora avec Kitasato et Pfeiffer. Il eut ensuite une position dans l'Institut de Sérothérapie de Steglitz, dans la banlieue de Berlin, auprès d'Ehrlich. Utilisant le bacille pyocyanique, Wassermann travailla à partir de 1896 à la rupture de la liaison toxine-antitoxine, apportant une adhésion totale à la théorie des chaînes latérales de Paul Ehrlich. À partir de 1900, Wassermann aborda l'étude du complément, substance que Jules Bordet avait découverte en 1895. Avec Carl Bruck, Wassermann appliqua la fixation du complément à la détection des anticorps contre la tuberculine et le méningocoque, et à la fin de sa vie dans la tuberculose. Avec Albert Neisser et Carl Bruck, il développa en 1906 la réaction de diagnostic de la syphilis à laquelle il donna son nom associé à celui de Bordet. Cette mise au point rendait non seulement possible la détection de la syphilis, elle apportait de plus une base nouvelle à son traitement. Wassermann fut le premier bénéficiaire du Prix de la Fondation Aronson.

## L'usage des colorants en Bactériologie

L'utilisation des colorants en Bactériologie est un apport important de l'École allemande. Hermann Hoffmann avait introduit, dès 1869, le carmin et la fuchsine dans les techniques microscopiques. Les premiers essais de coloration des germes ne tardèrent pas. Carl Eberth (1835-1926) réussit en 1872 à colorer les cocci à l'aide de l'hématoxyline, et en 1875 Carl Weigert (1845-1904) se servit des couleurs d'aniline (violet de méthyle) pour mettre en évidence des bactéries dans les tissus. Les méthodes de coloration des micro-organismes se perfectionnèrent d'autant mieux que Koch avait montré en 1876-1877 comment étendre les germes en couche mince sur une lame, les sécher, les fixer à l'alcool avant de les colorer, puis de les monter au baume du Canada, recouverts d'une lamelle. À partir des années 1880, les grandes firmes allemandes, notamment Bayer, dominèrent l'industrie des colorants. À la veille de la guerre de 14, l'Allemagne produisait 85 % des colorants utilisés au niveau mondial. Paul Ehrlich subdivisait les substances colorantes en trois groupes : basiques, acides et neutres, ce qui lui permit d'obtenir la différenciation des globules blancs du sang. Avec ses élèves Schwarze et Westphal, Ehrlich perfectionna les techniques de coloration. Il améliora en 1882 la méthode de coloration du bacille tuberculeux. Son procédé fut à son tour perfectionné en 1883 par deux médecins de campagne allemands, Franz Ziehl (1857-1926) de Heidelberg et Freiderich Neelsen (1854-1926) de Rostock. Cette coloration porte encore le nom de Ziehl-Neelsen.

L'utilisation des colorants est à la base du développement de la Chimiothérapie anti-infectieuse. Nous l'envisagerons dans ce contexte spécifiquement au chapitre 9, où nous présenterons en détail l'œuvre réellement fondamentale de Paul Ehrlich. Mais avant de quitter le domaine des colorants, il convient de présenter la méthode de coloration de base en Bactériologie, celle découverte par Gram et dont l'histoire est intimement liée aux travaux sur le pneumocoque.

## Le pneumocoque et la coloration de Gram

Depuis les observations de Laennec au début du XIX$^{e}$ siècle, la pneumonie lobaire était connue comme une entité clinique et anatomique, que T. Jurgensen rangea en 1874 parmi les maladies infectieuses. Le premier travail bactériologique significatif fut mené en 1882 par C. Friedlander, anatomo-pathologiste à l'hôpital de Berlin-Friedreischstain. Il avait pour assistant un jeune médecin danois Hans Christian Gram (1853-1935). Sur des sections de poumon de huit cas de pneumonie

© Dunod – La photocopie non autorisée est un délit.

lobaire, Friedlander rapporta le premier la présence de diplocoques en très grand nombre, qu'un autre médecin allemand, Gunther, nota être enveloppés d'une capsule. En 1883, Friedlander publiait des résultats plus conséquents sur cinquante cas, annonçant que son collègue Gram avait mis au point une technique de coloration qui mettait en évidence ces bactéries à la perfection. Une tradition non confirmée prétend que Gram fit la découverte de sa très fameuse méthode de coloration de façon fortuite, en versant accidentellement de la solution iodée de Lugol sur des coupes déjà colorées au cristal violet, et en essayant de corriger son erreur en lavant les coupes à l'alcool. Toujours est-il qu'il codifia les différents temps de la coloration : coloration au cristal violet, mordançage par la solution d'iode, ensuite lavage à l'alcool qui éliminait la coloration violette des tissus, cependant que les bactéries demeuraient magnifiquement colorées. Il remarqua que si cette technique colorait certaines bactéries, telles le pneumocoque, elle n'en révélait pas d'autres, comme le bacille typhoïdique. Mais ni Gram, ni le monde bactériologique de l'époque n'apprécièrent la signification de cette observation, et pourtant, à la fin du XIX^e^, il était habituel de distinguer les bactéries entre celles qui retenaient le colorant (Gram positives) et celles ne le retenant pas (Gram négatives). On sait depuis que cette propriété tient à une différence de structure de l'enveloppe bactérienne : les bactéries Gram positives ont une épaisse paroi de peptidoglycane, alors que les Gram négatives possèdent une couche de lipopolysaccharides qui est dissoute par l'éthanol et ne retient pas le colorant. La carrière de Gram ne continua pas en bactériologie : revenu au Danemark, il devint professeur de Médecine à Copenhague en 1900 et, à la fin de sa vie, il confessa son amusement d'être mondialement connu dans une discipline qui lui était étrangère, pour une technique de coloration qu'il avait mise au point à 31 ans.

Pour revenir au pneumocoque, Charles Talamon, en France, quelques jours après la publication de Friedlander, présenta à la Société anatomique de Paris une communication décrivant la présence de diplocoques dans le poumon de sujets pneumoniques. À peu près en même temps, deux scientifiques décrivirent simultanément le pneumocoque dans la salive : Pasteur au début de ses travaux sur la rage et l'Américain G. M. Sternberg. Friedlander avait rencontré dans les cas de pneumonie qu'il étudiait un germe occasionnel, que nous appelons aujourd'hui *Klebsiella pneumoniae*, mais qu'il ne différencia pas du pneumocoque. Ceci lui valut les critiques de Fraenkel, l'homme dont la contribution à la bactériologie de la pneumonie est certainement la plus importante. Celui-ci dénia à Friedlander la découverte du pneumocoque, qu'il s'attribuait totalement, n'hésitant pas, dans son traité de Bactériologie de nommer le pneumocoque : « bacille de Fraenkel ».

## Le gonocoque

Il n'est pas surprenant que la gonorrhée, ou blennorragie, ait été une des premières maladies humaines dont le germe soit identifié. Il s'agit en effet d'une maladie hautement contagieuse au cours de laquelle l'écoulement urétral fourmille de germes. Et pourtant la mise en évidence de ces germes ne fut pas aisée et plusieurs auteurs échouèrent. Le gonocoque fut découvert en 1879 par Albert Neisser (1855-1916), assistant de dermatologie à l'Université de Breslau, où il côtoyait à la fois Ferdinand Cohn et Carl Weigert, dont l'influence fut déterminante dans cette découverte. En colorant ses frottis à l'aniline, Neisser mit en évidence le germe non seulement dans les écoulements urétraux de 35 cas de gonorrhée, mais aussi dans l'écoulement oculaire d'un cas d'ophtalmie néonatale. Il nota la forme caractéristique de la bactérie et sa position intracellulaire prédominante. Les observations de Neisser furent rapidement confirmées dans le monde entier, mais les autres règles des postulats de Koch tardèrent à être respectées, la culture du gonocoque, extrêmement délicate, donnant du mal aux bactériologistes. La majeure partie des organismes cultivés par les premiers bactériologistes à partir des écoulements purulents n'était pas du gonocoque, mais des *Neisseria* non pathogènes. On n'est d'ailleurs pas entièrement certain que Neisser ait réussi l'isolement du germe sur extrait de viande-gélatine peptonée, en 1882, ce que fit sans aucun doute Ernst von Bumm, professeur de Gynécologie à Bâle. Celui-ci montra en effet, en 1885, qu'il existait tout un groupe de germes morphologiquement identiques au gonocoque qui variaient par la couleur de leurs colonies et par d'autres caractères, et qui n'étaient pas responsables de gonorrhée. Il réussit à transmettre la maladie expérimentalement à la femme à partir d'une culture pure. Mais ce ne fut qu'en 1891 que Wertheim obtint l'isolement régulier sans difficulté du gonocoque sur un milieu à base de peptone-agar enrichi au sérum.

## Escherich et la flore bactérienne intestinale

Jusqu'à présent, nous n'avons évoqué la découverte que de bactéries responsables de maladies, leur rôle physiologique demeurant méconnu. Un jeune pédiatre allemand, Theodor Escherich (1857-1911) s'illustra

© Dunod – La photocopie non autorisée est un délit.

par ses remarquables travaux sur la flore bactérienne du tube digestif et ses relations avec la physiologie de la digestion. Il combina ses travaux de pédiatrie avec son profond intérêt pour la Bactériologie, extrêmement impressionné qu'il avait été par l'impact des travaux de Koch sur les maladies infectieuses et par sa propre expérience durant l'épidémie de choléra de Naples. Professeur de Pédiatrie d'abord à Graz, puis à Vienne, il étudia la diphtérie, la tuberculose et le tétanos, mais il est surtout connu pour la monographie qu'il publia en 1886 sur les bactéries intestinales des nourrissons. En tenant compte de l'époque où il fut composé, ce travail apparaît comme une œuvre remarquable de Bactériologie. Il étudia morphologiquement la flore microbienne d'enfants d'âges différents et sa culture, notant les bactéries du méconium, puis les changements survenant avec l'introduction de l'alimentation lactée. Il étudia les variations de la flore en fonction des divers étages du tube digestif. Parmi les organismes dont il donna une description détaillée figurent une des premières et des plus précises descriptions de *Pseudomonas aeruginosa* et, surtout, la découverte d'une bactérie universellement rencontrée dans le tube digestif, qu'il appela *Bacterium coli commune*, et que nous appelons aujourd'hui en son honneur, *Escherichia coli*. Elle fit depuis une grande carrière comme modèle d'étude.

## LA SÉROTHÉRAPIE : UNE MISE AU POINT FRANCO-ALLEMANDE

La diphtérie représentait au XIX^e siècle un fléau en Europe occidentale, causant des hécatombes dans les populations d'enfants. Bien que Bretonneau fût convaincu que la diphtérie était une maladie infectieuse, il fallut attendre 1869 pour que Trendelenburg commence à en apporter un début de preuve expérimentale : inoculant des lapins et des pigeons avec du matériel prélevé dans la gorge de diphtériques, il obtint des fausses membranes chez l'animal. Ces résultats furent confirmés et étendus par J. Oertel en 1871. Mais s'il n'y avait aucun doute sur l'origine infectieuse de la maladie, l'identification du germe posait problème. Laycock, en 1858, identifia *Candida albicans* dans les fausses membranes. Klebs, professeur à Zurich, y découvrit à son tour, en 1883, de petits bacilles arrondis, bien colorés par le bleu de méthylène. Il ne fait aucun doute que Klebs a bien vu le bacille diphtérique, mais le mérite de la découverte complète, selon les postulats de Koch, revient à Loeffler. Il vérifia en effet la présence du bacille sur des préparations histologiques, grâce à une coloration au bleu de méthylène modifiée par lui. Il réussit à isoler le bacille en culture pure à 37 °C, sur un milieu au sérum qu'il confectionna. Il obtint des membranes typiques dans la trachée de lapins inoculés avec les cultures pures. Ses découvertes furent rapidement confirmées en divers laboratoires, en particulier en 1886, par le bactériologiste roumain Victor Babes (1854-1926).

C'est Roux et Yersin qui découvrirent en 1889 la toxine sécrétée par le bacille diphtérique. C'était la première démonstration de la pathogénicité d'une bactérie basée sur une toxine. Roux et Yersin décrivirent une méthode pour produire une toxine hautement active (0,05 mg de leur matériel suffisait à provoquer la mort du cobaye auquel il était inoculé) et étudièrent ses propriétés chimiques. De même, Kitasato et Weyl découvrirent que le bacille tétanique que Kitasato avait isolé en 1889, produisait en culture une toxine puissante. Behring et Kitasato réussirent à neutraliser les toxines tétanique et diphtérique par le trichlorure d'iode, permettant de les inoculer sans risque à l'animal. Ils apportèrent ensuite la démonstration capitale que le sérum de lapins immunisés contre le tétanos par injection de bacilles tués était capable de neutraliser la toxine tétanique. Injecté à un autre lapin ou à une souris, ce sérum conférait en outre un pouvoir protecteur vis-à-vis d'une injection de bacilles tétaniques. Ils en conclurent que le sérum des lapins immunisés contenait une substance qui interagissait avec la toxine tétanique et la neutralisait, substance qu'ils appelèrent antitoxine (1890). Ils firent également la même constatation dans le cas de la diphtérie.

L'emploi du sérum d'animaux vaccinés chez l'homme atteint de tétanos amena une grande déconvenue : malgré l'injection de sérum, les malades mouraient pour la plupart. Roux et Vaillard montrèrent que l'antitoxine ne peut rien lorsque la toxine s'est répandue dans l'organisme et s'y est fixée. En revanche, tout était différent dans la diphtérie, où l'intoxication ne prend place qu'après l'apparition de l'angine. Et de fait, l'application de la sérothérapie y fut rapidement couronnée de succès. En 1892, Behring et Wernicke décrivirent l'emploi de l'antitoxine dans le traitement de la diphtérie expérimentale de l'animal. Behring se tourna vers l'industrie pour obtenir les fonds nécessaires à la production industrielle de sérum antidiphtérique à partir de vaches laitières. Les premiers essais cliniques qui eurent lieu fin 1892 à Munich, Leipzig et Berlin, s'avéraient prometteurs. Mais Émile Roux, à Paris, obtint avec le cheval des sérums possédant des titres antitoxiques nettement supérieurs à ceux obtenus avec la

© Dunod – La photocopie non autorisée est un délit.

vache, et l'essai thérapeutique fait à l'Hôpital des Enfants malades à Paris en 1894 fut célébré comme une réussite éclatante, la mortalité de la diphtérie diminuant de moitié chez les enfants traités (Figure 13). La sérothérapie antidiphtérique fut associée en France au nom d'Émile Roux, malgré l'honnêteté de ce dernier qui ne manqua aucune occasion de rendre à Behring la paternité de la découverte. Pour le public français, elle continuait l'impressionnante série des miracles de Pasteur que le public s'attendait à voir prolongée.

**Figure 13.** Congrès de Budapest, en 1894, au cours duquel Émile Roux communiqua les succès de la « sérumthérapie » antidiphtérique. La photographie réunit quelques-uns des microbiologistes de renom de l'époque. De gauche à droite, assis : Laveran, Pertick, Metchnikoff ; debout : Gabritchevsky, Roux, Nocard et Nuttal. © *Institut Pasteur*

Fin 1894, la Chambre des Députés accordait une subvention à l'Institut Pasteur pour subvenir aux besoins du service de sérothérapie. Les écuries de l'Urbaine, rue Dutot à côté de l'Institut Pasteur, furent d'abord utilisées pendant la mise en état des pavillons de Garches où put se faire la production industrielle. Celle-ci était le monopole de l'Institut Pasteur, contrairement à la situation prévalant en Allemagne où Behring se lança dans l'industrie, avec sa compagnie « Behringwerke », en 1904. En Allemagne encore, Paul Ehrlich mettait au point une méthode quantitative d'évaluation de la valeur antitoxique des échantillons en unités, selon une table de référence standard. Cette méthode permit le dosage précis de l'activité et une utilisation adaptée chez l'homme.

Dès 1898, Behring et Wernicke avaient constaté que l'immunité antidiphtérique pouvait être obtenue en injectant à la fois la toxine et l'antitoxine. Mais ce ne fut qu'en 1913 que cette information fut publiée et exploitée. En effet, Behring développa à cette époque une méthode de prévention active contre le tétanos, grâce à un mélange de toxine et d'antitoxine stabilisé par le formaldéhyde. Cette méthode de vaccination permit de sauver un très grand nombre de vies humaines durant la première guerre mondiale, et valut à Behring l'attribution de la Croix de Fer, une distinction rarement attribuée à un non combattant.

Le vétérinaire Gaston Ramon entra à l'Institut Pasteur en 1911, dans le service de production des sérums, à l'annexe de Garches. En 1915, Émile Roux lui demanda de trouver un antiseptique qui puisse assurer une bonne conservation des sérums thérapeutiques. La première guerre mondiale était en cours, et l'Institut Pasteur était mobilisé pour produire intensivement le sérum antitétanique dont les armées avaient d'énormes besoins, ainsi que les sérums anti-gangréneux, anti-dysentérique, anti-méningococcique, anti-pneumococcique, anti-pesteux, anti-venimeux. Après de multiples essais, Ramon adopta le formol, qui, à doses convenables, n'altérait aucune des qualités propres du sérum. Appliquant le formol aux toxines bactériennes, il réalisa l'une de ses découvertes majeures, celle des anatoxines. Sous le double effet du formol et de la chaleur, il obtint, à partir d'une toxine, une anatoxine ayant perdu sa toxicité, tout en conservant ses propriétés immunisantes. Ce procédé se montra largement supérieur aux inoculations de mélanges de toxine et d'antitoxine diphtériques, employés antérieurement par Behring. La découverte des anatoxines conduisit en fait au développement des vaccinations antidiphtérique et antitétanique (chapitre 4) et fit chuter l'intérêt de la sérothérapie chez l'homme. Elle améliora en revanche les conditions d'obtention des sérums thérapeutiques chez le cheval, en particulier le sérum antitétanique qui est resté d'actualité.

Le succès dans la diphtérie entraîna un engouement certain pour la sérothérapie que l'on chercha à étendre à d'autres maladies infectieuses. Chaque microbiologiste avait à cœur de trouver un sérum actif contre tel ou tel agent infectieux. Mais nombre de travaux restèrent

© Dunod – La photocopie non autorisée est un délit.

sans lendemain. Grâce à Vaillard, la sérothérapie antitétanique fut perfectionnée. Quelques nouveaux sérums doués d'une indiscutable efficacité thérapeutique furent utilisés quelque temps : sérums anti-bacillaire (Shiga, Vaillard et Dopter), anti-streptococcique (Marmorek, puis Bordet et Besredka), anti-méningococcique (Flexner et Joblin, Kolle et Wassermann, puis Dopter), anti-charbonneux (Marchoux, Sclavo), anti-pesteux (Yersin, Calmette et Borrel), anti-pneumococcique (Maurice Nicolle et Truche), anti-cholérique. L'utilisation de sérums humains de convalescents fut proposée pour le traitement de la fièvre jaune par Marchoux, Simond et Salimbeni (1903-1906), puis plus tard par Charles Nicolle dans la prévention du typhus exanthématique et de la rougeole. D'autres furent proposés dans le cas de la poliomyélite. Mais tous ces sérums thérapeutiques, y compris le sérum antidiphtérique, ne résistèrent pas à l'arrivée des antibiotiques.

Outre le sérum antitétanique dont nous avons parlé plus haut, la seule sérothérapie à être demeurée irremplaçable est la sérothérapie antivenimeuse, destinée à prévenir l'installation des phénomènes pathologiques liés aux envenimations par morsures de serpents terrestres ou marins, et par piqûres de scorpions, et dont nous avons abordé l'histoire plus haut, à propos d'Albert Calmette.

Pour en terminer avec l'histoire de la sérothérapie, signalons les accidents inattendus que son utilisation faisait apparaître de temps à autre. Des patients ayant déjà reçu du sérum succombaient parfois brusquement au moment d'une nouvelle injection. Les causes de ces accidents furent comprises lorsque Charles Richet et Paul Portier décrivirent, en 1902, le phénomène de sensibilité accrue qu'ils nommèrent « anaphylaxie ». Ils notaient qu'une macération aqueuse de tentacules d'anémones de mer (actinies), injectée pour la première fois, était tolérée par le chien, mais qu'elle ne l'était plus lors d'une seconde injection faite quelques semaines plus tard. Aussitôt après celle-ci, et même lorsque la dose de produit injectée était extrêmement faible, survenaient des accidents dramatiques : vomissements, dyspnée intense, hypotension artérielle, état de choc pouvant être suivi de la mort. Ils créèrent pour ce phénomène le terme d'anaphylaxie, qui signifie « contraire de la protection ». La prévention de ces accidents anaphylactiques fut mise au point à l'Institut Pasteur par Besredka et consistait à faire précéder l'injection de sérum de plusieurs doses progressivement croissantes du même produit à quelques minutes d'intervalle, pratique qui devint rapidement universellement répandue.

# LA MICROBIOLOGIE EUROPÉENNE HORS DE FRANCE ET D'ALLEMAGNE

L'accueil que fit l'Angleterre aux idées de Pasteur avait été mitigé. À l'adhésion enthousiaste de certains médecins et scientifiques, tel Joseph Lister, répondirent en contrepoint les réticences de l'opinion publique et de la presse. Le premier Britannique traité contre la rage le fut à peine quatre mois après Meister, et d'autres suivirent rapidement. À la demande du ministre Joseph Chamberlain, une commission de scientifiques et médecins fut chargée de vérifier les résultats des inoculations faites sur les patients britanniques et français, cependant que des expérimentations animales de contrôle étaient parallèlement menées par un membre de la Commission. La Commission mit quinze mois pour rendre son avis, mais il était très favorable à la méthode de Pasteur. Un débat s'engagea alors sur l'opportunité de créer un Institut Pasteur en Grande-Bretagne. Le Lord-Maire de Londres, Sir James Whitehead, consulta Pasteur sur un possible directeur pour le cas où cet institut verrait le jour. Celui-ci suggéra le nom de Marc Armand Ruffer, fils d'un noble français et d'une mère allemande, médecin formé à l'University College de Londres et qui avait suivi le Cours Pasteur. Mais le projet de création d'un Institut Pasteur se heurta à l'opinion publique anglaise, soigneusement relayée par la presse, opposée au principe de l'expérimentation animale et qui reprochait âprement à Pasteur sa cruauté envers les animaux. Le Lord-Maire réunit en juillet 1889 un Comité composé de scientifiques, vétérinaires, médecins et amis des chiens pour envisager la situation. En effet, si l'opinion publique était opposée à l'expérimentation animale, les sujets mordus entendaient bien bénéficier de la méthode Pasteur (en quatre ans, 214 Britanniques avaient été traités à Paris), et les moyens manquaient parfois aux patients pour subvenir aux frais de voyage et de séjour. Le comité ne retint pas l'idée d'implanter un centre de traitement antirabique en Angleterre, mais posa le principe de l'éradication de la rage. Une lettre de Pasteur en ce sens fut lue par Henri Roscoe, membre du Parlement participant au Comité. Il fut décidé de demander une loi au parlement pour rendre obligatoire l'usage de la muselière pour tous les chiens sur le territoire et l'établissement d'une quarantaine applicable aux animaux importés. On opta également pour la poursuite de l'envoi des personnes mordues à Paris. Le Lord-Maire, en homme d'affaire avisé, proposa d'effectuer une collecte de fonds pour faire un don à Pasteur et pouvoir financer le voyage à Paris d'environ soixante personnes par an. Cette collecte permit en

© Dunod – La photocopie non autorisée est un délit.

novembre 1889 d'envoyer 2 000 livres sterling à Pasteur et de disposer de 1 200 autres pour la prise en charge des sujets mordus.

Le Comité s'était séparé sans aborder le problème de la recherche bactériologique en Grande-Bretagne. Il se réunit à nouveau quelques mois plus tard, à l'initiative du professeur de pathologie de Cambridge, Charles Smart Roy pour examiner la question. Sa présidence fut confiée au Lord-Maire de Londres et Armand Ruffer y fut intégré en tant que secrétaire honoraire. Le Comité chargea deux de ses membres, Charles Smart Roy et Sidney Turner, de préparer un projet d'institut dont l'objectif prioritaire serait la recherche contre les maladies infectieuses et, de façon tout à fait secondaire, leur traitement. La dénomination de « Jenner-Pasteur Institute for the prevention of infective diseases » fut d'abord retenue et la ville de Cambridge proposée pour son installation. Le Comité accepta le projet mais revint sur le nom, lui préférant « British Institute of preventive Medicine » qui lui paraissait pouvoir être plus aisément accepté par le public. Les cercles médicaux et scientifiques du pays furent favorables au projet. Le nouvel institut de recherche sur les agents de maladies infectieuses fut installé à Cambridge sous la direction d'Armand Ruffer. Il prit le nom de « Lister Institute » en 1903.

## Almroth Wright

L'un des premiers bactériologistes anglais fut W. Watson Cheyne qui tenta de cultiver, à la fin des années 1870, le germe de la gonorrhée. Mais Almroth Edward Wright (1861-1947) est généralement considéré comme le père de la Microbiologie anglaise. D'abord professeur de Pathologie à l'École de Médecine de Netley, où ses recherches concernaient essentiellement la Physiologie, Wright occupa à partir de 1902 un poste à l'Hôpital Sainte-Marie de Londres. Il y développa un département d'inoculation, avec des laboratoires de diagnostic microbiologique et de production de vaccins, et un service clinique, premier centre de recherche clinique installé en Grande-Bretagne. Il y forma des générations de microbiologistes, dont Alexander Fleming, dont il sera question plus loin (chapitre 9). Il débuta ses travaux de microbiologie par la mise au point d'un test pour le diagnostic de la fièvre de Malte, dont David Bruce avait isolé la bactérie en 1887. Imitant le test d'agglutination des salmonelles par le sérum des patients atteints de fièvre typhoïde, découvert par Widal en 1896, Wright proposa un test d'agglutination des *Brucella* par le sérum des sujets pour le diagnostic de la fièvre de Malte. Avec un vaccin imité du vaccin anti-typhoïdique français de Chantemesse et Widal, il fut le premier à établir l'efficacité chez l'homme d'un vaccin à base de bactéries tuées (chapitre 4). Wright est aussi le père de la théorie des opsonines, ces anticorps facilitant la capture et la destruction des microbes par des phagocytes, nous l'avons vu plus haut. Il fut un grand adversaire de l'application des antiseptiques violents sur les plaies, leur préférant les solutions salines hypertoniques qui provoquent une exsudation intense de lymphe fraîche riche en phagocytes à l'action anti-infectieuse bénéfique.

## La fièvre de Malte

L'une des rares bactéries à ne pas avoir été découverte par Robert Koch ou ses élèves fut celle de la fièvre de Malte, ou fièvre ondulante méditerranéenne. Le chirurgien de l'armée britannique David Bruce (1855-1931), en poste à Malte en 1884, était confronté à une maladie fréquente, de faible mortalité, mais responsable de longs séjours hospitaliers. Dans ses travaux sur la fièvre de Malte, Bruce suivit la méthode décrite par Gaffky pour l'isolement du bacille typhoïdique. À partir d'un cas mortel, il effectua des sections de rate, et sur les coupes colorées au bleu de méthylène et par la méthode de Gram, il remarqua un très grand nombre de microcoques dispersés dans le tissu. À partir de la rate également, il réussit, en 1887, la culture du germe sur gélose nutritive, obtenant après 68 heures de petites colonies blanches perlées. Il compléta sa démonstration en réussissant à transmettre la maladie au singe par inoculation de culture pure du germe qu'il nomma *Micrococcus melitensis*, et en le ré-isolant à partir de la rate des animaux. La maladie représentant un important problème sanitaire pour l'armée britannique, la Royal Society de Londres créa une commission d'étude, la Commission de la Fièvre méditerranéenne, à laquelle participèrent Bruce et un bactériologiste et médecin maltais, Themistocles Zammit (1864-1935). Bruce avait essayé, sans succès, d'infecter expérimentalement la chèvre. La commission répéta cette expérience en examinant le sang des chèvres par le test diagnostique d'agglutination mis au point par Almroth Wright. Les animaux montrèrent un fort taux de positivité. Zammit, réalisant une enquête épidémiologique, en 1905 à Malte, mit en évidence la fréquence élevée d'infestation de la chèvre et son rôle de réservoir, ainsi que la transmission par le lait et le fromage de chèvre. D'autres enquêtes utilisant toujours le test de Wright montrèrent que la fièvre de Malte était largement répandue, non seulement dans le Bassin méditerranéen, mais également sur tous les continents. Le lien entre *Bacterium abortus*, le germe responsable de l'avortement contagieux des animaux découvert par le bactériologiste danois

© Dunod – La photocopie non autorisée est un délit.

Bernhard Bang, en 1897, et l'agent de la fièvre ondulante décrit par Bruce, fut établi beaucoup plus tard par la bactériologiste américaine Alice Evans. Celle-ci, travaillant dans le groupe de Theobald Smith au Bureau de l'Industrie animale, eut l'idée de comparer ces deux germes qui avaient en commun d'être transmis par le lait. Elle montra, en 1917, que *Micrococcus melitensis* et *Bacterium abortus* avaient des caractères culturaux identiques et que chacun était agglutiné par un sérum préparé contre l'un et l'autre germe. Le premier cas de fièvre ondulante à *Bacterium abortus* fut signalé par C. S. Keefer à Baltimore, en 1924.

## La Médecine tropicale

Si les débuts de la Bactériologie apparaissent un peu comme une compétition franco-allemande, les débuts de la Médecine tropicale et de la Protozoologie médicale se révèlent plutôt comme une rivalité franco-anglaise. Certes Robert Koch avait passé les dernières années de sa vie en mission dans les pays tropicaux, en particulier en Afrique. Mais la France et l'Angleterre, dotées des plus importants empires coloniaux, se sentaient vocation à investir pleinement le domaine des maladies tropicales qui décimaient les populations locales, entravaient l'installation des Européens et freinaient la mise en valeur des territoires. Chaque pays développa ses moyens dans des voies différentes. Pour la France, l'œuvre dans le domaine de la Médecine tropicale fait partie intégrante des réalisations de son réseau d'Instituts Pasteur coordonnés à Paris. Hors Instituts Pasteur, deux noms émergent : Raphaël Blanchard (1857-1919), fondateur de l'institut de Médecine coloniale à la Faculté de Médecine de Paris, et son élève, Émile Brumpt (1877-1951) qui en fit un centre mondial de recherches parasitologiques. L'Angleterre, elle, fonda sur son sol deux Écoles de Médecine tropicale, celle de Liverpool en avril 1899 et celle de Londres en octobre de la même année. Ces deux écoles devinrent rapidement le fer de lance de la médecine tropicale dans l'Empire britannique. De même, la Belgique se dota d'une structure spécifique, l'Institut de Médecine tropicale Prince Léopold, d'abord localisé à Bruxelles (1906), puis transféré à Anvers en 1931.

Le pionnier de la Médecine tropicale britannique fut Patrick Manson (1844-1922), médecin formé à l'Université d'Aberdeen, qui séjourna d'abord en Chine où il étudia la filariose lymphatique dont les microfilaires avaient été découvertes dans les urines de patients atteints d'hématurie et de chylurie à Bahia, par Otto Wucherer, en 1866.

Manson établit la corrélation entre la présence des microfilaires dans le sang et la pathologie lymphatique. Il démontra en 1877 la transmission de la filaire au moustique dans lequel il mit en évidence les divers stades larvaires. Revenu en Angleterre, Patrick Manson eut une grande influence, grâce en particulier à sa collaboration avec Joseph Chamberlain, Secrétaire au Colonial Office en 1895, dont il fut conseiller.

## LES DÉBUTS DE LA MICROBIOLOGIE OUTRE-ATLANTIQUE

La première mention d'une bactérie dans une revue scientifique nord-américaine est due à L. A. Stimpson qui rapporta en 1875, dans le New York Medical Journal, la démonstration faite en Europe de la présence de grands bacilles dans le sang de sujets atteints de charbon. En 1877, deux articles du Boston Medical and Surgical Journal résumaient les travaux importants de Joseph Lister sur l'application de l'antisepsie à la chirurgie. La première découverte en Microbiologie effectuée aux États-Unis revient sans doute à Thomas Burrill, qui publia en 1880 ses premières observations sur la responsabilité de *Micrococcus amylovorus* dans une maladie végétale, la rouille de la poire. Le même Burrill fut le premier à introduire la Bactériologie dans un cursus universitaire, en l'occurrence dans le cours de Botanique qu'il professait à l'Université d'Illinois.

Dans le domaine médical, William H. Welch et T. Mitchell Prudden installèrent des laboratoires de Bactériologie dans la fin des années 1880, respectivement au Bellevue Medical College et à la Columbia University, à New York. Lorsqu'il entama, en 1885, ses études microbiologiques dans le laboratoire du tout récent Johns Hopkins Hospital, financé par Andrew Carnegie, Welch était entouré de vingt-six médecins diplômés. Ses découvertes et celles de George M. Sternberg commencèrent à attirer l'attention. Avec G. H. F. Nuttal, il isola le bacille de la gangrène gazeuse qui porte son nom, *Welchia perfringens*. Daniel E. Salmon commença à travailler en 1879 à la Division de l'Industrie animale, dont il fut nommé directeur cinq années plus tard. Il prit rapidement Theobald Smith comme associé, et en quelques années tous deux découvrirent le bacille du choléra du porc, connu aujourd'hui sous le nom de *Salmonella cholerae suis*. Ce nom générique fut donné en 1900 en hommage à Salmon qui avait isolé un membre de ce groupe dont il ne fut en réalité pas spécialiste. Smith fit une brillante carrière, décrivant *Mycobacterium bovis* et découvrant

© Dunod – La photocopie non autorisée est un délit.

ainsi la différence entre les bacilles tuberculeux humains et bovins, identifiant la cause de la *cattle fever* et le rôle des arthropodes vecteurs, différenciant les antigènes somatiques des antigènes flagellaires. George M. Sternberg, un officier de l'armée, fut accueilli dans le laboratoire de Welch, avec une position au Johns Hopkins. Il fut probablement le plus influent des microbiologistes américains de la fin du XIXe siècle : il fut parmi les premiers à isoler le pneumocoque, travailla à la Commission sur la fièvre jaune, étudia les températures critiques de destruction des bactéries et élabora la standardisation des désinfectants.

Les jeunes scientifiques revenant d'Europe disséminaient les découvertes les plus récentes parmi une audience particulièrement réceptive et dont la compétence s'affirmait chaque jour davantage. Parmi les pionniers de la microbiologie américaine, peuvent être cités les noms de Welch, Prudden, William Thompson Sedgwick, Herbert Conn, Frederick Novy, Harold C. Ernst, H. M. Biggs et Theobald Smith, sans oublier Walter Reed.

Des cours de Bactériologie commencèrent à apparaître dans les Écoles de Médecine à partir de 1885, d'abord inclus dans l'enseignement de la pathologie, puis comme entités autonomes vers 1900 dans diverses universités, comme Johns Hopkins, Harvard ou George Washington University. Des laboratoires d'Hygiène furent fondés dans les villes, le premier à Providence en 1888, ou dans les universités, comme en 1892 à l'Université de Pennsylvanie, et furent regroupés au niveau national au sein des « National Institutes of Health » en 1901. En 1899, une section « laboratoire » fut créée au sein de l'American Public Health Association, et la Société Américaine des Bactériologistes fut fondée, consacrant l'individualisation de la Microbiologie comme une discipline autonome. Semblable évolution se retrouva avec la création des journaux spécialisés : Journal of Infectious Diseases en 1904, et American Journal of Public Hygiene en 1906.

À partir des années 1910, les crises politiques et économiques qui s'installèrent en Europe commencèrent à affecter la prééminence du vieux continent. Parallèlement, le développement d'universités publiques et d'institutions privées d'enseignement supérieur, la fondation d'instituts de recherche comme le Rockefeller ou le McCormick, la création et le développement de départements de santé publique dans les villes, les états et au niveau national, contribuèrent à déplacer vers les États-Unis la suprématie dans le domaine de la Microbiologie. Cependant que l'Europe se détruisait dans les deux conflits mondiaux, la prépondérance nord-américaine s'affirmait.

Au Brésil, les débuts de la Microbiologie se firent d'abord sous les auspices de la France. Oswaldo Cruz (1872-1917) fut formé à la Microbiologie, de 1896 à 1899, à l'Institut Pasteur, d'où fut envoyée à Rio de Janeiro une mission d'étude de la fièvre jaune, composée de Marchoux, Simond et Salimbeni et qui dura de 1901 à 1905. L'influence française se maintint à São Paulo, où furent créés successivement trois instituts : l'Institut Bactériologique en 1892 (devenu ensuite l'Institut Adolfo Lutz), l'Institut Butantan en 1900 et l'Institut Pasteur de São Paulo en 1906. Ce dernier, dirigé d'abord par l'Italien Antonio Carini, devint en 1915 l'Institut Biologique de Défense animale et végétale sous la direction de Henrique de Rocha-Lima.

Revenu à Rio, Oswaldo Cruz fonda en 1900, sur le modèle de l'Institut Pasteur, l'Institut de Sérothérapie de Manguinhos. Nommé directeur du Département national de Santé publique, il s'illustra par ses campagnes d'éradication de la peste (1906) et de la fièvre jaune (1908), dont il débarrassa la ville de Rio, malgré des émeutes populaires générées par les méthodes coercitives employées. L'influence de l'École allemande devint prépondérante à Rio, avec la venue de divers scientifiques tels Max Hartmann, Giemsa et Prowasek, cependant que le parasitologue français Émile Brumpt effectuait des missions d'enseignement régulières à São Paulo (1913, 1914, 1923, 1924). Mais ici encore l'influence du continent européen s'effaça progressivement au bénéfice de l'influence nord-américaine.

Une des figures marquantes de la microbiologie brésilienne est sans conteste Carlos Chagas (1879-1934) qui, entre autres, découvrit dans le tube digestif des réduves le trypanosome qu'il nomma *Schizotrypanum cruzi*. Il décrivit ensuite le pouvoir pathogène expérimental de ce parasite chez le singe, sa présence dans le sang d'une enfant, ce qui lui permit de décrire les signes de la maladie humaine. Longtemps mise en doute par ses contemporains, la trypanosomose américaine fut reconnue à partir de 1929 et nommée maladie de Chagas en hommage à celui qui découvrit à la fois le parasite, son vecteur et les formes cliniques de la maladie.

Chapitre **4**

# De l'antisepsie à la vaccination : les grandes étapes de la prévention des maladies infectieuses

Jusqu'au milieu du XIX^e^ siècle, les maladies infectieuses affectaient profondément les populations, nous l'avons déjà noté à plusieurs reprises. Présentes de manière constante et régulière ou survenant sous forme d'épidémies meurtrières, elles étaient l'une des principales causes de mortalité. Les grandes pandémies y ajoutaient régulièrement leurs effroyables ravages. À côté de ces causes naturelles de survenue des infections, celles qui suivaient les interventions chirurgicales et les accouchements représentaient également de redoutables fléaux. Le terme récent d'infections nosocomiales correspond à une calamité fort ancienne. En milieu hospitalier, la suppuration des plaies était la règle. « Nous en étions venus à regarder l'infection purulente comme un mal fatal et inévitable », écrivait le chirurgien Reclus. Le risque de mortalité après amputation de membre dépassait 70 pour cent : sur 13 000 amputations pratiquées dans l'armée française durant la guerre de 1870, 10 000 d'entre elles furent fatales. Toute intervention abdominale était jugée impossible. La chirurgie était totalement paralysée. Il faut dire que les anesthésiques efficaces n'existaient pas : les chirurgiens opéraient à

© Dunod – La photocopie non autorisée est un délit.

vif des patients attachés, avec un morceau de bois placé entre les dents. Les opérés qui surmontaient la douleur et le choc opératoire étaient ensuite décimés par les infections. Car les interventions chirurgicales se faisaient en dehors de toute condition stérile. Les chirurgiens opéraient en costume de ville, portant seulement un tablier rarement lavé, car l'expérience du chirurgien était évaluée selon l'importance des taches de sang maculant son tablier. Il eut été offensant de demander au chirurgien de se laver les mains avant d'opérer. Les incisions étaient recousues avec du fil ordinaire et ensuite pansées. Entre les interventions, les instruments étaient simplement lavés à l'eau. Il n'est donc pas surprenant qu'à peine la moitié des patients survivaient à leur opération.

De même, l'accouchement dans les maternités comportait des risques considérables. La fièvre puerpérale tuait jusqu'à une accouchée sur trois. Quelques chiffres donneront une image de l'ampleur du désastre : sur 9 886 femmes venues accoucher à la Maternité à Paris, entre 1861 et 1864, 1 226 moururent de fièvre puerpérale. La situation était aussi tragique dans toutes les cliniques d'accouchement d'Europe, où la mortalité dans les suites de couches se situait entre 10 et 30 pour cent.

Mais pour aussi majeur qu'ait été le risque infectieux à l'époque prépastorienne, il ne pouvait être combattu faute de connaissance. Le concept de contagion eut beaucoup de mal à s'imposer, particulièrement dans le milieu médical. Et pourtant dans le contexte général de méconnaissance qui précéda l'avènement de la théorie microbienne des maladies, quelques rares précurseurs avaient compris les modalités de transmission de certaines infections, comme John Snow dans le cas du choléra. Dans le domaine obstétrical, tout aurait pu changer à partir de 1847, avec le jeune obstétricien hongrois Ignace Philippe Semmelweis (1818-1865), qui découvrit comment diminuer de façon significative l'incidence de la fièvre puerpérale. Mais ses observations venues trop tôt se heurtèrent à l'opposition des médecins et des obstétriciens de l'époque. Il fallut en fait attendre les travaux de Joseph Lister (1827-1912), professeur de Chirurgie à Glasgow, pour voir s'améliorer les suites opératoires et de couches, avec l'apparition de l'antisepsie. De même les découvertes de Pasteur et de Koch amenèrent l'avènement de l'hygiène et d'une prévention raisonnée.

## John Snow et la transmission du choléra

Le chirurgien anglais John Snow découvrit en 1854 le mode de transmission du choléra par l'eau de boisson, bien avant la découverte du bacille par Koch et la mise en évidence par ce dernier du germe dans les citernes. Lors de la troisième pandémie, il étudia la répartition des cas dans le quartier londonien de Soho, où il avait été frappé de la très forte mortalité sévissant dans cette zone très circonscrite. L'examen d'un plan détaillé l'amena à penser que toutes les familles touchées tiraient leur eau à la même fontaine publique de Broad street. Il fit retirer la poignée de la pompe, ce qui amena en quelques jours une diminution spectaculaire l'épidémie. Mais cette observation convainquit d'autant moins le milieu médical contemporain, qu'elle survenait à un moment où l'épidémie déclinait spontanément.

## Ignace Semmelweis, un précurseur méconnu

Semmelweis, né à Budapest en 1818, fit ses études de Médecine à Vienne et devint docteur en Obstétrique en 1846 dans une des deux maternités de l'Hospice général de Vienne. Cet hôpital comptait huit cents lits de maternité répartis en deux services d'égale importance. La mortalité par fièvre puerpérale dans la maternité que dirigeait le professeur Klin était très élevée, fluctuant entre 10 et 33 % selon les mois, alors que celle de la deuxième maternité, dirigée par le professeur Bartch, était nettement plus faible et constante, aux environs de 2 %. Semmelweis intrigué par cette différence se mit à en rechercher les causes. Il nota que les touchers vaginaux étaient faits par des élèves sages-femmes chez Bartch et des étudiants en médecine chez Klin. Il réussit à obtenir que les élèves sages-femmes viennent chez Klin et que les étudiants en médecine aillent chez Bartch. Les statistiques s'inversèrent et Bartch affolé demanda le retour de ses sages-femmes. Le décès d'un de ses collègues suite à une blessure qu'il s'était faite durant la dissection d'un cadavre fit faire à Semmelweis le lien entre cette pratique courante chez les étudiants médecins et les infections puerpérales. Il fit alors installer des lavabos à l'entrée de la clinique et demanda aux étudiants de se laver les mains avant toute investigation sur une parturiente. Le professeur Klin auquel Semmelweis avait rudement demandé de se laver également les mains obtint sa révocation. Repris quelque temps plus tard, Semmelweis réussit à faire passer la mortalité des accouchées de 27 % à 0,23 % en exigeant simplement des sages-femmes et des étudiants en médecine chargés d'examiner les patientes qu'ils se lavent les mains avec une solution de chlorure de chaux avant tout examen gynécologique.

Malgré ces excellents résultats, Semmelweis fut révoqué une deuxième fois et se réfugia à Budapest. Il rédigea durant quatre ans son livre sur « l'étiologie de la fièvre puerpérale » qui fut présenté à l'Académie de Médecine sans aucun écho. Semmelweis sombra dans la démence et mourut en 1865, cependant que les accouchées

© Dunod – La photocopie non autorisée est un délit.

continuaient à être victimes en masse de la fièvre puerpérale. Une belle occasion avait été perdue.

## La découverte du streptocoque et du staphylocoque

Streptocoque et staphylocoque, deux bactéries particulièrement abondantes dans différents types de lésions septiques, furent parmi les premières bactéries pathogènes pour l'homme à avoir été observées. Mais la détermination de leur rôle exact en pathologie fut plus laborieuse que pour la plupart des autres bactéries, et elle fut une avancée significative pour la prévention des infections.

Pasteur avait certes évalué la signification pathologique du streptocoque et du staphylocoque qu'il avait isolés en 1879, mais il n'avait pas poursuivi plus avant ses travaux et ne peut pas être considéré comme le découvreur de ces deux bactéries. Ce n'est pas l'effet du hasard si c'est à des chirurgiens que l'on doit attribuer ces découvertes, mais plutôt du fait de l'importance des infections septiques, et partant de ces germes en chirurgie.

L'érysipèle est la première infection chirurgicale dont l'étiologie fut élucidée, et ce fut l'œuvre du chirurgien allemand Friedrich Fehleisen (1854-1924). Celui-ci, bien que n'étant pas un élève direct de Robert Koch, connaissait ses méthodes, et bénéficia de ses conseils lorsqu'il se rendit à Berlin au milieu de ses travaux sur l'érysipèle. Les travaux de Fehleisen constituèrent un nouveau succès de la méthode de Koch. Observant de grandes quantités de cocci dans les vaisseaux lymphatiques de la peau de patients atteints, il réussit à isoler sur agarose, à partir de fragments de peau, des cultures pures de cocci groupés en chaînettes, aux caractères culturaux constants. Il reproduisit l'infection expérimentalement chez le lapin et ensuite chez l'homme, par inoculation de ses cultures pures. Il montra que les patients qu'il avait expérimentalement inoculés étaient immunisés par rapport à une nouvelle inoculation.

Une autre importante contribution à l'étiologie des infections septiques est due au chirurgien écossais Alexander Ogston (1844-1929). Il fit ses études à Aberdeen, avec une période d'étude en Allemagne. Devenu chirurgien à Aberdeen dans la période pré-listérienne, il fut l'un des premiers à comprendre l'importance des germes dans l'étiologie de l'infection. Ses travaux bactériologiques sur le sujet se déroulèrent sur les années 1880-1882. Il appliqua les méthodes d'observation microscopiques développées par Robert Koch, mais dut se contenter d'utiliser pour les cultures les différents milieux liquides en usage à l'époque, les milieux solides n'ayant pas encore été développés par

Koch. Dans les pus qu'il examinait, Ogston distinguait avec constance deux types de cocci : ceux formant des chaînettes et ceux formant des grappes. Les limitations de la culture sur milieu liquide l'amenèrent à inoculer ses bactéries à l'œuf. Grâce à des passages répétés, il montra qu'une goutte d'une suspension contenant moins d'un millionième du pus originel provoquait un abcès après inoculation expérimentale. Il nomma *Staphylococcus* le germe formant des grappes. Mais ses résultats furent controversés, en particulier par Jospeh Lister qui pensait que les cocci résultaient de l'abcès.

Pourtant, les observations de Ogston furent rapidement confirmées, et le staphylocoque caractérisé en 1884 par Frederick Rosenbach (1842-1923). Professeur de Chirurgie à Göttingen, celui-ci confirma l'affirmation d'Ogston que streptocoque et staphylocoque étaient bien des germes distincts, grâce à la mise en évidence de leurs caractères différentiels en culture sur le milieu solide de Koch, alors mis au point. Il accepta le nom de *Staphylococcus* donné par Ogston à des bactéries qu'il démontra être un groupe hétérogène, comprenant au moins deux germes, l'un donnant des colonies jaunes et l'autre des colonies blanches. À partir de très nombreuses infections, Rosenbach isola en culture tantôt du staphylocoque et tantôt du streptocoque, définissant de façon plus précise leurs rôles pathogènes pour l'homme. Il put confirmer la brillante prédiction de Pasteur assimilant l'ostéomyélite aiguë à « un furoncle de l'os ». La preuve expérimentale que des cultures de *Staphylococcus aureus* étaient infectieuses pour l'homme fut apportée par le chirurgien suisse K. Garré (1867-1928).

La scarlatine, fléau des populations urbaines du XIX$^{e}$ siècle, était en général considérée comme une maladie streptococcique, mais la preuve n'en fut pas apportée avant la fin du siècle. Les cliniciens montrèrent ses rapports avec les angines. La plus ancienne étude impliquant le streptocoque dans la scarlatine est sans doute l'article classique de Loeffler sur l'étiologie de la diphtérie. Il y décrivit en effet des chaînes de cocci envahissant les lymphatiques depuis la surface des amygdales. Il cultiva ces organismes et démontra qu'ils produisaient expérimentalement chez l'animal des lésions suppuratives. Un autre argument dans le cheminement de l'incrimination du streptocoque dans la scarlatine fut apporté par la constatation de l'association entre de nombreuses épidémies et la prise de lait provenant de vaches dont les pis étaient infectés par du streptocoque. On redécouvrit alors les travaux de A. Bergé qui considérait en 1893 la scarlatine comme la manifestation cutanée d'une infection streptococcique locale, par l'intermédiaire d'une toxine érythrogène soluble.

© Dunod – La photocopie non autorisée est un délit.

## Joseph Lister et l'antisepsie

Joseph Lister naquit en 1827 à Londres où il fit ses études de Médecine (Figure 14). Il fut formé à la chirurgie auprès d'un praticien célèbre d'Édimbourg, puis obtint un poste de chirurgien à Glasgow en 1860. Très préoccupé par le problème des infections post-opératoires, il fut frappé d'apprendre, lors d'une conférence du professeur Thomas Anderson en 1865, que le fameux chimiste français Louis Pasteur avait démontré que les fermentations et les putréfactions ne se produisaient pas dans les milieux liquides si ceux-ci avaient été préservés du contact de l'air. Lister émit alors l'hypothèse de l'origine aérienne de l'infection des plaies et résolut de tester l'effet de l'interposition d'une substance antiseptique entre l'air et la plaie. De 1865 à 1867, il traita onze cas de fractures complexes, habituellement sujettes à complications septiques, par application permanente de pansements imbibés d'une substance antiseptique, le créosote, et recouverts d'une feuille d'étain pour éviter l'évaporation. Il obtint neuf guérisons sans suppuration ce qui représentait un succès remarquable, d'autant que les deux échecs concernaient un patient mort d'hémorragie et un patient dont la fracture nécessita une amputation ultérieure. Lister publia son expérimentation dans la revue The Lancet. Il expérimenta ensuite la méthode antiseptique au cours des opérations. Sa technique était simple : utilisation de la créosote diluée au vingtième pour le lavage de la peau, avant opération, bain de 15 minutes des instruments avant l'intervention, lavage des mains du chirurgien et de ses assistants. Des serviettes imbibées de la même solution et placées de part et autre de l'incision furent ajoutées par la suite. Lister était perfectionniste : durant des années il fit varier les tissus utilisés, les substances antiseptiques, ce qui ne fut pas étranger à la façon diverse dont furent accueillis ses travaux. D'abord critiquées et tournées en dérision par ceux qui lisaient superficiellement ses publications sans comprendre le principe sous-jacent, ses méthodes furent graduellement adoptées. En 1869, il quitta Glasgow pour succéder à son ancien maître à Édimbourg et passa huit ans à enseigner ses méthodes à ses nombreux étudiants et à ses visiteurs. Il fit en 1875, une brillante démonstration de certains de ses cas devant la British Medical Association d'Édimbourg. Il devint en 1877 professeur de clinique chirurgicale au Kings College Hospital de Londres. Petit à petit, la communauté chirurgicale commença à adopter l'emploi des antiseptiques, solutions de créosote ou d'acide phénique, durant les interventions chirurgicales. Les jeunes chirurgiens étaient certes plus facilement convaincus que les vieux. Toujours est-il que la méthode se répandit également dans le monde.

Une visite de Lister en Allemagne eut un véritable succès. La méthode fut adoptée en France par Stéphane Tarnier (1828-1897) et par Just Lucas-Championnière (1843-1913). Lister reconnut toujours la dette qu'il devait à Pasteur, et assista personnellement au Jubilé de celui-ci, où il prononça son éloge au nom des Sociétés Royales de Londres et d'Édimbourg. Vers 1890, la grande innovation de Lister était acceptée à travers le monde, d'autant que, comme nous l'avons montré dans le paragraphe précédent, les principaux germes responsables des infections avaient entre-temps été identifiés et cultivés. Lister mourut couvert d'honneurs en 1912.

**Figure 14.** Joseph Lister. À la suite des travaux de Pasteur sur les fermentations, ce chirurgien anglais développa la méthode antiseptique pour prévenir les infections post-opératoires. Cette méthode, associée à l'asepsie développée par Pasteur, permit le développement de la chirurgie moderne. © *Institut Pasteur*

© Dunod – La photocopie non autorisée est un délit.

## L'asepsie

La méthode antiseptique de Lister reposait sur l'hypothèse que la contamination des plaies tirait son origine des micro-organismes en suspension dans l'air. Mais dans les salles d'hôpital, Pasteur acquit l'idée que les porteurs de micro-organismes les plus dangereux pour les malades étaient les personnes qui les soignaient : « Si j'avais l'honneur d'être chirurgien, pénétré comme je le suis des dangers auxquels exposent les germes des microbes répandus à la surface de tous ces objets (eau, éponge, charpie, instruments), particulièrement dans les hôpitaux, non seulement je ne me servirais que d'instruments d'une propreté parfaite, mais après avoir nettoyé mes mains avec le plus grand soin et les avoir soumises à un flambage rapide, ce qui n'expose pas à plus d'inconvénients que n'en éprouve le fumeur qui fait passer un charbon ardent d'une main à l'autre, je n'emploierais que de la charpie, des bandelettes, des éponges préalablement exposées dans un air porté à la température de 130 à 150 °C. »

Cette déclaration contenait en germe les méthodes de l'asepsie, qui cherche à éviter l'introduction des micro-organismes dans le champ opératoire, plutôt qu'à les tuer en appliquant des antiseptiques sur les tissus. L'asepsie, qui contribua au développement rapide de la chirurgie, est basée sur la stérilisation, dont la principale méthode fut codifiée par Pasteur et son élève Chamberland. Pourtant, les hommes pratiquèrent la désinfection et la stérilisation bien avant que l'existence des micro-organismes ne fût connue. Les Égyptiens utilisaient le feu pour stériliser du matériel infectieux ainsi que des désinfectants pour embaumer les corps. Les Grecs brûlaient du soufre pour désinfecter les maisons ; ils connaissaient aussi le pouvoir de stérilisation du feu et de l'eau bouillante. La loi mosaïque commandait aux Hébreux de brûler tout vêtement ayant touché un lépreux. Mais il est certain que la stérilisation acquit ses fondements à la suite des premiers travaux de Microbiologie.

La stérilisation fut définie comme un traitement permettant de tuer tous les organismes vivants que renferme un objet donné. En outre, pour éviter une re-contamination par les micro-organismes de l'air, il fut préconisé de protéger ensuite les objets. Selon la nature de l'objet et les contraintes de ses propriétés, les conditions de stérilisation furent progressivement adaptées. Pour la stérilisation des solutions, deux méthodes principales furent mises au point par Pasteur et ses élèves : la chaleur et la filtration. Grâce à ses nombreuses expériences sur les ballons à col étroit, Pasteur avait non seulement résolu, en 1861, la controverse sur la génération spontanée, mais encore, il avait montré comment garder des solutions stériles après chauffage à l'ébullition.

Le médecin anglais Henry Charlton Bastian (1837-1915) ayant révélé que l'urine rendue alcaline ne pouvait être stérilisée par chauffage à l'ébullition, Pasteur et Chamberland démontrèrent que ce phénomène était dû à la présence dans l'urine de bactéries qui ne sont tuées qu'à 120 °C. D'ailleurs, le botaniste allemand Ferdinand Cohn (1828-1898) découvrit l'existence d'endospores bactériennes résistantes à la chaleur. Ces observations amenèrent Pasteur et Chamberland à préconiser l'usage, vite généralisé, de la stérilisation par la chaleur humide sous pression dans un appareil spécial : l'autoclave. Les premiers modèles d'autoclave à usage scientifique furent construits à Paris, sous la direction de Pasteur. Son collaborateur Charles Chamberland soutint sa thèse de doctorat ès sciences physiques en 1879, sur « l'origine du développement des organismes microscopiques » (Figure 15). Ce fut le point de départ des travaux qui le conduisirent à la mise au point de l'étuve à désinfection qui porte son nom, l'autoclave Chamberland, une modification parfaite du vieux « bain-marie à manomètre » que Chevallier-Appert avait utilisé en 1852. Les solutions à stériliser étaient placées dans des tubes ou des flacons bouchés au coton pour prévenir toute contamination secondaire. L'expérience montra qu'après 20 minutes à 120 °C, les petits volumes étaient stérilisés. Pour des volumes dépassant deux ou trois litres, un temps plus long était nécessaire, pour permettre à la solution d'équilibrer sa température avec le courant de vapeur.

Le passage à l'autoclave ne pouvant s'appliquer à la stérilisation de solutions contenant des substances chimiques thermolabiles, celles-ci pouvaient être préservées par la stérilisation thermique fractionnée, dérivée des travaux de John Tyndall, sinon par la filtration. Le physicien anglais John Tyndall (1820-1893), avait remarqué que les particules en suspension dans l'atmosphère, même invisibles à l'œil nu, étaient rendues apparentes par le passage d'un puissant faisceau lumineux à travers une pièce obscure. Fervent admirateur de Pasteur, il construisit une enceinte spéciale dans laquelle pouvaient être conduites des expériences sur les matières en suspension dans l'air. Seule la face antérieure était en verre, et les autres parois en bois. Deux fenêtres de verre étaient aménagées dans les parois latérales pour permettre le passage d'un faisceau de lumière. Le fond était percé de trous maintenant les tubes à essais qui contenaient les solutions à éprouver. À travers le couvercle s'enfonçait une pipette mobile pour ajouter les solutions aux tubes à essais. Deux serpentins étroits, selon le principe imaginé par Pasteur, permettaient une communication stérile entre l'air de la chambre et l'atmosphère. La chambre était fermée et laissée au repos jusqu'à ce que la lumière ait montré que l'air était « optiquement vide ».

© Dunod – La photocopie non autorisée est un délit.

**Figure 15.** Charles Chamberland vers 1900. Il fut le collaborateur de Pasteur dans le domaine des vaccins contre le charbon, l'érysipèle du porc et la rage. À la création de l'Institut Pasteur, il se vit confier le service « Rapports de la microbie avec l'hygiène ». Il y mit au point divers procédés de stérilisation qui furent déterminants pour le développement de la Microbiologie, dont l'autoclave et la bougie. © *Institut Pasteur*

Les tubes à essais étaient alors remplis de différents bouillons par la pipette supérieure et abaissés dans une saumure bouillante pendant cinq minutes. Tyndall constata que, dans cette chambre, les bouillons ainsi stérilisés restaient libres de germes pendant des mois. Avec les infusions de foin sec, la stérilisation était plus difficile à obtenir : cinq minutes d'ébullition ne suffisaient plus. Après de nombreuses expériences, Tyndall réussit à montrer en 1877 que le bacille du foin, *Bacillus subtilis*, existait non seulement sous forme végétative thermosensible, mais était également capable de produire des spores résistantes à la chaleur. Tyndall développa alors une méthode de stérilisation par chauffage discontinu, appelée plus tard « tyndallisation », capable de tuer toutes les bactéries dans les bouillons, et consistant en une ébullition courte répétée à plusieurs reprises pour s'assurer de la destruction des spores à germination tardive. Il montra qu'une ébullition d'une minute répétée cinq fois rendait une infusion stérile, ce que ne parvenait pas à faire une heure d'ébullition continue. Cette méthode rencontra un brillant succès.

La filtration quant à elle est plus largement employée pour stériliser les solutions renfermant des substances thermolabiles. Elle consiste à empêcher le passage physique des plus petites bactéries. C'est Charles Chamberland encore qui inventa en 1884 la bougie de porcelaine poreuse qui porte son nom, et fut le premier filtre disponible.

Bien que la pasteurisation ne soit pas à proprement parler une méthode de stérilisation, elle doit être mentionnée ici. Il s'agit d'un traitement thermique suffisant pour tuer certains (mais non la totalité) des micro-organismes d'un produit donné. Elle fut imaginée à l'origine par Pasteur comme moyen de détruire les micro-organismes dans le vin, dont il avait constaté que le fait de devenir « piqué » était dû à l'oxydation de l'alcool en acide acétique par un processus de fermentation. Il montra que si un vin était chauffé à 55 °C, il ne pouvait plus fermenter tout en conservant totalement son bouquet. Ce procédé dit de la pasteurisation permettait de rendre consommables sans risque des boissons et des aliments, en tuant les bactéries pathogènes qu'ils pouvaient contenir. Il appliqua cette technique non seulement au vin, à la bière, au cidre, au vinaigre, mais aussi au lait et à d'innombrables autres boissons périssables, ou même aux aliments et produits organiques. Le procédé de pasteurisation qui fut le plus utilisé est celui appliqué au lait, et consistant en un chauffage à 62 °C pendant 30 minutes, traitement suffisant pour tuer toutes les bactéries pathogènes qu'il peut contenir (en particulier le bacille tuberculeux bovin), mais permettant la survie de nombreuses bactéries inoffensives et n'affectant pas le goût du lait. Pasteur ne se contenta pas de formuler les bases théoriques de la stérilisation, mais il s'intéressa également vivement à la mise au point des équipements industriels susceptibles de pasteuriser

© Dunod – La photocopie non autorisée est un délit.

de grands volumes de liquides à bas prix. Ses traités sur le vinaigre, la bière, et le vin sont illustrés de dessins de ces équipements et décrivent en détail les opérations à mettre en œuvre. Pasteur prit des brevets pour protéger ses inventions, mais décida d'abandonner ses droits à l'État et ne tira aucun profit du développement à une large échelle des équipements industriels nécessaires à la pasteurisation. Ces droits auraient pu être énormes. Par exemple, la pasteurisation fut immédiatement adoptée aux États-Unis, et jusque dans la lointaine Californie, qui était alors un état en voie de développement. Pasteur se sentait candidement fier de voir son travail reconnu si loin de la France.

## LA VACCINATION

La vaccination est une méthode de prévention d'une maladie infectieuse par l'administration du germe lui-même, tué ou atténué, ou d'une partie du germe, de façon à provoquer un état de résistance acquise. On peut également utiliser un germe peu pathogène doté d'une immunité croisée avec le germe responsable d'une maladie grave pour protéger contre celle-ci. C'est ce qui fut fait par Edward Jenner pour prévenir la variole. Mais alors que Jenner avait systématisé une observation due à l'empirisme des paysans, la vaccination eut, à partir de Pasteur, une base expérimentale, en se basant sur l'atténuation des germes. L'histoire de la vaccination est fort ancienne et une maladie, la variole, y joua un rôle déterminant.

La variole, ou petite vérole, était une des maladies épidémiques les plus anciennement connues. Maladie éruptive, elle se manifestait par des vésicules, puis des pustules, disséminées sur la peau et les muqueuses. Hautement contagieuse, sa mortalité atteignait presque la moitié des sujets atteints et ceux qui en guérissaient restaient marqués à vie. La variole était connue des habitants de l'Inde plus de mille ans av. J.-C., où elle avait sa déesse, Shri Sitala Devi. C'est de l'Inde qu'elle gagna sans doute la Chine, où sa première description fut faite par Ko-hong (281-340). La variole pénétra en Europe méridionale à la suite des invasions arabes du VIIIe siècle, et elle y sévit durant tout le Moyen Âge. Elle y était responsable d'une très forte mortalité chez les enfants et représentait encore au XVIIIe siècle un véritable fléau dans les populations pauvres des grandes villes européennes. La variole fut introduite sur le continent américain par les Conquistadors, et se répandit rapidement au sein de populations dépourvues d'immunité vis-à-vis de ce germe étranger. Elle participa pour une part non négligeable à la disparition des populations indiennes d'Amérique du Nord (chapitre 10).

## La variolisation

Les Chinois avaient remarqué que les épidémies de variole n'étaient pas toutes de même gravité. Parfois survenaient des épidémies de variole bénigne, au cours desquelles la maladie était moins grave et de mortalité réduite. Ils avaient eu l'idée de prélever des pustules de cas bénins, en y passant un fil de soie, ou en les ponctionnant avec une aiguille. Le produit récolté était ensuite desséché et donné à inhaler, dans la narine, la droite pour les garçons et la gauche pour les filles. Cette prise était suivie de l'apparition d'un accès fébrile vers le septième jour et d'une éruption cutanée qui était accompagnée de signes de gravité dans seulement 1 à 5 % des cas. Cette pratique de la « variolisation » par prise nasale resta limitée à la Chine, à la Corée et au Japon.

Une méthode alternative de variolisation consistait à piquer un sujet sain à l'aide d'une aiguille chargée du pus d'une lésion de varioleux. Elle était pratiquée chez les Circassiens et les Géorgiens pour prévenir la variole chez les jeunes filles et préserver leur beauté très appréciée dans les harems ottomans. C'est ainsi que cette deuxième méthode pénétra en Turquie et en Grèce, avant de faire le tour du monde.

Les premières informations sur la variolisation parvinrent en Angleterre par une lettre d'un représentant de l'East India Company en Chine et, en 1700, par un rapport du docteur Clopton Havers à la Royal Society de Londres. L'épouse de l'ambassadeur auprès de la Sublime Porte à Istanbul, Lady Mary Wortley Montagu, qui avait été elle-même défigurée par la variole, usa à partir de 1712 de son influence pour préconiser l'adoption de la variolisation dans la famille royale anglaise. Après un complément d'information fourni en 1716 par le docteur Jacobo Pylarini, consul de Venise à Smyrne, qui confirma l'efficacité et l'absence de nocivité de la technique, la Royal Society fit procéder à un essai sur des condamnés à mort, avant de donner son accord à la variolisation des enfants de la famille royale. Lady Montagu fit varioliser en public ses deux enfants, et son salon devint le lieu de réunion de nombreux adeptes de la méthode. La généralisation de la variolisation à l'Angleterre fut surtout l'œuvre de Hans Sloane, médecin du Roi et président de la Royal Society. Mais la fréquence des épidémies ne fut guère réduite, car la variolisation n'était pratiquée que dans la haute société. La reprise des épidémies fit en 1746 décider de la fondation à

© Dunod – La photocopie non autorisée est un délit.

Londres du Smallpox and Inoculation Hospital et de la généralisation de la méthode.

La variolisation se répandit en Europe avec une certaine difficulté, car elle se heurtait à l'indifférence de la population et à l'opposition du clergé. Elle fut introduite aux Pays-Bas en 1748, puis à Genève en 1749. Elle fut peu de temps après appliquée en France, en premier lieu à la famille royale et à la noblesse. Ainsi en 1756 eut lieu à Paris la variolisation publique du duc de Chartres et de Mademoiselle de Montpensier. Voltaire et La Condamine firent campagne pour sa généralisation. En 1768, la Tsarine Catherine de Russie se fit inoculer.

L'évaluation de la mortalité au cours des épidémies de variole permit au mathématicien Bernoulli d'apprécier la protection statistique apportée par la méthode. Son bilan en terme de vies humaines épargnées apparaît très réduit. En revanche, elle avait préparé le terrain scientifiquement et psychologiquement à la vaccination de Jenner.

## Jenner et la vaccination

Grâce au médecin anglais Edward Jenner, la variolisation, technique aux résultats aléatoires, fut remplacée au XVIIIe siècle, par la vaccination. Dans plusieurs régions d'Angleterre (Comté de Gloucester) et de France (Picardie, Languedoc), il était connu que le contact avec une maladie des vaches, le cow-pox ou picote, protégeait contre la variole. Un pasteur protestant de Montpellier, Jacques-Antoine Rabaut avait été frappé par l'analogie existant entre ces deux maladies. Il avait observé que les paysans ayant contracté la picote en trayant les vaches échappaient aux épidémies de variole. Il confia en 1780 ses réflexions à un médecin anglais, nommé Pugh, qui passait l'hiver à Montpellier. Celui-ci, dès son retour en Angleterre, fit part de ces observations à son ami intime, Edward Jenner (Figure 16), médecin chargé de la variolisation en milieu rural, qui avait de son côté également fait la même remarque. Sur les conseils de son maître John Hunter, brillant chirurgien et expérimentateur talentueux, Jenner réunit les observations de 28 individus qui avaient été en contact avec le cow-pox et avaient acquis une immunité anti-variolique. Il décida d'apporter une preuve quasi expérimentale de la protection qui pouvait être obtenue par le cow-pox. Le 14 mai 1796, il effectua sur un jeune garçon la transmission de suc vaccinal prélevé sur la pustule d'une vachère contaminée par la picote, puis lui fit une inoculation d'épreuve avec du suc varioleux. Le sujet montra une résistance à l'infection. Cette observation ne fut pas jugée suffisante par la Royal Society, et Jenner répéta plusieurs fois l'expérience et publia ses résultats en 1798. Ses observations firent sensation et la méthode de la « vaccination » (le terme fut créé à la suggestion d'un chirurgien de Plymouth, Richard Dunning avec l'approbation de Jenner) se répandit en Autriche et en Allemagne. Elle fut introduite en France grâce au duc de Liancourt, et gagna ensuite les Pays-Bas, la Prusse et la Russie. L'Espagne, où la première vaccination fut pratiquée en 1800, organisa, sous les auspices du roi, une expédition maritime philanthropique destinée à introduire la vaccination antivariolique en Amérique, aux Philippines et en Chine. Dirigée par Francisco Javier Balmis, cette expédition partit de la Coruña en 1803 emportant vingt-deux orphelins qui furent successivement vaccinés de bras à bras, permettant l'arrivée de pustules fraîches dans le Nouveau Monde. Ce tour du monde de trois ans constitua sans aucun doute la première expédition sanitaire internationale jamais organisée.

**Figure 16.** Edward Jenner, médecin anglais qui, à la fin du XVIII^e siècle, démontra la protection que la vaccine, maladie des vachers, conférait vis-à-vis de la variole. Cette méthode de « vaccination » se répandit dans le monde et permit l'éradication de la variole en 1979. © *Institut Pasteur*

© Dunod – La photocopie non autorisée est un délit.

La vaccination de bras à bras, telle qu'elle était pratiquée du temps de Jenner, présentait de sérieux inconvénients, dont celui de devoir disposer d'un porteur de pustules vaccinales susceptibles d'être prélevées, c'est-à-dire au septième jour après l'inoculation. De plus, le risque était grand de transmettre occasionnellement des maladies infectieuses, dont l'hépatite épidémique et la syphilis. Ces accidents infectieux furent particulièrement fréquents à Naples, ce qui donna à Gennaro Galbiati (1776-1844) l'idée, en 1804, de revenir à la génisse comme « milieu de culture et d'entretien » du virus de la vaccine. L'intérêt de cette technique ne reposait pas seulement sur la purification du virus et la prévention des maladies transmissibles à l'homme, mais encore sur le fait que le vaccin après plusieurs années de transmission de bras à bras chez l'homme, reporté sur la génisse, ne lui donnait plus le cow-pox, maladie généralisée et fébrile, mais la vaccine qui se traduit par une éruption localisée et bénigne fournissant une pulpe abondante et riche en vaccin. Ce procédé, révélé au Congrès de Médecine de Lyon en 1864, se répandit en Europe. Une génisse inoculée en Italie et ramenée en France en décembre 1864 est à l'origine des souches vaccinales françaises. À l'Institut de la Vaccine animale, créé à Saint Mandé, Ernest Chambon consacra sa vie à l'obtention de la vaccine et à la propagation de la vaccination, par la création de services de vaccination et la formation de leurs directeurs. La vaccination devint obligatoire en France en 1902. Les autorités britanniques qui avaient été favorables à la variolisation furent réticentes à la remplacer par la vaccination.

La génisse fut parfois remplacée par d'autres espèces animales, comme le bufflon en Indochine, à l'initiative d'Albert Calmette, ou le mouton (technique de l'Institut Lister à Londres). Plusieurs progrès techniques permirent d'obtenir une meilleure conservation du vaccin. En 1850 en Grande-Bretagne, Cheyne utilisa la glycérine comme stabilisateur du vaccin, ce qui permettait sa conservation prolongée et son transport à distance. En 1897, Chambon et Saint-Yves Ménard imaginèrent le « vaccin sec », par dessiccation dans une cloche à vide, au moyen de chlorure de calcium, suivis ensuite de Lucien Camus et André Fasquelle qui mirent au point la dessiccation de la pulpe vaccinale à basse température dans le vide (lyophilisation). Plus tard, les techniques élaborées disponibles en virologie, comme l'inoculation à l'œuf de poule ou les cultures de tissus, permirent d'obtenir des semences vaccinales totalement indemnes de germes cutanés. Toutes ces améliorations successives contribuèrent à une généralisation de l'emploi de la vaccination, qui amena le déclin de la variole dans la seconde moitié du XIXe siècle. Mais si la maladie s'éteignit progressivement en Europe et en Amérique du Nord à partir du premier quart du XXe siècle, elle persista dans les régions pauvres et surpeuplées du monde, particulièrement en Inde, en Indonésie, en Amérique du Sud et dans la Corne de l'Afrique.

Un premier programme d'éradication avait été proposé par Fred L. Soper, directeur du « Pan American Sanitary Bureau » en 1950, pour l'Amérique Centrale et du Sud. Il permit d'interrompre en 1958 la transmission de la variole dans la Caraïbe, l'Amérique Centrale et certains pays d'Amérique du Sud. L'objectif d'éradication totale fut proposé en 1958 à l'Organisation Mondiale de la Santé par le virologue soviétique V. M. Zhdanov et conduisit à une première campagne qui échoua faute de stocks de vaccins suffisants et d'un budget adéquat. Lorsque l'OMS lança le nouveau programme mondial d'éradication, en 1967, le nombre annuel de cas de variole était estimé à 10 millions. Le programme fut conçu avec réalisme et doté de moyens suffisants (2,5 millions de dollars). Le vaccin lyophilisé fut sélectionné, inoculé à l'aide d'une aiguille bifurquée ou d'un injecteur sous pression, sans aiguille. La vaccination s'accompagna d'une surveillance épidémiologique étroite, qui consistait dans une traque serrée de tous les cas, village par village. Rien qu'en Inde, il fallut recruter jusqu'à 100 000 auxiliaires de santé pour assurer cette surveillance. Entre 1967 et 1972, l'éradication fut obtenue en Amérique du Sud, Indonésie, et dans la plupart des pays d'Afrique. De 1972 à 1975, ce fut le tour de l'Inde, du Pakistan et du Bangladesh d'être débarrassés de la maladie. Il fallut attendre 1977 pour libérer les pays de la Corne de l'Afrique, Djibouti, Éthiopie et Somalie. Deux ans après le dernier cas de variole, le 26 octobre 1979 fut officiellement déclaré « jour zéro de la variole ». La certification de l'éradication de la variole a été proclamée lors de l'Assemblée Mondiale de la Santé à Genève, en mai 1980, quelque deux cents ans après la première vaccination réalisée par Edward Jenner. Il est intéressant de noter que ce résultat remarquable fut obtenu grâce à un vaccin imaginé en 1796, et qui avait fort peu évolué avec le temps (chapitre 7).

Une autre méthode empirique de « vaccination » de l'époque prépastorienne, beaucoup moins connue que celle de Jenner, revient au médecin belge Louis Willems. Celui-ci réussit à obtenir au milieu du XIXe siècle (son mémoire au Ministre de l'Intérieur de son pays date de 1852) la protection de bovins contre la péripneumonie, une maladie virale qui ravageait les étables des éleveurs d'Europe occidentale. L'inoculation de sérosité pulmonaire de bovin infecté à la peau

© Dunod – La photocopie non autorisée est un délit.

d'animaux sains entraînait la mort de ceux-ci, sauf si l'inoculation s'effectuait à l'extrémité de la queue. La généralisation de cette méthode permit l'éradication de la péripneumonie.

## Pasteur et l'atténuation des microbes

Les travaux de Pasteur se démarquent fondamentalement de l'observation empirique de l'efficacité de la variolisation ou de l'utilisation d'une immunité croisée entre la vaccine et la variole faite par Edward Jenner. Ils procédaient d'une découverte remarquable faite par Pasteur et ses élèves : la possibilité d'atténuer la virulence du bacille du choléra des poules. À partir de cette observation ponctuelle, Pasteur élabora le concept général que des germes atténués pouvaient procurer un état de protection permettant d'éviter la maladie infectieuse. Nous avons décrit en détail (chapitre 2) les divers procédés utilisés par Pasteur et ses disciples pour obtenir l'atténuation de divers germes, sur lesquels ils travaillaient : choléra des poules, charbon, érysipèle du porc, et plus tard virus de la rage. Ce concept de la protection obtenue par contact avec des germes préalablement atténués fut établi sur une base expérimentale rigoureuse, ainsi que le montra l'expérience de Pouilly-le-Fort, véritable démonstration de l'efficacité de la vaccination, faite en conditions naturelles, avec lot vacciné et groupe contrôle.

Pasteur avait compris et démontré que la vaccination par des germes vivants atténués était un principe général qui pouvait être généralisé et appliqué à la prévention d'un grand nombre de maladies infectieuses. Elle fut, en effet, rapidement utilisée, d'abord en médecine vétérinaire : vaccination contre le choléra des poules (1880), contre le charbon des moutons (1881) et contre l'érysipèle du porc (1883), puis en médecine humaine, avec la vaccination antirabique (1885). Nous ne reviendrons pas ici sur ces divers travaux que nous avons décrits en détail au chapitre 2.

## Wright et les vaccins bactériens tués

Pasteur avait vu, lors de ses multiples expérimentations sur le charbon, que les cultures de bacilles tués ne protégeaient pas l'animal contre l'infection. De la même manière, dans la rage, ses essais avec le virus tué avaient également abouti à des échecs. Il en avait conclu que seul un germe vivant, atténué ou transformé, était capable de protéger contre l'infection virulente. Ces conclusions étaient exactes dans les conditions où il se plaçait, c'est-à-dire avec de faibles quantités de germes tués et un nombre limité d'injections. Pourtant le bactériologiste anglais Almroth Wright, dont nous avons déjà parlé au chapitre 3, montra en 1897 que certaines bactéries tuées, lorsqu'elles étaient injectées en quantités suffisantes, pouvaient faire apparaître, chez le sujet receveur, des anticorps capables de produire *in vitro* l'agglutination des germes (réaction de diagnostic) et une résistance de l'organisme à l'infection. Ce principe, Wright l'appliqua à la lutte contre la fièvre typhoïde. Il effectua sa première expérience importante du vaccin anti-typhoïdique à l'occasion de la guerre du Transvaal, en 1899, au cours de laquelle de nombreux soldats furent traités, avec des succès satisfaisants, mais aussi certains échecs explicables par la présence, dans le vaccin, du seul bacille typhoïdique.

Les vaccins bactériens tués venaient de naître avec Almroth Wright. Ils furent ensuite appliqués à d'autres maladies comme la peste, le choléra ou la coqueluche.

## Albert Calmette et le BCG

Pasteur avait confié à Albert Calmette, en 1884, le soin de créer à Lille un institut, dont les objectifs incluaient la préparation du sérum antidiphtérique pour la Région du Nord, la vaccination antirabique et des recherches sur les maladies infectieuses et sur les fermentations. L'Institut Pasteur de Lille ouvrit ses portes en novembre 1898.

Fortement préoccupé par la situation sanitaire des populations ouvrières gravement touchées par la tuberculose dans la région, Albert Calmette ouvrit en 1901 des dispensaires de prise en charge des malades. Il entreprit en 1902, avec Camille Guérin, l'étude expérimentale de l'infection tuberculeuse (Figure 17). En 1904, avec Vallée et Rossignol, ils évaluèrent la vaccination des bovins par un « bovo-vaccin » consistant dans l'inoculation de doses progressives de bacilles tuberculeux humains partiellement atténués. Ce vaccin administré par voie veineuse apportait une protection modérée et de faible durée.

Calmette et Guérin ayant établi que le bacille tuberculeux pénétrait le plus couramment dans l'organisme par la muqueuse digestive, s'orientèrent vers une administration orale du vaccin. Mais les bacilles de culture formaient des agrégats après absorption et étaient éliminés. Après diverses tentatives pour obtenir des émulsions de bacilles bien dispersés pour permettre leur absorption muqueuse, ils firent une observation fortuite riche de conséquences. Émulsionnant des cultures de bacilles tuberculeux avec une goutte de bile de bœuf, ils s'aperçurent que ces cultures donnaient une meilleure reproductibilité de l'infection expérimentale par voie orale. Au bout de plusieurs mois

© Dunod – La photocopie non autorisée est un délit.

de repiquages successifs sur un milieu à base de pommes de terre cuites à 70 °C dans de la bile de bœuf stérile, Calmette et Guérin observèrent un changement d'aspect des colonies qui, de jaunes pâles, sèches et granuleuses, étaient devenues lisses, humides et blanches. De plus, à partir du 30e passage, les cultures voyaient diminuer progressivement leur virulence, jusqu'à devenir définitivement non virulentes au 231e repiquage sur ce milieu bilié. Ces cultures, administrées à de jeunes bovidés dans les jours suivant leur naissance, les protégeaient contre une inoculation ultérieure de bacille tuberculeux. Ces travaux, point de départ de la vaccination antituberculeuse par le bacille bilié de Calmette et Guérin ou BCG, furent interrompus par la guerre.

Nommé sous-directeur de l'Institut Pasteur à la mort de Metchnikoff, Albert Calmette reprit à Paris, en 1919, ses recherches sur le BCG avec Guérin, Boquet et Nègre. Les expériences en conditions réelles dans des fermes expérimentales montrèrent le bénéfice du BCG sur les veaux nouveau-nés dans les troupeaux infectés. À partir de 1921, la mesure se généralisa. Afin de se rapprocher de l'homme, des essais préliminaires chez les singes furent effectués à l'Institut Pasteur de Kindia, en Guinée, montrant que l'inoculation de très fortes doses, allant jusqu'à 100 mg de bacilles vivants atténués, était inoffensive pour les chimpanzés et les macaques. Un essai clinique de prémunition par le BCG chez le nourrisson exposé en milieu tuberculeux débuta en 1921, près de Fécamp. Cette première série confirma l'innocuité du BCG et sa possible efficacité protectrice. Les premiers résultats furent présentés en juin 1924 à l'Académie de Médecine et furent suivis de très nombreuses demandes de vaccins. Le 1er juillet 1924 était créé à l'Institut Pasteur le premier centre de fabrication et de distribution gratuite de BCG. Les premières évaluations vaccinales estimaient aux environs de 80 à 85 % la réduction de la mortalité tuberculeuse, lorsque le désastre de Lübeck vint donner un coup de frein à la généralisation du BCG. Dans cette ville allemande, sur 250 enfants vaccinés par le BCG en 1930, 71 étaient morts de tuberculose. La commission d'enquête internationale mandatée conclut à une erreur humaine dans le laboratoire allemand, la souche de BCG utilisée à Lübeck ayant été contaminée par une souche virulente de *Mycobacterium tuberculosis* entretenue dans le même laboratoire. Malgré ce, il fallut attendre 1948 pour que soient reconnues de façon définitive l'absence de réversion et l'innocuité du BCG. De fait, bien que mis à la disposition du corps médical en 1924, la vaccination par le BCG ne s'étendit que très lentement en France : environ 320 000 vaccinés entre 1924 et 1931, 210 000 en 1935, c'est-à-dire à peine 33 %

des enfants nés cette année-là. C'est seulement en 1950 que son utilisation fut rendue obligatoire par la loi. D'une manière globale, on peut dire aujourd'hui que le BCG fut largement utilisé dans le monde. De nos jours, environ 100 millions d'enfants sont vaccinés par le BCG chaque année avec différentes souches vaccinales, dont la souche Pasteur 1173.

**Figure 17.** Albert Calmette (à droite sur la photo) et Camille Guérin entreprirent en 1902, à l'Institut Pasteur de Lille, l'étude de l'infection tuberculeuse expérimentale chez les bovins. Ces recherches aboutirent en 1920, à l'Institut Pasteur de Paris, à la mise au point du vaccin antituberculeux ou BCG, Bacille de Calmette et Guérin. © *Institut Pasteur*

© Dunod – La photocopie non autorisée est un délit.

## Gaston Ramon : anatoxines, adjuvants de l'immunité et vaccinations associées

Nous avons relaté au chapitre 3 la découverte des anatoxines faite à l'Institut Pasteur par le vétérinaire Gaston Ramon (Figure 18). Celui-ci, traitant les toxines par la chaleur et le formol, obtenait une anatoxine qui avait perdu le pouvoir toxique de la toxine, tout en conservant son pouvoir immunogène. Du fait de leur innocuité, les anatoxines diphtérique et tétanique furent dès lors universellement employées pour les vaccinations humaines préventives et pour l'immunisation des chevaux servant à la production des sérums antitoxiques.

**Figure 18.** Gaston Ramon, dans son bureau de l'Institut Pasteur, à Marne-la-Coquette, en 1961. © *Institut Pasteur*

Dans les deux cas, ce fut une avancée majeure. Chez l'homme, les essais initiaux eurent lieu à Paris dès 1923. Très vite, la méthode des vaccinations anatoxiques s'étendit à la France, au Canada et aux États-Unis. Elle diffusa ensuite en Europe et au reste du monde. La prévention de la diphtérie et du tétanos put être développée à l'aide des vaccins anatoxiques doués d'une grande innocuité, remplaçant une sérothérapie moins efficace et non dénuée d'effets secondaires parfois graves. Quelques exemples chiffrés donneront une idée des acquis ainsi obtenus : la mortalité annuelle par la diphtérie était ramenée en France d'environ 3 000 cas avant 1923 à 87 en 1954, au Canada de 1 297 en 1921 à 26 cas en 1952 et aux États-Unis, de 15 000 cas en 1925 à 150 en 1955. Pour le tétanos de même, la vaccination massive des armées rendit la maladie 25 fois moins fréquente durant la deuxième guerre mondiale qu'elle ne l'avait été durant la première.

La vaccination antitétanique par l'anatoxine fut également généralisée chez le cheval, en particulier dans la cavalerie des armées, et permit d'obtenir chez le cheval des sérums plus riches en antitoxines. D'autant que Gaston Ramon découvrit, à l'occasion de ses travaux, les adjuvants de l'immunité. En joignant aux anatoxines une substance inerte, irritante pour les tissus, telle le tapioca, la lanoline ou le chlorure de calcium, il observa une production accrue d'antitoxines.

Enfin, Gaston Ramon mit au point en 1926 la vaccination associée, avec le concours d'un médecin militaire, Christian Zoeller. Associant un vaccin microbien, tel le vaccin anti-typho-paratyphoïdique, à une, voire deux anatoxines, ils observèrent que des antigènes injectés ensembles renforçaient réciproquement leur action. À cette efficacité accrue s'ajoutait l'intérêt d'obtenir plusieurs immunisations en même temps, ce qui permit la simplification du calendrier vaccinal.

Par ces trois découvertes majeures, anatoxines, adjuvants de l'immunité et vaccination associée, Gaston Ramon représente une figure marquante de l'épopée des vaccinations.

## Les vaccins antipoliomyélitiques

La vaccination antipoliomyélitique représente une étape importante de l'histoire de la vaccination tant au plan conceptuel que méthodologique. Elle s'adresse à une maladie d'origine très ancienne, puisque des stèles de l'Égypte ancienne représentent des personnes avec des bras et des jambes atrophiés tout à fait comparables aux séquelles de la poliomyélite. La momie du roi Mineptah-Siptah, datant de 1200 av. J.-C., porte de même des marques de la maladie.

© Dunod – La photocopie non autorisée est un délit.

Les premières descriptions cliniques remontent au XIXe siècle, avec la description de la « paralysie infantile » par Heine, à Stuttgart en 1840, et West à Londres en 1843. La nature épidémique de la maladie fut suspectée dès 1890 par Oskar Medin. Sa transmission au singe par deux médecins viennois, Karl Landsteiner et William Popper, en 1908 représenta le début de fructueuses recherches expérimentales. La multiplication des épidémies en Europe et en Amérique du nord, au début du XXe siècle, amena une compréhension des caractères épidémiologiques de la poliomyélite antérieure aiguë, cependant que son caractère contagieux s'imposait. Sa nature virale fut reconnue en 1909, mais l'avancée majeure fut représentée par la démonstration apportée par Kling, Levaditi et Lépine, en 1929, que le poliovirus pouvait être transmis par voie digestive. À partir de 1949, les cultures cellulaires permirent la mise au point des premiers vaccins efficaces.

Les grandes épidémies de poliomyélite qui atteignirent l'Europe et l'Amérique du Nord au cours de la première moitié du XXe siècle affectaient principalement les enfants, mais aussi des adultes. Elles causaient occasionnellement des formes graves encéphalitiques avec atteintes des muscles respiratoires. Cette situation épidémiologique préoccupante dynamisa la recherche et la mise au point de vaccins.

Le premier vaccin antipoliomyélitique utilisé chez l'homme fut mis au point par Jonas Salk en 1953. Il reposait sur la culture en cellules de rein de singe des trois sérotypes de poliovirus, I, II et III, suivie de leur inactivation par le formol. Ce vaccin avait un pouvoir immunogène assez faible et nécessitait trois injections sous-cutanées à un mois d'intervalle et un rappel six mois plus tard. S'il assurait une bonne protection individuelle, en empêchant le passage du poliovirus dans le sang et son éventuelle diffusion au système nerveux central, il n'assurait aucune protection locale au niveau du tube digestif et n'avait de ce fait aucun rôle dans un programme d'éradication. La variante française de ce vaccin, mise au point par Pierre Lépine, était doublement inactivée (formol et bêta-propiolactone) pour tenir compte des cas de poliomyélite des vaccinés observés en Californie et dans l'Idaho, et dus à une insuffisante atténuation.

Ces vaccins furent suivis de la mise au point de vaccins vivants obtenus par atténuation partielle des souches jusqu'à les rendre non pathogènes pour le singe, même après inoculation intracérébrale. Le vaccin atténué mis au point par Albert Sabin en 1957 représentait une avancée remarquable pour le contrôle de la poliomyélite. Contenant les trois types de poliovirus atténués par mutation et ayant perdu la plus grande partie de la neurovirulence, il était administré par la bouche et produisait l'apparition d'anticorps locaux empêchant la colonisation du tube digestif par les souches sauvages de poliovirus. L'utilisation de ces vaccins, en particulier celui de Sabin, permit la quasi-disparition de la poliomyélite dans les pays développés (seulement 264 cas pour l'ensemble de la région Europe de l'OMS en 1985). Malheureusement, faute de couverture vaccinale suffisante, la situation dans les pays en développement restait préoccupante avec près de 300 000 cas en Asie méridionale et en Afrique subsaharienne, pour la même année.

Forte du succès obtenu contre la variole, la 41$^{e}$ Assemblée mondiale de la Santé s'engagea en 1988 à éradiquer la poliomyélite à l'horizon 2000. Mais la poliomyélite représentait un problème épidémiologique plus complexe que la variole : trois types antigéniques de poliovirus, une seule forme clinique évocatrice, celle des paralysies, alors que d'autres formes frustes, voire inapparentes échappent au diagnostic. Enfin, l'existence de paralysies vaccinales dues à des souches atténuées ayant récupéré leur neurovirulence, bien qu'exceptionnelle, n'en posait pas moins un grave problème.

L'efficacité du programme fut remarquable en Amérique Centrale et du Sud, où la poliomyélite fut effectivement éradiquée à partir de 1990. En revanche, en Afrique et en Asie, l'éradication tarde à être obtenue, même si la campagne a permis d'obtenir une diminution de 90 % des formes paralytiques en 10 ans. L'éradication mondiale de la poliomyélite bute encore sur quelques zones à haut risque de transmission. Dans ces régions du monde, une intense circulation d'entérovirus non poliomyélitiques s'oppose, par interférence virale, à la colonisation du tube digestif par les virus vaccins. De nouveaux vaccins inactivés plus purifiés et plus immunogènes devraient permettre d'aboutir à une éradication totale, envisagée à présent pour 2010.

## Les vaccins d'aujourd'hui et de demain

À la suite des travaux de Gotschlich au début des années 1970, il s'avéra que la capsule des bactéries constituée de sucres (polyosides) pouvait être utilisée comme vaccin, après purification. Le premier vaccin sous-unité de ce type fut celui contre les méningocoques de groupes A et C. Il inaugurait une catégorie de vaccins dits « acellulaires », c'est-à-dire ne contenant plus l'agent infectieux en tant que tel, mais une ou plusieurs molécules immunisantes provenant de l'agent infectieux et produites grâce à des techniques raffinées de Chimie et de Biochimie. D'autres vaccins polyosidiques furent ensuite développés contre les pneumocoques, la fièvre typhoïde, les infections à *Haemophilus*

© Dunod – La photocopie non autorisée est un délit.

*influenzae*. L'inefficacité des vaccins polyosidiques chez l'enfant de moins de 15 mois amena Shneerson et Robins, en 1980, à mettre au point les vaccins polyosidiques conjugués par couplage du polyoside à un antigène protéique.

Le développement contemporain du génie génétique a permis de faire synthétiser des antigènes vaccinants par différents systèmes cellulaires (bactéries, levures ou cellules animales) qui deviennent ainsi de véritables « usines à protéines », permettant la fabrication de vaccins sous-unités recombinants.

L'idée d'utiliser des agents infectieux vivants atténués comme vecteurs est particulièrement séduisante. Elle permettrait d'obtenir, après greffe du gène dans le génome de l'agent infectieux, un vaccin polyvalent. Divers vecteurs viraux (virus de la vaccine, de la poliomyélite, adénovirus) ou bactériens (Salmonelles, BCG) sont étudiés pour ces vaccins recombinés vivants multivalents.

Le concept de vaccin à ADN est né à la fin du XX^e^ siècle. Son principe consiste à faire fabriquer les antigènes par les cellules mêmes de l'être à protéger, après lui avoir injecté le ou les gènes, c'est-à-dire de l'ADN, codant pour la protéine vaccinante. Dans ce cas, l'individu vacciné va d'abord produire lui-même la protéine, puis développer ensuite une réponse immunitaire protectrice contre elle. Le gène seul, inclus dans un plasmide par exemple, peut être introduit directement dans la peau au moyen d'un pistolet à gènes (« gene gun ») ou injecté par voie intramusculaire au moyen d'une seringue : ce sont les vaccins à ADN nu.

Une quarantaine de vaccins à ADN sont actuellement en gestation, dont cinq sont en cours d'essai clinique chez l'homme, destinés à protéger contre l'hépatite B, l'herpès, le VIH, la grippe ou le paludisme. Ces vaccins du futur apparaissent très prometteurs, mais leur utilisation courante risque de demander encore quelques décennies. Les vaccins classiques restent toujours d'une utilité pratique irremplaçable.

Indéniablement, la vaccination est l'une des plus grandes réussites des microbiologistes, car elle a permis de sauver des millions de vies humaines au cours des siècles. La croissance vertigineuse de la population mondiale depuis la fin du XIX^e^ siècle est à mettre au crédit de la forte réduction des maladies infectieuses à laquelle les vaccinations ont pris une part prépondérante. L'exemple le plus frappant est sans conteste celui de l'éradication de la variole au plan mondial obtenue en 1979, grâce à la vaccination systématique et à la surveillance épidémiologique. Dans les pays développés les résultats ont été parfois remarquables. Citons, par exemple l'application de la loi rendant obligatoires les vaccinations en France, qui a fait chuter l'incidence annuelle de la diphtérie de 45 000 cas en 1945 à zéro en 1967. Au point que dans ces pays, le public oublie parfois les fléaux que représentaient certaines maladies infectieuses avant l'ère des vaccinations et que s'installe une certaine désaffection vis-à-vis de ce mode de protection.

L'impact des vaccinations sur la santé publique des pays à faible développement a également été majeur grâce à l'application du Programme Élargi de Vaccination adopté par l'Assemblée Mondiale de la Santé en 1974, contre six maladies cibles meurtrières dans la première année de vie : la tuberculose, le tétanos, la diphtérie, la coqueluche, la poliomyélite et la rougeole. L'éradication de la variole a été possible, celle de la poliomyélite apparaît en bonne voie, même si elle n'est pas totale.

Chapitre 5

# Les développements de la Bactériologie dans la première moitié du XX^e siècle

À l'avènement du XX^e siècle, les bactéries responsables de la plus grande partie des maladies infectieuses de l'homme, comme la lèpre, la tuberculose, la fièvre typhoïde, le choléra, la peste, la diphtérie, le tétanos, la fièvre ondulante, la pneumonie lobaire, la méningite cérébro-spinale et la gonorrhée avaient été découvertes. Durant les dix premières années du siècle, cet inventaire se compléta par la découverte des quelques bactéries responsables de maladies demeurées jusqu'alors orphelines, comme la syphilis ou la coqueluche.

En outre, cette période comporta des avancées qui aboutirent à une accumulation des connaissances sur la plupart des germes importants, ainsi qu'une clarification du rôle joué par des germes majeurs comme le streptocoque, le staphylocoque ou les coliformes, dont le rôle en pathologie humaine avait été suspecté mais qui fut dès lors confirmé. Les caractères métaboliques furent ajoutés et permirent d'améliorer les moyens de différencier les germes entre eux et de les classer.

Un autre domaine où des avancées importantes se firent, fut celui de l'épidémiologie des maladies bactériennes. La découverte des maladies

© Dunod – La photocopie non autorisée est un délit.

inapparentes mit en lumière la relation complexe existant entre infection et maladie.

Si le traitement des maladies bactériennes ne connut d'abord aucune découverte notable, aucun triomphe comparable à celui qu'avait représenté la sérothérapie contre la diphtérie, la masse des travaux et des essais réalisés amena une meilleure compréhension de la biologie de bactéries aussi importantes que le pneumocoque, le méningocoque et le streptocoque. Elle assura la lente éclosion de la chimiothérapie anti-infectieuse et rendit possible l'explosion de la période des antibiotiques.

Une autre ligne de recherche enfin, qui se développa considérablement durant cette période avec des résultats pratiques majeurs, fut celle du développement de méthodes de diagnostic indirect en Bactériologie clinique. Partis du diagnostic sérologique de la fièvre typhoïde, de tels travaux s'étendirent progressivement à l'ensemble des germes pathogènes que nous connaissons aujourd'hui sous le nom de salmonelles.

## CHARLES NICOLLE, DU GERME AU MILIEU

Une contribution remarquable à l'évolution des connaissances et des concepts en Microbiologie est sans conteste celle qu'apporta Charles Nicolle, directeur de l'Institut Pasteur de Tunis de 1902 à 1936. Nous avons vu précédemment que les découvertes fondamentales de Pasteur, et de Koch avaient conduit à l'établissement du concept de spécificité des agents infectieux comme un dogme pratiquement immuable. Charles Nicolle insista sur l'importance du terrain dans le déterminisme des maladies infectieuses. Il mit en outre le germe en perspective dans le milieu naturel et replaça l'infection humaine dans un contexte général.

Né à Rouen en 1866, Charles Nicolle (Figure 19) fit ses études de médecine à Paris, puis suivit le Cours de Microbie technique de l'Institut Pasteur, et travailla dans cette institution sous la direction d'Élie Metchnikoff et d'Émile Roux. Il prit en 1902 la direction de l'Institut Pasteur de Tunis, où il demeura jusqu'à sa mort en 1936. C'est là qu'il effectua ses recherches célèbres sur le typhus exanthématique mondial, qui lui valurent la Prix Nobel de Physiologie et Médecine en 1928.

Deux concepts majeurs se dégagent des travaux et de la pensée de Charles Nicolle : celui de la variabilité des maladies infectieuses dans le temps et dans l'espace et celui de l'histoire naturelle du microbe, de sa circulation dans la nature, en dehors de l'homme.

**Figure 19.** Charles Nicolle dans son laboratoire vers 1935.
Charles Nicolle dirigea l'Institut Pasteur de Tunis, de 1903 à sa mort, en 1936. Ses travaux sur le typhus exanthématique mondial lui valurent le Prix Nobel de Physiologie et Médecine, en 1928. Son œuvre eut une portée théorique considérable. © *Institut Pasteur*

Les maladies infectieuses présentent trois modes d'existence : individuelle, collective et historique. Au plan individuel, la maladie a une évolution que le clinicien connaît bien, avec un début, une phase d'état et une fin, bonne ou mauvaise pour le patient, homme, animal ou plante, suivant le cas. Cette évolution est extrêmement variable d'une maladie à une autre, d'un sujet à un autre, selon des facteurs liés les uns au germe et les autres à l'hôte.

Dans le spectre de formes des maladies infectieuses, Charles Nicolle introduisit une notion totalement nouvelle : celle d'infection inapparente, qu'il découvrit à l'occasion de ses recherches sur le typhus exanthématique mondial. Charles Nicolle aborda l'étude du typhus en 1903. À cette époque, les formes cliniques et évolutives de la maladie étaient connues et son diagnostic était facile à établir. Mais, si sa très grande contagiosité apparaissait évidente, son mode de contamination n'avait pas été découvert, pas plus que son agent de transmission.

Charles Nicolle avait une hypothèse sur la transmission. Il était pour lui évident que le typhus était contagieux. Les grandes épidémies survenant lors des concentrations humaines le montraient. En Tunisie, les

© Dunod – La photocopie non autorisée est un délit.

cas étaient groupés, principalement familiaux, résultant ici encore d'une contagion interhumaine. Or cette contagion n'existait plus lorsque le malade était hospitalisé. Aucun cas de typhus ne survenait chez les médecins et le personnel soignant des services hospitaliers recevant des typhiques. « La contagion s'arrête à la porte de l'hôpital » disait Charles Nicolle, qui s'interrogeait sur la nature de cette différence pour le patient avant et après son admission. La différence, c'était bien sûr l'hygiène. Dès son arrivée à l'hôpital, le patient était débarrassé de ses vêtements et lavé. Donc débarrassé de ses ectoparasites, en particulier de ses poux. L'hypothèse de Charles Nicolle était donc celle du pou. Cette hypothèse n'était sans doute pas une intuition aussi géniale que le prétendit Charles Nicolle par la suite. Elle était dans l'air, puisqu'un an auparavant, Edmond Sergent et Henry Foley, à l'Institut Pasteur d'Algérie, avaient montré que le pou transmettait la fièvre récurrente mondiale, mais elle n'avait pas été démontrée dans le cas du typhus.

Charles Nicolle inocula un chimpanzé qui déclara, au 25$^{e}$ jour, un typhus typique, avec fièvre et éruption, à partir duquel Charles Nicolle put inoculer des macaques qui développèrent alors la maladie. C'est d'ailleurs grâce à ces macaques qu'il mit en évidence le rôle du pou dans la transmission de la maladie : des poux mis à gorger sur un macaque en pleine maladie puis déposés sur un macaque sain transmirent le typhus à ce dernier. Inoculant des cobayes, Charles Nicolle mit au point une méthode correcte de prise de température, qui montra que l'animal inoculé avec du sang de macaque typhique voyait sa température monter, puis chuter, selon une courbe identique à celle présentée par l'homme atteint. Pendant la durée de l'épisode fébrile, le cobaye se montrait virulent, c'est-à-dire que son sang inoculé à un nouveau cobaye lui transmettait la maladie. Charles Nicolle eut dès lors un modèle plus pratique à manipuler et moins coûteux que le singe. Passant le typhus de cobaye à cobaye, il remarqua que de temps à autre, certains ne présentaient pas de fièvre, seul signe clinique chez le cobaye. En faisant malgré tout un passage à partir d'un animal demeuré apyrétique, il eut pourtant la surprise de constater qu'il transmettait le typhus, tout comme un cobaye fébrile. Il en déduisit que le cobaye faisait un « typhus inapparent ». Cette observation originale fut à la base de sa découverte du concept « d'infection ou de maladie inapparente », une infection évoluant comme le fait la maladie ordinaire, mais dont la symptomatologie restait inaccessible aux moyens d'investigation habituels. Pourtant l'animal était virulent et développait une immunité.

Charles Nicolle supposa que cet état d'infection inapparente existait chez l'homme. Et de fait, son hypothèse fut vérifiée au cours des épidémies de typhus de Serbie et de Russie, où l'on rencontra des sujets sans fièvre ni symptôme morbide et dont le sang cependant était virulent pour le cobaye. Ces sujets entretenaient le typhus, et surtout le disséminaient à leur insu, ce qui donna toute sa dimension épidémiologique à la découverte de Charles Nicolle. Il s'attacha, en effet, à montrer que la connaissance des infections inapparentes éclairait la genèse de maintes épidémies, en dehors du typhus, telles celles de la rougeole, de la coqueluche, de la fièvre boutonneuse, de la dengue, de la fièvre jaune, de la poliomyélite, des spirochétoses ou des trypanosomoses. Les infections inapparentes renseignaient également sur le mode de conservation du microbe dans la nature.

Les perspectives qu'ouvrait cette découverte étaient d'autant plus importantes que les animaux pouvaient eux aussi présenter des infections inapparentes. Charles Nicolle avait mis le phénomène en évidence chez le cobaye. Il montra que l'infection inapparente était la seule façon dont les rats et les souris répondaient à l'inoculation par le typhus. Ces animaux transmettaient l'infection sans jamais extérioriser de symptomatologie. Il montra également que certains germes animaux, comme le virus de la maladie de Carré du jeune chien, pouvaient être contractés sur un mode inapparent par l'homme.

Un bactériologiste américain, C. V. Chapin attira également l'attention sur le rôle des cas atypiques et des porteurs sains dans la dissémination de germes tels que le bacille typhoïdique, le vibrion cholérique, le bacille diphtérique ou le méningocoque, et dans la genèse des épidémies. Son ouvrage *The sources and modes of infection*, publié en 1910, constituait un essai d'adaptation des données nouvelles de la Bactériologie à la santé publique. En Grande-Bretagne également John Ledingham et Joseph A. Arkwright furent des apôtres de la doctrine des porteurs sains, en particulier dans l'ouvrage qu'ils publièrent en 1912.

Charles Nicolle postula également que, comme tout phénomène biologique, la maladie infectieuse avait une origine (une naissance), un épanouissement et une fin (une mort). C'est ce qu'il appela, dans une de ses leçons au Collège de France en 1933, le « destin des maladies infectieuses ». Charles Nicolle pensait que, contrairement aux affirmations de Koch, les microbes n'étaient pas figés, en particulier dans leur virulence, qu'ils évoluaient soit selon un processus adaptatif lent, soit selon une mutation brutale, modifiant leur virulence dans un sens ou dans un autre. Ce concept de naissance des maladies infectieuses fut

© Dunod – La photocopie non autorisée est un délit.

remarquablement confirmé, dans la deuxième moitié du XX^e siècle, par les arrivées fracassantes de la maladie de Lyme, en 1975, de la légionellose et de la fièvre hémorragique à virus Ebola en 1976, et surtout du Sida à partir de 1981.

La « mort des maladies infectieuses », Charles Nicolle l'expliquait par deux mécanismes possibles : l'affaiblissement progressif, voire la suppression du pouvoir pathogène d'un agent infectieux et le renforcement de la résistance des espèces sensibles, mécanisme pouvant jouer de façon naturelle (immunisation progressive des populations atteintes) ou pouvant être expérimentalement provoqué, par la vaccination notamment. Ainsi, la variole, éradiquée de la surface du globe à la suite de campagnes générales de vaccination, a confirmé *a posteriori* la justesse des vues de Charles Nicolle.

Le second apport majeur de Charles Nicolle fut celui de l'histoire naturelle du microbe, de l'étude de son mode de vie dans la nature, en dehors de l'homme. Charles Nicolle est sans nul doute le premier à s'être éloigné de l'anthropocentrisme vers lequel la méthode expérimentale avait entraîné la microbiologie. Il fut le premier à concevoir que, le plus souvent, l'homme n'était qu'un accident dans le cycle de l'agent infectieux, un « intrus », et non pas le centre de la maladie infectieuse, comme il se considérait.

Charles Nicolle définit ainsi la notion de réservoir de virus (virus étant pris au sens de germe, de microbe qu'il avait autrefois, et non au sens restreint qu'il connaît aujourd'hui). À côté des maladies à réservoir humain, telles la variole et la rougeole qui disparaîtraient si notre espèce s'éteignait, Charles Nicolle fut le découvreur de ce grand domaine des zoonoses, infections des animaux transmissibles à l'homme, dont l'existence se poursuivrait si l'homme disparaissait. Rompant avec une vision anthropocentrique, Charles Nicolle souligna que certains fléaux qui nous frappent, même parmi les plus graves tels la rage ou la peste, ne nous atteignent que par accident. Le microbe de la peste et celui de la rage s'engagent dans un cul-de-sac en nous contaminant, ce que l'on a appelé plus tard « une impasse ».

Parmi les hôtes qui portent un agent infectieux, Charles Nicolle distinguait l'hôte accidentel, chez lequel l'agent pathogène ne fait que végéter, du réservoir vrai, chez lequel l'agent se multiplie, se conserve pendant des temps assez longs et contamine ensuite d'autres individus. Le réservoir est un porteur qui dissémine le germe durant sa maladie (porteur malade), ou pendant sa convalescence, voire après sa guérison (porteur sain), ou encore un individu atteint d'une infection inapparente.

Ainsi, les idées de Charles Nicolle transformèrent les manières de penser dans le domaine des maladies infectieuses. En créant une philosophie biologique basée sur l'évolution des espèces microbiennes, il élargit et approfondit l'œuvre de Pasteur et de Koch. Ceux-ci considéraient que chaque maladie avait pour agent un microbe d'une espèce définie, et que chaque microbe donnait, avait donné et donnerait nécessairement la même affection. En mettant l'accent sur l'évolution des microbes dans le temps et leur cheminement dans l'espace, en effectuant cette étonnante démonstration des infections inapparentes, Charles Nicolle anima d'une vie nouvelle la gigantesque construction de Pasteur et Koch, et ouvrit à ses successeurs des horizons insoupçonnés.

## L'ÉPIDÉMIOLOGIE DES MALADIES VECTORIELLES

La démonstration de la transmission de certaines maladies par des insectes était largement antérieure à Charles Nicolle. Le médecin français né en Guadeloupe, Louis Daniel Beauperthuy (1803-1871) est considéré comme le père de l'idée de transmission de la fièvre jaune par les moustiques, première intuition de la transmission vectorielle d'un agent infectieux. En 1877, Patrick Manson (1844-1922) avait démontré la transmission de la filaire lymphatique par le moustique. En 1881, le médecin espagnol Carlos Finlay présentait son travail devant l'Académie des Sciences de La Havane démontrant que le moustique transmettait la fièvre jaune d'homme à homme, ce qui fut confirmé sur une plus grande échelle par l'Américain Walter Reed, en 1900. Ronald Ross (1857-1932) montrait en 1898 que les *Plasmodium* du paludisme des oiseaux se transmettaient par d'autres espèces de moustiques, et Paul Louis Simond, identifiait la même année la puce comme vecteur de la peste. Charles Nicolle, lui, non seulement démontra le rôle du pou comme vecteur du typhus exanthématique mondial, mais il étudia soigneusement la circulation de la rickettsie et des spirochètes des fièvres récurrentes à l'intérieur du pou et les modalités précises de la transmission.

Charles Nicolle avait montré, comme nous l'avons vu plus haut, que les agents pathogènes circulaient dans la nature, passant d'un hôte à un autre, certains de ces hôtes étant des réservoirs, d'autres des vecteurs. Il ne restait plus qu'à concevoir cet ensemble comme un tout et à l'intégrer à son environnement, ce que fit le biogéographe français, Max Sorre, qui, dès 1923, individualisa ce qu'il appela le « complexe pathogène ». À la suite des travaux de Charles Nicolle et du géographe Vidal de la Blache, Max Sorre précisa en 1943 le concept de complexe

© Dunod – La photocopie non autorisée est un délit.

pathogène, comme une association d'êtres vivants reliés entre eux par une infection et dont l'activité se traduit par une maladie. Le complexe pathogène comprend un noyau composé de l'agent pathogène lui-même, de l'homme ou de l'animal réservoir, ainsi éventuellement que des vecteurs, ou des hôtes de passage. L'originalité de la réflexion de Sorre a été d'intégrer ce noyau à l'écosystème environnant. Le fonctionnement du complexe pathogène et sa répartition géographique dépendent à la fois des conditions du milieu et de ses diverses variables (oro-hydro-topographiques, physico-chimiques, climatiques et biotiques) et de l'écologie du complexe lui-même, celle-ci étant la résultante à la fois des écologies individuelles de chacun de ses membres, agent pathogène, réservoir, vecteur, mais aussi de l'écologie du milieu environnant dans lequel ce complexe pathogène évolue. La recherche épidémiologique, chère à Georges Blanc et à Marcel Baltazard, deux dignes successeurs de Charles Nicolle, intégra dès lors, au-delà des agents pathogènes eux-mêmes, les facteurs de milieu qui conditionnent le comportement des populations d'hôtes et de vecteurs. Ces facteurs mésologiques sont en définitive les principaux responsables du caractère endémique des affections et de leur éventuelle épidémisation.

Ainsi correctement replacée dans la biosphère, la maladie infectieuse évolue dans les limites de ce que l'on a appelé, après l'épidémiologiste russe E. N. Pavlovskii, un foyer naturel d'infection, c'est-à-dire une aire géographique définie par un ensemble de paramètres bioclimatiques, géomorphologiques, édaphiques (sol et sa nature), faunistiques et floristiques.

## APPORTS MITIGÉS DE LA SÉROTHÉRAPIE ANTI-PNEUMOCOCCIQUE

Nous avons vu au chapitre 3 que le succès de la sérothérapie antidiphtérique avait provoqué un essai d'application de cette technique à de très nombreuses maladies bactériennes. S'agissant de la pneumonie à pneumocoque, les travaux commencèrent en 1891, soit un an à peine après la découverte du traitement sérothérapique de la diphtérie par Behring. G. et F. Klemperer furent les premiers à préparer un sérum de lapin relativement efficace expérimentalement contre le pneumocoque. Ils furent suivis de divers autres auteurs qui préparèrent des sérums de lapin, poney ou vache. L'un d'entre eux, J. W. H. Eyre eut l'idée de tester un même sérum anti-pneumococcique contre des souches de pneumocoques d'origines différentes. L'effet protecteur était évident pour quatre souches étudiées, mais nul sur la cinquième. Il en conclut que des pneumocoques de caractères morphologiques et culturaux identiques, et de virulence égale, pouvaient avoir des différences plus subtiles. J. W. Washbourn montra que les pneumocoques, mis en présence de l'antisérum, restaient vivants mais s'agglutinaient au fond du tube. L'importance de l'antisérum dans l'immunité anti-pneumococcique fut confirmée par la démonstration que les leucocytes n'étaient capables de les phagocyter qu'en présence de sérum immun, et ceci quelques années avant que Wright ne travaillât sur le sujet. Bien que le sérum anti-pneumococcique fût assez largement utilisé, la réduction de la mortalité qu'il produisait ne justifiait pas son emploi.

Une importante contribution à la connaissance du pneumocoque dans la première décennie du XX^e^ siècle fut celle apportée par F. Neufeld, qui travaillait à Berlin sous la direction de Koch. Il décrivit en 1902 le gonflement de la capsule du pneumocoque en présence d'antisérum, un phénomène utilisé plus tard comme méthode de typage rapide du pneumocoque avant la sérothérapie.

La fréquence de la pneumonie lobaire et son taux élevé de mortalité, 25 % environ, amena l'Institut Rockefeller, à partir de 1912, à en faire le centre de ses recherches. Durant une dizaine d'années, O. T. Avery, R. Cole, A. R. Dochez, L. J. Gillepsie et M. Heidelberger se consacrèrent à l'étude de ce germe. Utilisant le test de protection de la souris, ils purent séparer les pneumocoques, isolés de cas de pneumonie, en trois sérotypes distincts dans lesquels se rangeaient les trois quarts des pneumocoques isolés de patients, alors que le dernier quart se révélait appartenir à un mélange de sérotypes. Ils montrèrent ensuite que certains pneumocoques isolés de cas de pneumonie n'appartenaient pas à des sérotypes virulents, alors que des sujets sains pouvaient héberger des sérotypes virulents. Ces mêmes auteurs montrèrent que les pneumocoques produisaient en culture une substance soluble spécifique de type correspondant à un carbohydrate et associée à la virulence, et une fraction protéique spécifique d'espèce.

Le bactériologiste anglais Fred Griffith travailla durant trente années sur les différences entre souches, au sein d'une même espèce. Il étudia en particulier la différenciation des types de méningocoques et de staphylocoques, et son œuvre sur le typage des streptocoques, que nous analyserons plus loin, est à la base du système de typage moderne qui a permis la compréhension de l'épidémiologie des différentes maladies streptococciques. Dans le domaine du pneumocoque, Griffith classait par des moyens sérologiques les pneumocoques qu'il isolait,

© Dunod – La photocopie non autorisée est un délit.

au cours de son activité diagnostique, à partir des crachats de patients atteints de pneumonie. Il distingua trois sérotypes homogènes, I, II et III, et un sérotype hétérogène IV. Il remarqua dans les années 1920 une diminution notable des pneumonies dues au sérotype II et une augmentation de la fréquence de celles dues au type IV. Il observa en outre qu'occasionnellement plusieurs types sérologiques pouvaient être identifiés chez un même malade. Cherchant à expliquer ses observations, Griffith se demanda si une souche d'un sérotype donné ne pouvait pas, dans certaines circonstances, se transformer en un autre sérotype. Injectant à la souris un mélange de pneumocoques vivants de stade rugueux, non virulent, et de pneumocoques tués, de stade lisse virulent, il constata que les souris mourraient d'infection par des pneumocoques lisses vivants. Pas plus Griffith que ses contemporains ne saisirent la portée de ce phénomène de transformation, qui fut plus tard déterminant pour élucider le rôle des acides nucléiques comme support de l'hérédité, et que nous décrirons en détail au chapitre 8. Griffith supposa simplement qu'existait une séquence de changements dans le type de pneumocoque avant le développement de la pneumonie et après sa guérison.

Une retombée particulièrement fructueuse des travaux de l'Institut Rockefeller sur le pneumocoque fut la découverte en 1932 par Robert Dubos de la tyrothricine, première substance antibiotique, qui marqua le début de l'ère des antibiotiques beaucoup plus que la découverte même de la pénicilline par Fleming, dix ans plus tard. Il était connu que la capsule polysaccharidique du pneumocoque n'était pas attaquée par les enzymes de l'hôte infecté. Dubos entreprit la recherche systématique d'enzymes susceptibles d'attaquer ce polysaccharide. Il découvrit à cette occasion qu'un bacille isolé du sol produisait une substance dégradant spécifiquement le polysaccharide du pneumocoque de type III. Cette substance enzymatique avait un certain effet protecteur sur les souris et les lapins infectés par ce type de pneumocoque. Cette observation fut le point de départ des travaux de Waksman sur la recherche systématique de substances antibiotiques à partir des bactéries du sol, qui aboutit à la découverte de la streptomycine et à d'autres antibiotiques, dont nous aborderons l'historique en détail au chapitre 9.

Ainsi la sérothérapie anti-pneumococcique s'avérait être, au début des années 1940, un échec pratiquement complet, même si elle avait pu sauver quelques vies humaines. Elle avait en revanche permis de faire progresser les pratiques dans le domaine de la Bactériologie, d'améliorer les connaissances en biologie, d'ouvrir la voie à la découverte des antibiotiques.

# LA CLASSIFICATION DES STREPTOCOQUES

Nous avons vu que le streptocoque fut l'un des premiers micro-organismes dont le rôle pathologique chez l'homme fut suspecté puis démontré. Ses liens avec la fièvre puerpérale, l'érysipèle et l'infection des blessures furent établis dès les années 1890. Son rôle fut également suspecté dès lors dans la fièvre scarlatine. Ici encore les essais de sérothérapie se révélèrent fructueux pour la connaissance du germe à défaut d'utilité pratique. Plusieurs auteurs, dont A. Marmorek, P. Moser ou encore G. H. Weaver, préparèrent du sérum de cheval anti-streptococcique avec des résultats divers et peu reproductibles. Marmorek remarqua, en 1902, l'auréole d'hémolyse qui apparaissait autour des colonies de streptocoques cultivées sur gélose au sang de lapin. Mais ce fut H. Schottmüller qui essaya le premier d'appliquer cette propriété à la classification des streptocoques. Il fut suivi de nombreux auteurs, dont J. H. Brown, un élève de Théobald Smith, qui, au cours d'une enquête épidémiologique, eut l'occasion d'isoler un très grand nombre de souches de streptocoques à partir d'angines et de la gorge d'individus sains. Durant cinq années, il étudia les caractères culturaux et les réactions de fermentation de ces souches et proposa en 1919 une classification des streptocoques selon leur activité hémolytique, qui fut à la base de la classification moderne du germe. Il proposa les dénominations de « bêta hémolytique » pour les streptocoques produisant une hémolyse complète, « alpha hémolytiques » pour ceux provoquant une hémolyse partielle, avec virage verdâtre du milieu de culture, et « gamma hémolytiques » pour ceux ne produisant pas d'hémolyse. Les souches « alpha », les premières rencontrées, se retrouvaient dans tous les écouvillonnages de gorges, alors que les souches « bêta » étaient associées avec les effets pathologiques du streptocoque.

Vers la fin de la première guerre mondiale, les chercheurs de l'Institut Rockefeller abordèrent l'étude du streptocoque hémolytique avec la même approche systématique qu'ils avaient utilisée dans leurs travaux sur la sérothérapie du pneumocoque. Utilisant des tests d'agglutination vis-à-vis d'antisérums et des tests de protection de la souris, Dochez et Avery montrèrent rapidement que les streptocoques hémolytiques pouvaient être divisés en différents types sérologiques. Mais les résultats demeuraient contradictoires en raison de l'instabilité des suspensions de streptocoques, et la classification resta confuse jusqu'aux travaux de Rebecca Lancefield, qui rejoignit le groupe de l'Institut Rockefeller, et dont le nom demeure lié à celui du streptocoque. Celle-ci abandonna

© Dunod – La photocopie non autorisée est un délit.

la méthode d'agglutination pour un test de précipitation, technique qui lui permit de diviser les streptocoques en cinq groupes, dont le groupe A incluait la plupart des souches des maladies humaines liées aux streptocoques, dont la scarlatine. En 1934, Griffith montra que le groupe A de Lancefield pouvait être divisé en au moins 27 sérotypes différents par un test d'agglutination rapide sur lame. La combinaison des deux techniques de Lancefield et de Griffith permit non seulement de faire la différence entre souches de streptocoques pathogènes et non pathogènes, mais encore de distinguer les souches du groupe A d'un point de vue épidémiologique.

Une maladie importante dans laquelle le rôle du streptocoque hémolytique demeura incertain jusque dans les années 1930 est le rhumatisme articulaire aigu. L'association entre angine et rhumatisme aigu avait été régulièrement notée par différents auteurs depuis J. K. Fowler en 1880, mais cette association ne pouvait être confirmée, et pour cause, par la mise en évidence des germes eux-mêmes au cours de l'atteinte rhumatismale. Il fallut attendre la mise au point de l'approche indirecte de recherche des anticorps anti-streptococciques dans le sérum des cas de rhumatisme articulaire aigu, pour que la relation avec le germe puisse être solidement établie. La méthode de titrage des anticorps dirigés contre les hémolysines du streptocoque développée par E. W. Todd eut un rôle déterminant dans cette démonstration.

## LES SALMONELLES

L'histoire des Salmonelles, depuis l'isolement de la première d'entre elles jusqu'à la compréhension du groupe et des inter-relations entre ses membres, est longue et compliquée et s'étale sur une période de 50 ans. Elle est assez représentative du développement de la connaissance bactériologique, dans la période qui suivit l'âge d'or de la discipline, dans les années 1880-1890. Elle procède de l'expérience acquise en utilisant les techniques sérologiques appliquées à la fois à l'identification des bactéries et à la détection des anticorps circulants dans le sérum des patients atteints.

Gärtner, professeur d'Hygiène à Iéna, isola en 1888 la bactérie, *Bacterium* (aujourd'hui *Salmonella) enteritidis*, à l'occasion d'une épidémie de gastro-entérite survenue chez des personnes ayant consommé de la viande avariée. Par la suite, diverses bactéries furent isolées au cours d'épidémies d'intoxications alimentaires, mais il fallut attendre que les méthodes sérologiques aient rendu possible l'identification du bacille de la typhoïde pour pouvoir les différencier des bacilles paratyphoïdiques et des coliformes décrits par Escherich. En 1900, Durham, utilisant une série de caractères incluant la morphologie, l'apparence des colonies, la mobilité, la production de gaz, le virage du tournesol dans le petit lait et la sérologie, divisa la famille des entérobactéries en trois : le groupe des bacilles typhoïdiques, celui des coliformes et le groupe du bacille lactique — *Bacillus aerogenes*. Durham fut le premier à utiliser les réactions de fermentation comme moyen de différencier les espèces bactériennes. Il prépara un très grand nombre de substrats sur lesquels il testa le pouvoir de fermentation des bactéries. En 1906, A. E. Boycott mit au point des tests d'absorption croisée des bactéries à partir d'antisérums spécifiques. Cette technique laborieuse constitua la base de la différenciation sérologique des Salmonelles durant plus de vingt ans. En 1920, P. B. White suggéra l'emploi d'une formule antigénique, basée sur la méthode d'agglutination avec saturation des agglutinines, et permettant de distinguer les très nombreuses espèces différentes de *Salmonella*. Ce système complexe fut revu et amélioré en 1934 par F. Kauffman, et est encore connu sous le nom de schéma de Kauffman-White. Quant à F. W. Andrews, il apporta une précision supplémentaire par l'usage d'antisérums mono-spécifiques. La constatation qu'il fit que les bactéries d'une culture donnée n'étaient pas toutes agglutinables par l'antisérum spécifique conduisit au concept de variation spécifique de phase.

Durant et après la première guerre mondiale, la connaissance des entérobactéries fut encore étendue par l'étude des problèmes pratiques que posait l'utilisation de la réaction d'agglutination dans le diagnostic de la fièvre typhoïde. En effet, la réaction de Grüber et Widal avait vu ses résultats perturbés par l'extension de la vaccination anti-typhoïdique. Devant les difficultés de la lecture microscopique du test d'agglutination, G. Dreyer, du Staatens Serum Institut de Copenhague, avait développé en 1906 un test sur des suspensions bactériennes tuées et pouvant être lu macroscopiquement. L'un des plus éminents spécialistes de la réaction d'agglutination, Arthur Félix (1887-1956) aborda le problème du séro-diagnostic de la typhoïde durant la première guerre mondiale. Avec Edmond Weil (1880-1922), Félix avait découvert que le sérum de patients atteints de typhus contenait une agglutinine contre certaines souches de Proteus, bien que ce germe soit totalement étranger au typhus. Ces auteurs avaient également noté que bien que le sérum de ces patients agglutinât fortement la souche particulière de Proteus X19 et pas du tout les autres souches de cette bactérie, un antisérum de lapin préparé contre le Proteus X19 agglutinait de la même

© Dunod – La photocopie non autorisée est un délit.

façon toutes les souches de Proteus. De plus, le caractère même des paquets de bactéries agglutinées était différent : grossier et floconneux avec l'antisérum de lapin, fin et granulaire avec le sérum de patient typhique. Weil et Félix montrèrent alors que les souches de Proteus X19 pouvaient exister sous deux formes distinctes selon l'apparence de la colonie, les formes H et O. La différence d'agglutination des sérums semblait tenir au fait que le sérum de lapin contenait des anticorps dirigés contre les types H et O, alors que le sérum de patient typhique contenait des anticorps seulement contre le type O. En 1918, ils montrèrent que le même phénomène s'appliquait à *Salmonella paratyphi B*. Devenu après la guerre directeur d'un grand laboratoire de Bactériologie à Tel-Aviv, Félix appliqua le test à une grande série de sérums humains de sujets, vaccinés ou non contre la typhoïde. Il développa en 1924 la technique de l'analyse qualitative du récepteur, qui montra que le sérum des sujets atteints de fièvre typhoïde contenait à la fois des anticorps responsables de l'agglutination granulaire et ceux de l'agglutination floconneuse. S'il n'y avait pas de corrélation entre taux d'anticorps floconneux et évolution clinique, l'apparition précoce d'anticorps granulaires était de bon pronostic. Le sérum des sujets vaccinés contenant seulement des anticorps responsables de l'agrégation floconneuse, le diagnostic de typhoïde chez le sujet vacciné ne pouvait se faire qu'en recherchant l'agglutination granulaire. Enfin, Félix observa que toutes les entérobactéries donnaient des sérums contenant les deux types d'anticorps qui correspondaient à un antigène labile pour l'anticorps floconneux, anticorps montrant des réactions croisées entre différents membres des entérobactéries, et à un antigène stable, spécifique pour l'anticorps granulaire.

## LA RÉACTION DE FIXATION DU COMPLÉMENT

Il s'agit d'un outil sérologique de grande valeur qui apparut dans la pratique bactériologique médicale au début du XX$^{e}$ siècle. Son principe fut découvert par Bordet (Figure 20) qui montra que le complexe antigène-anticorps avait la propriété de fixer le complément. Bordet fut le premier à comprendre que cette réaction offrait une méthode de choix lorsque les autres techniques de détection des anticorps ou des antigènes étaient inapplicables. Grâce à cette méthode, il mit en évidence la présence d'anticorps contre le bacille tuberculeux aviaire dans le sérum de cobayes expérimentalement infectés. Il fut rapidement démontré que l'absorption du complément se produisait toutes les fois que l'antigène et l'anticorps étaient au contact, quelle que soit la nature de l'antigène, et donc que la réaction pouvait s'adapter à la détection de l'antigène, en utilisant un antisérum connu. Bien que délicat de réalisation, ce test eut une large application au diagnostic bactériologique, et fut même appliqué à la détection du sang en Médecine légale. La première application pratique fut proposée par Widal dans le cas de la typhoïde, avec l'avantage que les anticorps fixant le complément apparaissaient plus précocement que les anticorps agglutinants.

**Figure 20.** Jules Bordet vers 1920. Il poursuivit de très importants travaux sur l'immunité humorale, d'abord à l'Institut Pasteur de Paris, puis à l'Institut Pasteur du Brabant, à Bruxelles, qui lui valurent le Prix Nobel de Physiologie et Médecine en 1919. © *Institut Pasteur*

© Dunod – La photocopie non autorisée est un délit.

Lorsque l'agent de la syphilis, *Treponema pallidum*, a été découvert en 1905, Wassermann et Sachs l'utilisèrent comme antigène et montrèrent que le sérum de singes infectés par le tréponème avait une réaction de fixation du complément positive vis-à-vis d'extraits de lésions d'hommes ou de singes. Étudiant des lots de sérums de patients atteints de syphilis à différents stades, Wassermann et ses collègues trouvèrent une faible proportion de positifs. Des résultats plus consistants ne furent obtenus qu'avec un test quantitatif. L'échec relatif immédiat du test dans le diagnostic de la syphilis amena Neisser et Bruck à inverser la recherche pour détecter les antigènes syphilitiques dans le sang. Ils préparèrent des extraits de globules rouges de patients syphilitiques et utilisèrent des sérums de singes fortement immunisés comme source d'anticorps. Les résultats furent positifs, mais on s'aperçut bientôt que des extraits d'érythrocytes normaux, et même de rate humaine, donnaient des résultats similaires. Landsteiner montra qu'un extrait alcoolique de cœur de cobaye réagissait de même en réaction de fixation du complément avec des sérums de syphilitiques. Ces constatations donnèrent un coup d'arrêt à la réaction de Wassermann, qui nécessita de longues années de mise au point quantitative pour prouver son efficacité.

La réaction de fixation du complément fut appliquée au diagnostic de nombreuses autres infections comme la tuberculose, la coqueluche et la gonorrhée. C'est d'ailleurs dans les stades chroniques de cette dernière maladie que le test se révéla le plus utile.

# Chapitre 6

# Microbes au service de l'homme : la domestication de l'univers microbien

L'étude du rôle joué par les micro-organismes dans les maladies infectieuses était le principal centre d'intérêt de la Microbiologie dans les dernières décennies du XIXe siècle. Toutefois, on se rendit rapidement compte qu'en dehors des domaines où les micro-organismes intervenaient directement dans la santé humaine, ils jouaient un rôle majeur dans de nombreux phénomènes naturels et contribuaient de façon constante au bien-être de l'homme. Certains chercheurs, en effet, poursuivirent le travail entamé par Pasteur au cours de ses premières investigations sur le rôle des micro-organismes dans les fermentations. Ce travail montrait clairement que les micro-organismes pouvaient être des agents spécifiques de transformations chimiques.

Le mérite d'avoir montré l'implication des micro-organismes dans le cycle de la matière sur la terre revient à deux grands microbiologistes que furent Serge Winogradsky (1856-1953) (Figure 21) et Martinus Willem Beijerinck (1851-1931).

Comme celle de Metchnikoff, la carrière scientifique de Winogradsky débuta en Russie et se poursuivit en France. Il travailla quinze ans

© Dunod – La photocopie non autorisée est un délit.

à l'Institut Impérial de Médecine expérimentale de Saint-Pétersbourg, puis il fut accueilli à l'Institut Pasteur en 1920. Il prit la direction d'une annexe, à Brie-Comte-Robert, où il mena d'admirables travaux sur l'activité des germes du sol. Beijerinck fonda à Delft, la ville où deux siècles auparavant Leeuwenhoek avait découvert les microbes, une école de Microbiologie générale à laquelle on doit de nombreuses découvertes.

**Figure 21.** Serge Winogradsky, microbiologiste russe, fondateur, avec Beijering, de la microbiologie des sols. Travaillant d'abord à Saint-Pétersbourg, puis en France à l'Institut Pasteur, il isola les bactéries nitrifiantes et découvrit que la bactérie anaérobie fixatrice d'azote vivait à l'état libre dans le sol. Il l'appela *Clostridium pasteurianum* en hommage à Louis Pasteur. © *Institut Pasteur*

# LE RÔLE DES BACTÉRIES DANS LA NATURE

Les chimistes du début du XIXe siècle avaient relevé l'existence d'une corrélation entre la fertilité des sols et leur teneur en azote lié. Ils avaient en outre établi que l'ammoniaque provenant de la décomposition de la matière organique est oxydé dans le sol en nitrate, forme sous laquelle l'azote est assimilé par les plantes. En 1882, Schloesing et Müntz démontrèrent la nature biologique de cette nitrification, cependant que Gayon et Dupetit découvraient en 1886 le processus inverse de dénitrification et en établissaient la nature bactérienne. Ils montraient que certains organismes réduisaient le nitrate en nitrite ou en ammoniaque, tandis que d'autres, poursuivant la réduction jusqu'à l'azote gazeux, étaient des facteurs d'appauvrissement du sol en azote assimilable par les végétaux. Vers la même époque, Hellriegel et Willfarth prouvèrent que la fixation de l'azote atmosphérique par les légumineuses, fait établi par Boussingault dès 1838, était liée à la présence sur les racines de ces plantes de nodosités dont la formation était due à l'action de bactéries spécifiques.

Les travaux de Winogradsky et ceux de Beijerinck se chevauchèrent chronologiquement et se complétèrent. En 1888, Beijerinck (Figure 22) isola en culture pure les bactéries fixatrices de l'azote et symbiotes des légumineuses. En 1890-91, Winogradsky isolait les bactéries nitrifiantes et démontrait que celles-ci se subdivisaient en deux groupes, l'un oxydant l'ammoniaque en nitrite, l'autre oxydant le nitrite en nitrate. Il établissait alors que ces organismes étaient autotrophes, c'est-à-dire capables de se développer dans un milieu purement minéral, en utilisant l'anhydride carbonique comme seule source de carbone, et l'ammoniaque ou le nitrite comme seule source d'énergie. Peu après, en 1895, Winogradsky découvrit la bactérie anaérobie fixatrice de l'azote vivant à l'état libre dans le sol et la nomma *Clostridium pasteurianum*. La même année, Beijerinck prouvait que la réduction des sulfates en hydrogène sulfuré était un processus bactérien, dont il isolait l'organisme responsable, *Desulfovibrio desulfuricans*. Enfin, en 1901, il découvrait les bactéries aérobies fixatrices libres de l'azote, *Azotobacter chroococcum*. Le cycle biologique du soufre se trouvait rapidement complété par la découverte, faite par Nathanson en 1902, des bactéries sulfo-oxydantes autotrophes, appartenant au groupe des Thiobacilles.

Une autre découverte d'une grande importance pour la microbiologie générale fut faite par Engelmann en 1883, avec les bactéries chlorophylliennes photosynthétiques. La physiologie de ces organismes fut élucidée en 1931 par Cornelis Van Niel, élève et continuateur de Beijerinck.

© Dunod – La photocopie non autorisée est un délit.

**Figure 22.** Martinus Willem Beijering, microbiologiste et botaniste hollandais, isola en culture pure les bactéries fixatrices de l'azote symbiote des légumineuses, une découverte fondamentale en microbiologie agricole. Ses travaux sur le virus de la mosaïque du tabac en font également l'un des fondateurs de la virologie. *© Delft School of Microbiology Archives, Delft University of Technology, Hollande*

Van Niel découvrit que des bactéries pourpres, capables de piéger l'énergie solaire grâce à un pigment, la bactériochlorophylle, pouvaient dans ces conditions fixer le gaz carbonique atmosphérique dans des glucides en présence d'un réducteur. Quant à l'oxygène, certaines bactéries, parmi lesquelles les cyanobactéries, étaient capables de le produire à partir de l'eau par photosynthèse.

Pour l'étude des divers types de micro-organismes existant dans la nature, Winogradsky et Beijerinck développèrent la technique d'enrichissement qui permit un remarquable élargissement du champ de la Bactériologie. Cette technique consistait en l'ensemencement d'un échantillon de boue ou de sol dans un milieu de culture de composition chimique définie, où la substance dont on veut étudier le métabolisme est la seule source possible d'énergie. Dans ces conditions particulières, les organismes capables d'utiliser la substance considérée se trouvent favorisés, de sorte qu'après quelques repiquages ils finissent par prédominer et peuvent alors être aisément isolés en culture pure, même s'ils n'étaient présents dans l'inoculum initial qu'en très faible quantité par rapport à d'autres. Toutefois, depuis le début des années 1990, les techniques d'identification indépendante de la culture, appelées techniques métagénomiques, ont révolutionné notre conception de la biodiversité des micro-organismes dans l'environnement. Ainsi, on considère actuellement que les bactéries cultivables à partir d'un échantillon environnemental ne représentent qu'un pour cent de la diversité totale.

Les travaux de Winogradsky et de Beijerinck ouvrirent la voie au développement de l'Écologie microbienne et de la Microbiologie agronomique. L'Écologie microbienne s'intéresse aux relations entre les micro-organismes et leurs habitats, qu'ils soient vivants ou non. Elle étudie la contribution des micro-organismes aux cycles du carbone, de l'azote et du soufre dans le sol et dans l'eau douce. L'étude des effets de la pollution sur les micro-organismes est aussi très importante à cause de l'influence de ces organismes sur l'environnement. Les micro-organismes peuvent aussi être utilisés pour réduire les effets de la pollution.

La Microbiologie agronomique est concernée par l'impact des micro-organismes sur l'agriculture. Elle combat les maladies végétales qui affectent les cultures d'importance alimentaire, essaye d'augmenter la fertilité du sol et le rendement des récoltes et étudie le rôle des micro-organismes dans l'appareil digestif de ruminants tels les bovins. Actuellement, un pôle d'intérêt d'actualité est celui de l'utilisation des bactéries ou des virus pathogènes des insectes comme substituts des pesticides chimiques.

© Dunod – La photocopie non autorisée est un délit.

## LA PRÉSERVATION DES ALIMENTS

Les travaux de Pasteur sur les fermentations trouvèrent des applications industrielles immédiates dans la fabrication des boissons fermentées : vin, vinaigre, bière, alcool, dont le rendement et la qualité furent considérablement améliorés. La conservation des aliments bénéficia également de ces avancées. Mais la pasteurisation, dont nous avons parlé plus haut (chapitre 4), n'était pas bien entendu la première technique mise au point pour conserver les aliments. Ici comme ailleurs des méthodes empiriques avaient été développées à travers le monde, dont certaines continuent à être appliquées. Ainsi le boucanage, dessiccation en plein air ou à la fumée, se pratiquait depuis des siècles pour la conservation de la viande ou de certains fruits, de même la saumure, dont la forte concentration en sel agit en tant qu'inhibiteur de la croissance bactérienne, comme le fait le vinaigre pour les cornichons ou l'acide lactique dans la choucroute. Avant Pasteur, la manière la plus efficace de conserver la nourriture était le chauffage contrôlé, introduit autour de 1818 par Nicolas Appert, inventeur de la conserve, dont Pasteur admirait beaucoup la perspicacité. Appert était en effet le précurseur des pratiques utilisées à l'heure actuelle dans l'industrie de la conserve. Il est tout à fait remarquable de noter qu'en pleine controverse sur la génération spontanée, les soupes, viandes et légumes étaient déjà stérilisés et conservés en boite depuis cinquante ans par la méthode d'Appert. En d'autres termes, Pasteur dut démontrer à des hommes de science obstinés ce que les ménagères avaient déjà observé et utilisaient quotidiennement.

L'originalité de ce que Pasteur apporta, ce fut le concept fondamental que la destruction de la nourriture était régulièrement causée par des micro-organismes de types variés. Cette observation permettait non seulement de comprendre le sens des techniques empiriques anciennes, mais aussi de mettre au point des techniques entièrement nouvelles et d'amener en quelques années des progrès beaucoup plus conséquents que ceux que les pratiques empiriques avaient apportés au cours des millénaires précédents.

En Microbiologie alimentaire, les scientifiques essaient d'empêcher la contamination microbienne de la nourriture et la transmission des maladies alimentaires telles que le botulisme, la salmonellose ou la listériose. Mais, du fait de leur potentialité et de leur versatilité métabolique, les micro-organismes sont utilisés pour l'élaboration de multiples produits alimentaires. Dans ce cadre entrent la fabrication des produits laitiers (fromages, yaourts), la panification, la production de boissons alcoolisées et celle du vinaigre. Les transformations des aliments induites par ces micro-organismes apportent une protection contre les bactéries pathogènes. Par exemple, toutes les bactéries dites lactiques (*Lactococcus*, *Lactobacillus*, *Bifidobacterium*...) sont de bons inhibiteurs de la croissance de *Listeria monocytogenes*, un agent majeur d'infections d'origine alimentaire. La plupart des bactéries lactiques sont représentées dans les flores humaines normales. Leur utilisation thérapeutique en tant que probiotiques permet l'installation ou la réinstallation d'une flore « protectrice » qui limite la prolifération des bactéries pathogènes. Dans l'avenir, les micro-organismes eux-mêmes deviendront une source nutritive importante pour le bétail et l'homme.

En Microbiologie industrielle, les micro-organismes sont utilisés pour produire de nombreuses bio-molécules telles que des antibiotiques, des vaccins, des stéroïdes, des alcools et d'autres solvants, des vitamines (vitamine B12, riboflavine), des acides aminés (lysine, acide glutamique, phénylalanine, acide aspartique) et des enzymes. L'avantage de la synthèse biologique des acides aminés, par exemple, est que seul est synthétisé l'isomère L naturel, donc métabolisable. Il existe bien d'autres applications de la Microbiologie, par exemple à l'extraction des minéraux précieux à partir de minerais de faible teneur. De même le traitement des eaux usées utilise des bactéries capables de transformer des matériaux biodégradables en gaz carbonique, nitrate, phosphate, ammoniaque, hydrogène sulfuré. Dans la bioremédiation, des bactéries sont utilisées pour dégrader des produits toxiques dans des zones polluées.

## LA LUTTE BIOLOGIQUE

La lutte biologique consiste dans l'utilisation de micro-organismes pour détruire ou diminuer les populations d'animaux nuisibles, rongeurs ou insectes en général. Il s'agit d'une pratique ancienne, appliquée essentiellement en agriculture et en médecine.

### Lutte biologique contre les rongeurs

Pasteur avait eu l'idée d'utiliser la vie microbienne pour lutter contre les parasites des plantes et des animaux. Dans une note de 1882, il notait à propos du phylloxéra, un insecte qui dévastait les vignobles : « le phylloxéra doit avoir quelque maladie virulente ; il n'est pas impossible d'arriver à trouver et à isoler le microbe. Dès lors, il resterait à

© Dunod – La photocopie non autorisée est un délit.

étudier ses moyens de prolifération les plus efficaces, à le cultiver, puis à produire des centres artificiels d'infection dans les pays phylloxérés ». Pasteur ne contrôla pas l'intérêt de cette idée dans le phylloxéra, mais eut l'occasion de le faire cinq ans plus tard à propos des lapins.

Au cours du XIX^e^ siècle, les colons avaient introduit en Australie et en Nouvelle-Zélande le lapin et le lièvre d'Europe. Leur pullulation dans les conditions favorables de ces climats se fit de façon spectaculaire. En Australie, les lapins se répandirent à travers le pays à la vitesse de 15 à 100 kilomètres par an, entraînant la dévastation des récoltes et la destruction des pâturages. Ils atteignirent les côtes de l'Ouest australien 50 ans après leur introduction, près de Melbourne, à plus de 2 500 km de leur point d'arrivée. Tous les moyens employés pour combattre ce fléau, chasse, pièges, poison, se montrèrent inefficaces. Les gouvernements de ces pays recherchèrent des solutions alternatives. Si un échange de correspondance entre le gouvernement néo-zélandais et Pasteur existe bien à ce sujet en 1885, c'est en Australie que le projet aboutit à l'envoi d'une mission pastorienne. En novembre 1887, le gouvernement de Nouvelle Galles du Sud offrit un prix de 25 000 livres pour la mise au point d'une méthode pour l'extermination des lapins. Pasteur pensait que l'agent du choléra des poules pourrait produire chez les lapins une maladie infectieuse mortelle, susceptible de décimer leurs populations. Il entreprit immédiatement les expériences correspondantes. Pasteur envoya Adrien Loir en Champagne, aux domaines des Pommery, où les lapins causaient de graves dégâts dans les caves. Loir répandit des cultures du bacille du choléra des poules sur les touffes d'alfalfa autour des terriers et, dès le lendemain et dans les jours qui suivirent, on dénombra les cadavres de lapins.

Fort de ce succès, Pasteur entama en janvier 1988 les démarches auprès du gouvernement de Nouvelle Galles du Sud pour l'envoi d'une mission. Les trois représentants de Pasteur, Adrien Loir, Louis Germont et Frank Hinds, s'embarquèrent à Naples en février 1888. La mission arriva à Sydney en avril et fut installée, habitation et laboratoires, dans la petite île de Rodd Island, sur la Parramatta River. Cette précaution était destinée à éviter que les expériences à réaliser ne fassent courir de risques à la population. Elle révèle en tout cas une certaine méfiance des autorités vis-à-vis du projet de « délapinisation » de Pasteur. Et de fait, une campagne de presse contre l'introduction de microbes étrangers dans le territoire se développa et une commission scientifique fut chargée d'examiner le projet. L'essai ne fut jamais tenté, le Ministère australien de l'Agriculture ayant refusé son autorisation.

De même, Freiderich Loeffler fut appelé par le gouvernement grec pour pratiquer la destruction des souris sauvages, véritable fléau en Thessalie, à l'aide du bacille *Salmonella typhimurium* qu'il avait découvert en 1892. Bien que l'essai pilote ait été un succès, l'extension à l'ensemble de la zone ne se fit pas pour diverses raisons, tenant tant à l'opposition de la population qu'à la crainte que le micro-organisme ne se limitât pas aux rongeurs.

Dans le cas des lapins australiens, en revanche, le contrôle biologique fit appel au virus de la myxomatose, un pox-virus d'un lapin sud-américain, chez lequel il était responsable de petites tumeurs cutanées d'évolution chronique. Chez le lapin européen, ce virus tuait près de 99 % des animaux en environ dix jours, dans un tableau de tumeurs mucilagineuses, d'œdèmes et de surinfections. Il était considéré comme spécifique du lapin et transmissible par contact direct. Plusieurs essais de laboratoire et de terrain furent effectués en Australie, en particulier dans des zones sèches avec peu d'insectes piqueurs. Le virus s'y révéla peu efficace. En 1950, les essais se déplacèrent vers des zones humides de la Nouvelle Galles du Sud, où la transmission par contact direct s'avéra également peu efficace. Les essais venaient d'être suspendus, lorsque brutalement de grandes quantités de lapins malades furent dénombrées dans les clapiers étudiés. Très rapidement des lapins malades furent trouvés à des distances de plusieurs kilomètres des clapiers testés. En un mois, la myxomatose avait diffusé le long de la rivière, sur plus de 600 kilomètres, et deux mois plus tard, elle avait envahi le continent australien par le réseau des rivières et tué 90 % des lapins des zones atteintes. Il fut alors découvert que les moustiques étaient les vecteurs du virus et en avaient assuré la diffusion continentale. Ainsi, le virus de la myxomatose réussit à s'échapper, car son mode d'invasion se révéla différent de celui initialement prévu. La rapidité de diffusion fut la deuxième surprise de cet accident.

L'évolution inattendue de cet épisode de lutte biologique et les multiples erreurs d'appréciation qui le précédèrent posent un sérieux point d'interrogation sur notre capacité à prédire le mode d'invasion de micro-organismes placés dans des environnements écologiques différents de leur milieu naturel. Ils ont porté un coup sérieux à toutes les tentatives ultérieures.

## Lutte biologique contre les insectes

John Le Conte énonça clairement, en 1873, l'intérêt d'étudier les maladies des insectes, afin de sélectionner celles qui pourraient être utilisées contre les insectes nuisibles. Le premier essai pour contrôler un insecte

© Dunod – La photocopie non autorisée est un délit.

nuisible fut mené par Élie Metchnikoff en 1879 en Russie, où il utilisa le champignon *Metarrhizium anisopliae* pour lutter contre le hanneton du blé, *Anisoplia austriaca*. Par la suite, des essais d'utilisation de pathogènes à grande échelle furent conduits à la fin du XIX<sup>e</sup> siècle aux États-Unis pour tenter de contrôler la punaise *Blissus leucopterus*.

À partir du début du siècle suivant, une très grande attention fut portée dans ce même pays sur l'utilisation possible de certains champignons pour lutter contre les insectes ravageurs des agrumes. De nombreux travaux furent conduits, à partir de 1908, à la Florida Experiment Station par Fawcett, Berger, Watson et d'autres. De 1911 à 1914, d'Hérelle travaillant au Yucatan, au Mexique, décrivait l'efficacité de la bactérie qu'il appelait *Coccobacillus acridiorum* pour lutter contre les criquets. Entre 1921 et la seconde guerre mondiale, des scientifiques du Département américain de l'Agriculture (Hawley, R. T. White, Dutky, et d'autres) découvrirent la bactérie responsable de la maladie laiteuse du hanneton japonais, *Popilla japonica*, et développèrent des méthodes d'application de ce germe au contrôle des insectes. Le développement de recherches sur les maladies virales des insectes forestiers, principalement au Canada et en Europe, visait également l'utilisation des virus correspondants dans la lutte biologique. L'utilisation, en agriculture, de la bactérie *Bacillus thuringiensis* comme insecticide microbien pour lutter contre des insectes dévastateurs de récoltes, apporta un nouveau départ à la lutte biologique des insectes.

*Bacillus thuringiensis* fut isolé en 1901 par Ishiwata à partir de larves de vers à soie malades, et appelé par lui « bacille de la maladie de sotto ». Aoki et Chigasaki démontrèrent en 1915 que la pathogénicité était due à une toxine présente dans la forme sporulée du bacille, et un an plus tard, Mitani et Watarai réussirent à isoler un filtrat toxique actif à partir de cultures de *B. thuringiensis* var. *sotto*. L'espèce type du groupe *B. thuringiensis* var. *thuringiensis* fut originellement isolée de larves malades d'*Anagasta kühniella* par Berliner en 1911, qui décrivit ensuite sa pathogénicité pour le ver de la farine. À partir de 1928 parurent plusieurs articles consacrés à l'utilisation de ce bacille pour le contrôle biologique de la pyrale du maïs, *Ostrinia nubilalis*. De nombreux travaux montrèrent que les bacilles du groupe *B. thuringiensis* var. *thuringiensis* présentaient une pathogénicité marquée pour les larves d'un grand nombre de lépidoptères. Dans les années 1950, un produit français, la « Sporéine », à base de spores de *B. th.* var. *thuringiensis*, fut utilisé pour le contrôle biologique d'*A. kühniella*. Mais ces travaux n'apportaient pas d'information sur les facteurs responsables de la virulence qui auraient pu permettre une utilisation rationnelle de la bactérie. C'est Hannay, en 1953, qui rapporta la virulence au cristal parasporal, vu par Berliner en 1915. En utilisant des suspensions de cristaux dépourvues de spores, Angus démontra en 1956 que cette structure était responsable des effets paralysants du *B. thuringiensis* var. *sotto* sur les larves de vers à soie et l'agent causant la toxémie des larves de nombreux lépidoptères.

Le très large spectre d'espèces de lépidoptères, parmi lesquels de nombreux ravageurs des cultures, sensibles à la toxine du bacille, la relative stabilité de la toxine cristallisée, et la facilité à produire de grandes quantités de *B. thuringiensis* en fermenteur, ont conduit à son utilisation commerciale, comme base d'un grand nombre d'insecticides microbiens. La majeure partie d'entre eux utilise la variété *thuringiensis* dont un très grand nombre d'essais ont montré la non pathogénicité pour les espèces animales hors des insectes, et en particulier pour les mammifères, dont l'homme. Les insecticides microbiens à base de *B. thuringiensis* sont produits selon des formulations compatibles avec les équipements conventionnels adaptés aux insecticides chimiques. Ils sont conditionnés aussi bien en poudre qu'en granulés et peuvent être utilisés en pulvérisations ou en épandages.

À l'heure actuelle, les insecticides microbiologiques comprennent outre les produits préparés à partir de *B. thuringiensis* var. *thuringiensis*, des composés utilisant les uns les spores des bacilles responsables des maladies laiteuses (*Bacillus popilliae* et *B. lentimorbus*), les autres le virus de la polyhédrose nucléaire de la noctuelle du chou, *Mamestra brassicae*. Ils sont utilisés couramment pour le contrôle des ravageurs des forêts, en particulier de la chenille d'un hyménoptère défoliateur du pin, *Neodiprion sertifer*.

Récemment, une nouvelle voie d'utilisation de la toxine de *B. thuringiensis* a été utilisée. Le gène de la toxine du bacille a été introduit dans un certain nombre de plantes cultivées, telles que maïs, pommes de terre, coton, ou soja, de sorte que ces plantes deviennent elles-mêmes toxiques pour les insectes ravageurs qui les agressent. Ce développement technologique a l'avantage de cibler la toxine uniquement sur les insectes qui attaquent la plante génétiquement modifiée. On peut toutefois craindre que ces populations constamment soumises à la toxine ne développent de résistances.

© Dunod – La photocopie non autorisée est un délit.

Chapitre 7

# Le développement de la Virologie

La Virologie a une très courte histoire, de moins d'un siècle, au cours de laquelle le concept de virus a progressivement évolué, au fur et à mesure du développement des techniques d'étude. Si la Virologie a eu, au début, partie liée avec la Bactériologie, elle s'en est individualisée progressivement, pour devenir, assez récemment, une discipline autonome : la première revue scientifique exclusivement consacrée au virus, « Virology », parut en janvier 1955, cependant que le premier Congrès international de Virologie se tint à Helsinki, en 1968.

Le terme de virus, qui en latin signifie « poison, écoulement, puanteur », fut employé par les premiers microbiologistes, tel Pasteur, avec un sens large d'agent de maladie infectieuse. De lui sont dérivés d'ailleurs les termes de virulent (en latin : *virulentus*) et de virulence (*virulentia*). Pendant longtemps, le nom de « virus » fut donné au produit invisible d'une sécrétion morbide, ayant ordinairement pour véhicule le pus, le mucus, une matière séreuse ou le sang.

© Dunod – La photocopie non autorisée est un délit.

## LES VIRUS FILTRANTS

Le concept de virus, au sens moderne du terme, eut du mal à émerger à la période de la Bactériologie triomphante. Travaillant sur la rage,

Pasteur crut d'abord en avoir découvert l'agent sous forme d'une bactérie dont il se rendit rapidement compte qu'elle lui était étrangère, et que nous savons aujourd'hui être le pneumocoque. Il se résolut néanmoins à rechercher un vaccin contre une maladie, pour lui sûrement infectieuse, mais dont l'agent demeurait inconnu. De même en 1892, Pfeiffer crut avoir isolé la bactérie de la grippe, avec son *Influenza bacillus*, ou encore en 1897, le bactériologiste Giuseppe Sanarelli attribua par erreur la responsabilité de la fièvre jaune à une bactérie, qu'il nomma *Bacillus icteroïdes*.

L'emploi combiné du microscope optique et des bougies filtrantes permit de faire émerger la notion de virus filtrants, c'est-à-dire d'agents aptes à passer à travers les bougies de porcelaine retenant les bactéries, telles les bougies de Wilhelm Berkefeld, en Allemagne ou celles mises au point par Charles Chamberland (1851-1908), en France à partir de 1884.

En 1892, un jeune botaniste russe, Dmitri Iosifovich Ivanovski (1864-1920) (Figure 23) montra qu'une maladie contagieuse des végétaux décrite en 1886 par Adolf Mayer, la mosaïque du tabac, pouvait être transmise de plante à plante, par des broyats de feuilles infectées, préalablement filtrés sur une bougie de porcelaine de porosité assez faible pour retenir toutes les bactéries visibles au microscope. Ivanovski attribua les résultats observés sur la plante à un poison ou à une toxine qui aurait été sécrétée par la plante malade. Quelques années plus tard, en 1898, le hollandais Martinus Willem Beijerinck, dont nous avons parlé plus haut à propos des bactéries du sol, confirma la filtrabilité de l'agent de la mosaïque du tabac, qu'il réussit à précipiter par l'éthanol sans lui faire perdre son pouvoir infectieux. Beijerinck, qui qualifiait cet agent de « principe infectieux fluide » (*contagium vivum fluidum*), est, à ce titre, considéré comme le fondateur de la virologie conceptuelle.

En 1898, Freiderich Loeffler et Paul Frosch montraient que l'agent de la fièvre aphteuse était un agent filtrant. Cette découverte fut majeure pour le développement de la Virologie, car la fièvre aphteuse était une épizootie très contagieuse, qui faisait des ravages dans les troupeaux et représentait un enjeu majeur de santé animale, en Europe centrale et en particulier en Allemagne. Sur les suggestions de Loeffler, le gouvernement impérial de ce pays fit édifier en 1910 le premier institut de Virologie animale, sur une île isolée de la mer du Nord, l'île de Riems, dans des conditions d'isolement sanitaire complet. Dès 1910, cet institut s'est occupé de la fièvre aphteuse, puis d'autres maladies virales animales.

**Figure 23.** Le botaniste russe Ivanovski établit en 1892 qu'une maladie contagieuse des végétaux, la mosaïque du tabac, pouvait se transmettre de plante à plante par les broyats filtrés de feuilles infectées. Cette observation est à l'origine de la découverte des virus.
*Cliché de la collection M. W. Beijerinck, © Delft School of Microbiology Archives, Delft University of Technology, Hollande*

© Dunod – La photocopie non autorisée est un délit.

Aussitôt après l'agent de la fièvre aphteuse, d'autres virus filtrables responsables de maladies infectieuses animales furent découverts : myxomatose du lapin (par Sanarelli en 1898), peste équine africaine (par M'Fadyean en 1900), peste aviaire (par Centanni en 1901) et peste bovine (par Nicolle et Adil-Bey en 1902).

Le premier virus filtrant pathogène pour l'homme découvert fut celui de la fièvre jaune, grâce à Walter Reed qui dirigeait à La Havane une mission mixte américano-cubaine, la seconde Commission de la Fièvre Jaune. Reed et Carrol confirmèrent en 1902 les travaux menés par Carlos Finlay depuis 1881. Ils démontraient sur des volontaires humains que l'agent de la fièvre jaune était un virus filtrable présent dans le sang des malades et n'avait rien à voir avec le *Bacillus icteroïdes* de Sanarelli. Ils établissaient ensuite de façon quasi expérimentale que ce virus filtrable était transmis d'homme malade à sujet sain par l'intermédiaire du moustique *Stegomyia fasciata* (aujourd'hui appelé *Aedes aegypti*). La filtrabilité de l'agent infectieux de deux maladies humaines fréquentes et redoutables fut ensuite rapidement établie par Remlinger pour la rage (1903) et par Negri pour la variole (1905). Karl Landsteiner et Erwin Popper prouvèrent en 1908 que la poliomyélite était causée par un virus.

Enfin, il apparut dans le premier quart du XX^e^ siècle que les bactéries elles-mêmes pouvaient être affectées par des virus filtrants spécifiques, que l'on nomma bactériophages.

## LES BACTÉRIOPHAGES

La découverte des bactériophages, virus de bactéries, si importante pour la Microbiologie, est à mettre au crédit de l'anglais Frederick William Twort et du français Félix d'Hérelle. Twort (1877-1950) avait observé, en 1915, des altérations morphologiques des colonies d'un microcoque qu'il avait isolé de la lymphe de bœuf : certaines de ces colonies devenaient vitreuses et transparentes. Il assimila ces altérations de la culture bactérienne à une maladie infectieuse, car elles étaient transmissibles de colonie à colonie et provoquées par un facteur filtrable. Son hypothèse, qu'il s'agissait d'un virus filtrant, passa totalement inaperçue, d'autant qu'il resta extrêmement discret sur le sujet tout au long de sa carrière.

En 1917, Félix d'Hérelle (1873-1949) (Figure 24) découvrit à l'Institut Pasteur le même phénomène sur le bacille dysentérique. Il avait observé que le filtrat de selles de malades atteints de dysenterie bacillaire lysait complètement les cultures de la bactérie responsable, *Shigella dysenteriae.* Il montra que le principe responsable de la lyse passait à travers les bougies Chamberland et ne se reproduisait qu'aux dépens des bactéries. Un comptage des zones claires permit à d'Hérelle d'estimer le nombre de virus. Il établit la nature particulaire du virus auquel il donna le nom de « bactériophage ».

Cette découverte n'avait pas un simple intérêt fondamental et d'Hérelle en perçut également la portée clinique. Il étudia les bactériophages présents dans les selles de patients atteints de dysenterie bacillaire et de fièvre typhoïde et montra que leur durée de guérison était corrélée à la vitesse d'invasion des bactéries par les bactériophages. Il émit l'hypothèse d'une possible utilisation des bactériophages dans le traitement de plusieurs maladies infectieuses, dont la dysenterie et les infections staphylococciques. Ainsi, durant la deuxième guerre mondiale, il traita des soldats atteints de dysenterie avec une préparation de bactériophages. D'Hérelle entama une collaboration avec un scientifique géorgien, George Eliava avec lequel il développa à Tbilissi le traitement de la fièvre typhoïde et des infections urinaires par des suspensions de phages. Ces recherches thérapeutiques sur le bactériophage furent ensuite poursuivies à Tbilissi, à l'Institut Eliava créé en 1923.

**Figure 24.** Félix d'Hérelle découvrit en 1917 que des particules filtrables, qu'il nomma « bactériophages », pouvaient assurer la lyse de cultures bactériennes. © *Institut Pasteur*

© Dunod – La photocopie non autorisée est un délit.

Cette institution employait à la fin de la deuxième guerre mondiale 1 300 personnes et distribuait à travers toute l'Union Soviétique des milliers de médicaments composés de bactériophages, employés souvent conjointement avec les antibiotiques. L'effondrement de l'Union Soviétique, en 1991, entraîna l'arrêt presque complet de l'Institut Eliava et une récession certaine de la thérapeutique par les bactériophages. L'intérêt actuel des industriels occidentaux pourrait faire redémarrer ce mode thérapeutique, en particulier dans le domaine des bactéries multi-résistantes.

Les bactériophages furent également appliqués au typage des bactéries. En particulier, J. Craigie et C. H. Yen préparèrent une série de bactériophages spécifiquement adaptés à différentes souches de bacilles typhoïdiques, et développèrent un test simple et pratique de typage de ce bacille. La méthode du typage par phages s'appliqua ensuite à de nombreuses bactéries, et particulièrement au *Staphylococcus aureus*.

La nature virale du bactériophage ne fut pas admise immédiatement par tous les scientifiques. Certains, tels Kabeshima ou Jules Bordet voyaient dans la lyse bactérienne un phénomène enzymatique sous contrôle génétique bactérien. Pourtant, non seulement la nature virale du bactériophage finit par s'imposer, mais encore le bactériophage fut pris comme modèle expérimental du développement des virus et des interactions entre virus et cellules-hôtes. Il connut une carrière brillante en Biologie moléculaire (chapitre 8) et devint un outil remarquable dans le développement du génie génétique.

## LES DÉVELOPPEMENTS TECHNIQUES

Pendant près de trente ans, la filtrabilité avait été pratiquement le seul critère d'étude des maladies à virus, dont elle avait permis d'établir un premier inventaire. Entre les deux guerres mondiales, la liste des maladies à virus filtrants ne cessa de s'allonger, incluant des affections de premier plan, comme la rage, la vaccine ou la poliomyélite.

Mais peu à peu, l'emploi de techniques nouvelles permit une étude plus approfondie des virus. Leurs cultures sur des souches cellulaires de différents tissus ou organes, humains ou animaux, et dans l'œuf embryonné de poule s'avérèrent extrêmement fécondes. La technique des cultures cellulaires se développa à la suite des travaux de Harrison (1907) et surtout d'Alexis Carrel, médecin français qui travaillait à l'Institut Rockefeller à New York (1909). Les premières tentatives de culture *in vitro* de virus furent réalisées avec les virus de la poliomyélite et de la rage par Levaditi, en 1913. En 1926, Carrel réussissait la culture du virus du sarcome de Rous, dont il sera question plus bas, dans un milieu contenant des fragments de tissus frais.

Vers le milieu des années 1930, l'intérêt se déplaça vers l'œuf de poule embryonné, une technique mise au point par Woodruff et Goodpasture en 1931. L'œuf de poule avait l'avantage de contenir à la fois des tissus embryonnaires, des milieux liquides isotoniques et équilibrés et des réserves nutritives, dans un environnement clos et stérile. Et en effet ce nouveau système cellulaire permit l'isolement et la multiplication de nombreux virus : vaccine, variole, herpès, grippe, oreillons, rage. Le virologiste australien Frank Macfarlane Burnet (1899-1985) explora toutes les possibilités offertes par l'œuf embryonné vis-à-vis de tous les virus connus à son époque.

En 1949, John Enders, Thomas Weller et Frederick Robbins cultivèrent le virus de la poliomyélite dans des cellules embryonnaires humaines non nerveuses. Cette découverte, qui leur valut le prix Nobel en 1954, donna une impulsion remarquable non seulement aux découvertes sur la poliomyélite, mais ouvrit des perspectives nouvelles à l'ensemble des techniques de culture cellulaire, les amenant à supplanter définitivement l'œuf embryonné. En effet, alors que les tissus choisis jusqu'alors devaient correspondre au tropisme du virus, la démarche d'Enders et de ses collègues orienta vers l'utilisation de systèmes cellulaires variés. D'autant que de nombreux progrès techniques étaient apparus : emploi des antibiotiques, dispersion des cellules par la trypsine, définition des besoins nutritifs essentiels, tapis cellulaires mono-couches. Renato Dulbecco montrait en 1952 que les virus animaux pouvaient former des plages de façon semblable aux bactériophages. Cette technique des plages permit non seulement de visualiser les foyers de développement du virus dans le tapis cellulaire, mais aussi de quantifier l'infectiosité des virus.

L'utilisation des cellules de rein de singe, sous forme d'explants ou de cultures primaires, eut un retentissement considérable en Virologie. Grâce à elles, non seulement des virus connus furent cultivés de façon aisée, mais de très nombreux virus entièrement nouveaux furent isolés et caractérisés : virus Echo, rhinovirus « M », adénovirus. Un nouveau progrès fut réalisé avec la culture de lignées de cellules cancéreuses humaines immortalisées, comme par exemple la célèbre lignée HeLa établie par Gey en 1952. Enfin, la création de lignées cellulaires humaines diploïdes à partir de 1961 rendit possible la préparation de vaccins humains, mettant un terme à l'hécatombe de singes à laquelle conduisait la fourniture de reins aux instituts vaccinaux.

© Dunod – La photocopie non autorisée est un délit.

Les méthodes immunologiques apportèrent des notions importantes sur les propriétés immunologiques des virus et conduisirent à des applications pratiques importantes. Parmi elles, la capacité à agglutiner les globules rouges fut découverte fortuitement par Georges Hirst en 1941. Mc Clelland et Hare proposèrent aussitôt d'utiliser cette propriété pour titrer le virus et rechercher la présence d'anticorps spécifiques dans le sérum des malades (réaction d'inhibition de l'hémagglutination). On s'aperçut en fait rapidement que ce phénomène de l'hémagglutination virale était partagé par de nombreux virus, ce qui en fit un excellent moyen de diagnostic des maladies virales correspondantes. La réaction codifiée par Clarke et Casals en 1957 permit de réaliser une première classification sérologique des « arbovirus » (virus transmis par des arthropodes, dont le chef de file est le virus de la fièvre jaune).

L'ultrafiltration à travers des membranes de collodion, puis à travers des membranes préparées dans des conditions physiques précises et de porosité rigoureusement graduée (membranes gradacol) permit de mesurer les virus avec une assez grande approximation et d'établir une gamme de tailles allant de 300 nm pour les gros virus à 18 nm pour les plus petits. L'application de l'ultracentrifugation au moyen d'appareils à très grande vitesse rendit possible la purification des virus, et l'estimation de leur taille, de leur masse et de leur densité.

Par des procédés servant au fractionnement des sérums, un chimiste américain, Wendell M. Stanley, obtint en 1935, le virus de la mosaïque du tabac sous forme de cristaux visibles au microscope comme des aiguilles soyeuses, et conservant leur pouvoir infectieux malgré un nombre indéfini de recristallisations. L'année suivante, les Anglais Frederick C. Bawden et Norman W. Pirie arrivèrent à séparer les particules virales en protéine et acide nucléique. Cette constatation que du matériel nucléoprotéique contenait un principe infectieux bouleversait profondément les conceptions et remettait en question la définition même de la vie. Le virus de la mosaïque du tabac fut intensivement étudié par microscopie électronique et par diffraction des rayons X et devint un modèle en virologie structurale, une discipline actuellement en plein essor.

Alors que Bawden et ses collaborateurs avaient montré que la nucléoprotéine du virus de la mosaïque du tabac contenait du ribose, sucre caractéristique de l'ARN, Max Schlesinger démontrait, en 1936, que le principal constituant du bactériophage WLL du colibacille était une nucléoprotéine qui donnait une réaction de Feulgen positive. Ce bactériophage contenait de l'ADN et était constitué d'une désoxyribonucléine. Ainsi apparaissait la division taxonomique de base, entre virus à ARN et virus à ADN.

Quant au support de l'infectivité du virus, Alfred Gierer et G. Schramm avaient montré en 1957 avec le virus de la mosaïque du tabac qu'il résidait dans l'ARN qui, même isolé de la particule virale, était infectieux pour la cellule.

L'invention du microscope électronique en 1932, par Helmuth Ruska, et le perfectionnement des appareils apportèrent des données décisives sur la morphologie des virus en précisant non seulement leur aspect et leur forme, mais aussi leur structure intime. Les premières photographies de virus, publiées en 1938 par Ruska et von Borries, visualisaient des poxvirus, cependant que Krausche et ses collaborateurs observaient en 1939 le virus de la mosaïque du tabac. Puis Pfankuch et Krausche, en 1940, et Salvador Luria et Thomas Anderson, en 1942, montrèrent des images de bactériophages avec leur aspect de têtard fixé par la queue à la membrane de la bactérie. L'utilisation de la technique de coloration négative permit de se rendre compte qu'à côté des virus végétaux à symétrie hélicoïdale, tel le virus de la mosaïque du tabac, de nombreux virus infectant l'homme et l'animal avaient une symétrie cubique. À partir de 1948, la mise en évidence du virus de la variole directement à partir de lésions de malades permit une avancée très significative dans le diagnostic rapide d'une maladie hautement transmissible. Par la suite, de nombreux virus furent étudiés en microscopie électronique, aussi bien virus d'insectes (virus iridescent de la tipule) que virus humains, dont le virus de la grippe en 1960. Grâce à des développements techniques remarquables et malgré sa lourdeur technique, la microscopie électronique permit des avancées importantes en virologie.

## LES APPORTS DE LA BIOLOGIE MOLÉCULAIRE

Lors de la deuxième guerre mondiale débuta une période particulièrement féconde pour la Virologie. La nature fondamentale des virus et leur mode de multiplication furent élucidés grâce à la Biologie moléculaire naissante.

L'étude du bactériophage fut magistralement menée à partir de 1938, par « l'École du phage » à Cold Spring Harbor constituée de chercheurs européens ayant fui leurs pays et émigré aux États-Unis. Dès 1939, Emory Ellis et Max Delbrück décrivirent les trois phases de la multiplication du phage : adsorption du phage sur la bactérie, phase de latence, au cours de laquelle aucun phage n'est décelable, et

© Dunod – La photocopie non autorisée est un délit.

phase terminale correspondant à la lyse phagique et à la libération des phages nouvellement formés. Salvador Luria développa l'étude génétique du phage. Il comprit que la prolifération discontinue du bactériophage était contraire à la théorie de la reproduction auto-catalytique avancée par le biochimiste Northrop et nécessitait un mécanisme prolifératif multi-phasique. Et de fait, Luria montra que durant la phase d'éclipse (commune à toutes les infections virales) qui suit la pénétration du phage, le chromosome bactérien était totalement déstructuré, tandis que le phage prenait en main toute la machinerie cellulaire de la bactérie. Le phage substituant sa propre information génétique à celle de la bactérie, obligeait cette dernière à le reproduire en un grand nombre d'exemplaires. Ce comportement s'avéra être commun à toutes les infections virales.

Dans les années cinquante, André Lwoff et ses collaborateurs, à l'Institut Pasteur, étudièrent intensivement le phénomène de la lysogénie, mis en évidence quelque trente années auparavant. Bail, puis Bordet et Ciuca, avaient découvert que certains colibacilles, mis en présence de phages, n'étaient pas lysés, mais acquéraient pour eux-mêmes et leur descendance la propriété de produire du phage en l'absence de bactériophage libre. Ces bactéries devenues lysogènes étaient, d'autre part, résistantes à une infection exogène par le phage homologue. Cette immunité conférée par la lysogénisation était également transmise héréditairement. Lwoff et ses collaborateurs établirent que la production de phages par les bactéries lysogènes était inductible. À la différence des phages virulents qui sitôt après avoir pénétré dans la bactérie s'y multipliaient et la lysaient, certains phages dits tempérés demeuraient quiescents. Mais leur matériel génétique s'intégrait dans le génome bactérien et s'y perpétuait avec lui sous forme de probactériophage, plus simplement qualifié de prophage. Sous l'action de divers facteurs, en particulier la lumière ultraviolette, ce prophage pouvait être induit : il devenait actif et, se répliquant de façon autonome, donnait naissance à la forme végétative et particulaire du phage. Par la suite, François Jacob et Jacques Monod montrèrent, en 1962, que la quiescence du prophage et son induction relevaient du même mécanisme de régulation génétique répressive qui régissait la synthèse des enzymes bactériennes inductibles ou répressibles.

La notion de prophage fut bientôt étendue à celle plus générale de provirus, un concept-clé pour la compréhension des rapports entre virus et cancer. En effet, une perspective prometteuse avait été ouverte par Francis Peyton Rous en 1911, avec la découverte qu'une tumeur maligne, le sarcome du poulet, était transmise par un virus. Dans le milieu des années soixante, des séquences proto-oncogènes, c'est-à-dire des séquences d'ADN voisines de celles de l'ADN de virus cancérigènes, furent décrites dans les chromosomes des cellules animales. Une modification ponctuelle d'une seule base dans ces séquences pouvait transformer les proto-oncogènes en oncogènes capables d'initier une prolifération anarchique. À la fin des années soixante, on découvrit que le virus du sarcome de Rous était un virus à ARN qui se répliquait par l'intermédiaire d'ADN produit grâce à une transcription inverse de l'ARN du virus : un rétrovirus. Ce thème sera abordé en détail plus bas.

L'ensemble des travaux sur les bactériophages avait conduit à la compréhension de la nature des virus et de leurs modalités d'action. On admet aujourd'hui que les virus sont des entités dont les génomes sont des éléments d'acides nucléiques, ADN ou ARN. Ils se répliquent à l'intérieur de cellules vivantes, dont ils utilisent la machinerie métabolique et de synthèse protéique, et l'induisent à fabriquer du matériel viral. Les virus ne croissent ni ne se divisent, et en ce sens ils ne sont pas des organismes. Durant la réplication, ils font partie de la cellule infectée, mais ils ont leur propre programme génétique. Pierre Lépine les qualifia joliment de « gènes en maraude » et Luria de « parasites au niveau génétique des cellules ». Quant à André Lwoff, au Cinquième Congrès international de Virologie en 1981 à Strasbourg, il employait la formule prudente, mais pertinente : « les virus sont les virus ».

*
* *

Le bref raccourci sur l'évolution des techniques de la Virologie que nous venons de brosser nous a permis d'aborder l'histoire de la Virologie sous l'angle des virus. C'est une histoire en mouvement évoluant sous nos yeux. Il se découvre en effet des virus tous les jours, tel ce Mimivirus, virus géant à l'ADN atteignant 1,2 Mégabase découvert chez l'amibe en 2003, par Bernard La Scola, au laboratoire de Didier Raoult à Marseille. Nous nous proposons d'entreprendre à présent une courte évocation de l'histoire de quelques maladies virales.

## LES MALADIES INFECTIEUSES VIRALES

Le caractère infectieux de plusieurs maladies virales fut très précocement reconnu, et précéda largement la découverte de l'agent responsable. Nous l'avons déjà signalé à propos de la variole et de la rage.

© Dunod – La photocopie non autorisée est un délit.

Nous pourrions également évoquer la grippe, maladie connue depuis l'antiquité, dont la nature virale ne fut démontrée que lors de la pandémie dite de la « grippe espagnole », qui fit entre 1918 et 1919 près de 20 millions de morts, sur environ 200 millions de sujets atteints. Le premier isolement du virus de la grippe fut réalisé en 1933 par W. Smith, C. H. Andrewes et P. P. Laidlaw à Londres grâce à l'inoculation par voie nasale d'un furet, animal d'utilisation inusitée au laboratoire.

L'histoire des hépatites virales est particulièrement instructive du fait de la diversité des virus en cause, mais dont la différentiation fut tardive. Les ictères infectieux, connus depuis l'antiquité, furent distingués sur des critères épidémiologiques en hépatite A, dite épidémique, et hépatite B, dite sérique, en 1947 par F. O. Mc Callum. La découverte fortuite par Baruch S. Blumberg en 1963 d'un antigène nouveau, l'antigène Australia (car trouvé dans le sérum d'un aborigène d'Australie), amena la découverte du virus de l'hépatite B, dont il est en fait l'antigène de surface HBs. Cette découverte, qui valut à Blumberg le prix Nobel en 1976, fut suivie dix ans après de la mise en évidence des particules virales de l'agent de l'hépatite A dans les selles de malades. Deux virus pour deux maladies, l'affaire semblait entendue. Pourtant l'existence d'hépatites manifestement virales ne relevant ni d'un virus ni de l'autre entraînait une longue quête qui aboutit en 1990 à la connaissance de cinq virus d'hépatites différents.

Le cas de la rubéole est également particulier, pour une autre raison. Cette affection en effet était considérée comme une maladie infectieuse bénigne, jusqu'à ce qu'un ophtalmologiste australien, Gregg, ne montre en 1941 qu'elle pouvait être responsable de malformations congénitales du fœtus si elle était contractée durant la grossesse. Son virus ne fut isolé qu'en 1962 et les tests sérologiques développés à partir de 1967 permirent son dépistage chez la femme enceinte.

L'isolement des virus permit parfois de s'apercevoir de la diversité d'agents de syndromes cliniques que l'on regroupait sur des ressemblances pathologiques, comme dans le cas des maladies à virus lents, mieux qualifiées de maladies lentes à virus. Ce groupe, dont l'archétype est le Visna du mouton, dû à un lentivirus, comprend des maladies humaines comme la panencéphalite sclérosante subaiguë, due à un virus rougeoleux et la leucoencéphalopathie multifocale progressive, due à un papovavirus. De ce groupe se sont individualisées ensuite les maladies lentes à agents non conventionnels que nous aborderons plus bas.

Pour d'autres maladies virales, il fallut attendre certains des développements techniques que nous avons évoqués plus haut pour que leur caractère infectieux soit reconnu. Ainsi pour l'herpès, Gruter ne mit en évidence ce caractère qu'en 1912, par transmission expérimentale de produit pathologique filtré sur bougie à la cornée du lapin, puis à la cornée d'un homme aveugle.

Dans d'autres cas enfin, la découverte du virus fut fortuite et eut pour résultat l'individualisation d'un ensemble pathologique polymorphe. Nous avons déjà évoqué le cas du virus Echo et du rhinovirus « M ». L'histoire des adénovirus est également particulièrement démonstrative. Les premiers virus de ce groupe, les virus APC (Adenoïdal-pharyngeal-conjonctival agents), furent découverts en 1953 par Rowe et Huebner dans des cultures de fragments d'amygdales et de végétations adénoïdes prélevées au cours d'interventions chirurgicales. L'année suivante, Hilleman et Werner isolèrent un virus très proche au cours d'infections respiratoires aiguës chez de jeunes recrues militaires américaines. Neva et Enders isolèrent ensuite des virus similaires chez des enfants atteints d'infections fébriles bénignes avec conjonctivite et éruption. Tous ces virus furent réunis en 1956 dans le groupe des Adénovirus. En 1957 fut décrite la pneumo-encéphalite à adénovirus. Et en 1962, Trentin et Huebner découvrirent le pouvoir oncogène de certains types d'adénovirus.

Plus tard, des virus nouveaux apparurent dans un contexte épidémique impressionnant, comme ceux des fièvres hémorragiques africaines (Marburg en 1967, Lassa en 1970 et Ebola en 1976) et bien sûr celui de l'immunodépression humaine. Nous aborderons plus bas l'histoire de ces virus émergents.

## LES VACCINS ANTIVIRAUX ET LES GRANDES CAMPAGNES D'ÉRADICATION

Les avancées techniques que nous avons évoquées plus haut, et tout particulièrement la culture sur œuf de poule et la culture cellulaire, permirent le développement de vaccins destinés à combattre plusieurs maladies virales qui représentaient de véritables fléaux pour l'humanité, telles la fièvre jaune ou la poliomyélite. Le développement de ces techniques permit d'utiliser des tissus moins dangereux pour usage humain que le tissu nerveux d'animaux adultes, comme cela avait été le cas dans la vaccination antirabique de Pasteur.

L'évolution du vaccin antirabique fournit un bon exemple d'adaptation de vaccin selon le temps et les techniques disponibles, avec pour objectifs une meilleure efficacité et une tolérance accrue du produit.

© Dunod – La photocopie non autorisée est un délit.

Le vaccin antirabique conçu par Pasteur et ses collaborateurs était constitué de moelles épinières de lapins adultes, inoculées avec le virus rabique fixe, et dont l'atténuation était obtenue par la dessiccation, en présence de potasse, d'une durée variable selon le degré d'atténuation à obtenir (chapitre 2). Cette préparation était complexe et laborieuse, et il était difficile d'avoir en permanence des quantités suffisantes de moelles épinières au degré d'atténuation requis pour les traitements en cours. Aussi Roux proposa-t-il en 1887 la conservation des moelles atténuées dans la glycérine à + 4 °C. Pour efficace qu'elle fut, la méthode pastorienne présentait le risque d'une contamination par le virus de la rage. Aussi les successeurs de Pasteur utilisèrent-ils différentes méthodes d'atténuation des moelles. Celle utilisant le phénol, préconisée par l'italien C. Fermi en 1908, fut la plus utilisée dans le monde. Mais les injections répétées de fragments de cellules nerveuses animales, support du virus, pouvaient avoir parfois un effet indésirable grave, avec des accidents paralytiques par sensibilisation à la myéline des cellules nerveuses. Une amélioration fut donc obtenue par l'utilisation des cerveaux de souriceaux nouveau-nés, très pauvres en myéline, comme support du virus rabique. Ce vaccin mis au point au Chili fut largement utilisé en Amérique latine et dans certains pays d'Afrique. La multiplication du virus dans l'œuf de canard embryonné fut à la base du vaccin atténué par la bêta-propiolactone et lyophilisé, utilisé aux États-Unis. La généralisation des techniques de culture cellulaire fut également mise à profit dans la production du vaccin antirabique, le virus étant produit sur divers types cellulaires selon les laboratoires, cellules de reins de fœtus bovins, cellules d'embryons d'oiseaux et lignées de cellules diploïdes humaines. Une troisième génération de vaccin antirabique est en cours d'élaboration, utilisant des sous-unités du virus obtenues par culture cellulaire, en particulier la glycoprotéine transmembranaire à fort pouvoir immunogène et protecteur, insérée à la surface de liposomes (« immunosomes-rage »). Les méthodes de génie génétique permettent également d'entrevoir la préparation de vaccins recombinants. Mais toutes ces avancées techniques ne bénéficient pas aux utilisateurs principaux. Dans les pays du tiers-monde où la rage est encore fréquente, les méthodes anciennes de production continuent à être utilisées, faute de ressources suffisantes pour pouvoir produire les vaccins modernes mieux tolérés et plus efficaces.

La situation fut différente dans le cas de la variole, pour laquelle la méthode ancienne de production de vaccine est celle qui a heureusement permis l'éradication de la maladie. Nous avons évoqué en détail (chapitre 4) l'histoire de la prévention de la variole, avec le procédé empirique de la variolisation, puis le développement de la vaccination à la suite des travaux d'Edward Jenner. Au milieu du XX^e^ siècle, la variole affectait encore annuellement une dizaine de millions de personnes de nombreux pays, avec une mortalité d'environ un à deux millions de cas par an. L'idée se fit progressivement jour qu'une maladie strictement humaine, contre laquelle on possédait un vaccin depuis près de 200 ans, pouvait être totalement éradiquée grâce à l'effort de la communauté internationale. Point n'était besoin d'un vaccin sophistiqué et coûteux, mais seulement d'une campagne de type militaire, coordonnée à partir du siège de l'Organisation Mondiale de la Santé à Genève. Et de fait, c'est la classique lymphe vaccinale produite sur les flancs d'une génisse ou d'une jeune bufflesse qui rendit possible l'éradication de la maladie, sans avoir recours aux méthodes modernes de la Virologie ou de la Biologie moléculaire. Les besoins immenses nécessaires à la réalisation de la campagne mondiale d'éradication ne permettaient pas l'emploi de techniques de production plus sophistiquées et coûteuses.

La fièvre jaune est une maladie redoutable qui fit des ravages du XVII^e^ au XIX^e^ siècles, à la fois sur le continent américain, du sud des États-Unis au nord de l'Amérique du Sud, et en Afrique de l'Ouest. Son origine, africaine ou américaine est d'ailleurs encore discutée. Elle fut non seulement un obstacle aux entreprises coloniales des Européens en Afrique, mais encore elle s'exporta épisodiquement dans les grands ports européens de la côte atlantique et de la Méditerranée. Les épidémies de fièvre jaune du milieu du XIX^e^ siècle furent d'une violence extrême tant aux États-Unis (40 000 personnes atteintes à la Nouvelle-Orléans en 1853) qu'au Brésil. Le virus de la fièvre jaune fut le premier virus pathogène pour l'homme découvert (1901), et le premier dont la transmission par un moustique fut démontrée. Cette dernière découverte fut immédiatement suivie de vastes campagnes d'assainissement avec d'excellents résultats obtenus à La Havane (1902), puis sur le chantier du Canal de Panama (1905), par le général William Crawford Gorgas, et à Rio de Janeiro par Oswaldo Cruz (1908). Malgré ces succès, la fièvre jaune reprit l'offensive en Afrique de l'Ouest (1927) et au Brésil (1928). Un premier vaccin fut obtenu en 1932 sur encéphale de souris par Watson Sellars et Jean Laigret à l'Institut Pasteur de Tunis, à partir de la souche française neurotrope que ces auteurs avaient isolée à Dakar en 1928. À partir de 1934, ce vaccin fut largement utilisé en Afrique de l'Ouest. Au départ, le vaccin « phosphaté » nécessitait trois injections de virulence croissante à

© Dunod – La photocopie non autorisée est un délit.

20 jours d'intervalle ; il fut rapidement remplacé par le vaccin au jaune d'œuf qui ne demandait qu'une seule injection. Ce dernier pourtant nécessitait une conservation au froid, peu compatible avec une utilisation de terrain ; il lui fut substitué le vaccin sec, composé de lyophilisat de cerveau de souris inoculées. Malgré ces améliorations successives, ce vaccin avait un fort neurotropisme et était responsable, chez l'enfant en particulier, de réactions encéphalo-méningées. Aussi fut-il avantageusement remplacé par le vaccin « 17D », obtenu par Theiler et Smith en 1937, par plus de 200 passages en culture cellulaire d'embryons de poulet d'une souche africaine. La généralisation de ce vaccin efficace et anodin permit d'obtenir ce que les campagnes d'assainissements n'avaient pu assurer : la disparition des grandes épidémies urbaines. Les cas sporadiques qui persistent dans de nombreux pays d'Afrique et d'Amérique résultent d'une contamination de sujets non vaccinés à partir des foyers silvatiques de fièvre jaune. En effet, l'existence d'un cycle sauvage forestier, mis en évidence par l'épidémiologiste américain Fred L. Soper en 1933, explique l'impossibilité d'éradiquer cette zoonose sauvage.

Nous avons décrit antérieurement (chapitre 4) le programme de contrôle de la poliomyélite lancé par l'Organisation Mondiale de la Santé en 1988, dont l'éradication totale reste un objectif sanitaire à atteindre malgré les difficultés rencontrées.

## LES VIRUS ÉMERGENTS

Le concept de virus émergent est apparu dans le dernier quart du XX^e^ siècle. Il se réfère à des virus qui franchissent les barrières d'espèces, par exemple qui passent de l'animal à l'homme, et font montre de degrés de pathogénicité et de contagiosité importants. Certains d'entre eux ont posé des problèmes majeurs de santé publique, comme les virus des fièvres hémorragiques africaines, Marburg, Lassa et Ebola, et surtout le virus de l'immunodéficience humaine (VIH).

La maladie de Marburg se manifesta pour la première fois fin août 1967, au sein de la société pharmaceutique Berhingwerke, à Marburg en Allemagne, chez trois employés qui avaient été en contact avec le sang ou les tissus de singes verts, *Cercopithecus aethiops,* reçus d'Ouganda quelque temps auparavant. En trois semaines, 17 cas furent admis à l'hôpital, où la maladie se déclara ensuite chez un médecin et une infirmière, et plus tard chez l'épouse d'un des malades. D'autres cas se déclarèrent ensuite à Francfort-sur-le-Main et en

Yougoslavie, à Belgrade, dans des sociétés pharmaceutiques ayant reçu des singes appartenant aux mêmes lots que ceux de Marburg. Le tableau clinique était composé d'un état fébrile grave, avec diarrhée, éruptions et phénomènes hémorragiques. Au total, cette épidémie européenne intéressa 31 cas dont sept mortels. Un virus tout à fait particulier, avec des formes filamenteuses fut isolé et classé ensuite dans la famille des *Filoviridae*. Par la suite, la maladie de Marburg se manifesta à deux reprises, sous formes de petites épidémies limitées à trois cas en Afrique du Sud en 1975, et à deux cas au Kenya en 1980. Malgré des études épidémiologiques poussées, il ne fut pas possible d'identifier le réservoir naturel du virus. Pendant près de 20 ans, la maladie de Marburg fut considérée comme une affection certes sévère, mais avec des capacités épidémiogènes réduites. Les épidémies meurtrières récentes du Congo (1998-2000) et de la province Uige en Angola (368 cas dont 223 mortels au cours de la première moitié de l'année 2005) démentirent cette croyance et remirent la maladie de Marburg sur le devant de la scène.

Le virus Lassa tire son nom d'une petite localité de la région de Jos, au nord-est du Nigeria, où il se manifesta pour la première fois en 1969, atteignant une sage-femme missionnaire de 69 ans. Celle-ci avait vu apparaître une fièvre progressive, avec de fortes douleurs dans le dos, une atteinte rapide de l'état général, une prostration, une déshydratation et un syndrome hémorragique. Évacuée sur l'hôpital de Jos, elle mourut après avoir contaminé une infirmière qui présenta le même tableau. Une autre infirmière ayant assisté à l'autopsie du deuxième cas fut à son tour contaminée et évacuée sur les États-Unis, en même temps que les prélèvements des deux premières patientes. L'étude de ces prélèvements au Yale Arbovirus Research Unit, à New Haven, permit l'isolement d'un agent cytopathogène nouveau que l'on classa dans la famille nouvellement décrite des arénavirus. Ce virus se révéla rapidement dangereux à manipuler, puisqu'il infecta deux personnes dans le laboratoire où il fut découvert, dont l'une succomba, amenant l'arrêt des recherches sur le virus. Au total, cette épidémie partie de Lassa et importée aux États-Unis se solda par cinq cas, dont trois mortels. L'année suivante, la fièvre de Lassa frappa à nouveau à Jos : à partir d'un cas initial originaire du village de Bassa, 23 cas se déclarèrent parmi le personnel médical et soignant et les malades de l'hôpital, dont 13 furent mortels. En 1972, d'autres épidémies intra-hospitalières se déclarèrent à Zorzor, au Liberia (4 décès sur 11 sujets atteints), à Panguma, en Sierra Leone. Plus tard d'autres épidémies apparurent au Nigeria (à Onistha en 1974, à Vom en 1974, 1975, 1976 et 1977) et

© Dunod – La photocopie non autorisée est un délit.

au Bénin (1978). Le réservoir naturel du virus fut identifié à l'occasion de l'épidémie du Sierra Leone ; il s'agit d'un rongeur, *Mastomys natalensis*, dans l'urine duquel se rencontre le virus. Ainsi, le virus de Lassa apparaît largement répandu en Afrique de l'Ouest où il est disséminé dans la population humaine par l'urine du *Mastomys*, rongeur certes sauvage, mais en étroit contact avec l'homme dans les villages de brousse où la population porte des traces sérologiques d'infections inapparentes. Les épidémies dues à ce virus très contagieux suivent l'hospitalisation dans un hôpital rural africain d'un cas initial de contamination villageoise à partir du rongeur. De nos jours, la fièvre de Lassa est endémique dans divers pays d'Afrique de l'Ouest, dont la Guinée, le Liberia, le Sierra Leone et le Nigeria, pays dans lesquels la surveillance épidémiologique est difficile. On estime à environ 150 000 le nombre de cas annuels et à 5 000 le nombre des décès. Dans certaines régions de Sierra Leone et du Liberia, entre 10 et 16 % des personnes hospitalisées sont atteintes de fièvre de Lassa.

La fièvre hémorragique à virus Ebola est tout aussi redoutable que les deux maladies précédentes. Elle se manifesta pour la première fois en 1976 par deux épidémies presque simultanées survenant dans deux localités distantes d'environ 180 km et situées l'une dans le sud-ouest du Soudan, l'autre dans le nord-est du Zaïre. Les premiers cas furent hospitalisés et donnèrent lieu à diffusion de la maladie parmi les autres malades et le personnel médical de l'hôpital. La panique qui s'en suivit entraîna la fuite des sujets en contact, disséminant largement le virus. Ces deux épidémies totalisèrent environ 500 cas, dont 400 mortels. Le tableau clinique s'apparentait fortement à la maladie de Marburg, avec fièvre, douleurs musculaires et articulaires, diarrhée, éruptions et manifestations hémorragiques. Les enseignements des épidémies de Marburg et de Lassa ayant porté, les prélèvements furent confiés à des laboratoires de haute sécurité, dont trois existaient à l'époque, au CDC (Communicable Diseases Centre) d'Atlanta (États-Unis), à Porton (Grande-Bretagne) et Anvers (Belgique). L'agent infectieux isolé était un virus très polymorphe, filamenteux comme celui de Marburg auprès duquel il fut classé dans la famille de Filoviridae. Il fut baptisé « Ebola », du nom d'une petite rivière proche de Yambuku, village zaïrois du premier malade ayant fourni un prélèvement positif. D'autres cas isolés ou des épidémies apparurent ensuite au Zaïre (1977), au Soudan (1979) et au Kenya (1980). Des enquêtes sérologiques ont montré que le virus circulait également au Gabon, au Cameroun et en République Centrafricaine, principalement dans les populations forestières. À nouveau des épidémies réapparurent, en Ouganda (2000-2001), au Gabon (2002), au Soudan (2004) et en République du Congo (2002, 2003 et 2005), signant une extension géographique importante de ce virus, dont on a dénombré quatre sous-types. Si le nombre de sujets atteints au cours de ces épidémies demeurait restreint, sans doute grâce à l'aide d'organisations internationales, leur mortalité fut élevée. La recherche d'un réservoir de virus longtemps demeurée infructueuse a récemment montré l'implication probable des grands primates et des chauves-souris dans certains cycles naturels.

L'Afrique n'a pas la spécificité des fièvres hémorragiques, pas plus que des virus émergents. Sur le continent américain, des fièvres hémorragiques à Arénavirus ont été observées en Argentine (virus Junin), en Bolivie (virus Machupo), au Brésil (virus Sabia) et au Venezuela (virus Guanarito). Toujours sur le continent américain, l'année 1993 vit la découverte d'un virus de rongeur, le virus Hanta, pouvant être responsable d'un syndrome pulmonaire mortel. Présent aux États-Unis, ce virus existe également en Amérique Centrale (Panama) et dans plusieurs pays d'Amérique du sud (Argentine, Bolivie, Brésil, Chili, Paraguay et Uruguay). De l'autre côté du globe terrestre, deux Paramyxoviridae de chauves-souris ont occasionné des maladies respiratoires et neurologiques chez l'homme. Ce sont le virus Hendra en Australie et le virus Nipah en Malaisie et à Singapour. Ce dernier est responsable d'une maladie bénigne du porc, pouvant contaminer l'homme par contact. Nous ne ferons qu'évoquer le cas d'une autre fièvre hémorragique, à transmission vectorielle celle-là, la dengue, transmise par le moustique *Aedes aegypti.* Bien qu'ancienne, elle connaît de nos jours, dans sa forme hémorragique, une forte extension mondiale. Enfin, le virus du Sida, dont nous parlerons plus bas, est certainement le plus meurtrier des virus émergents. Son histoire est fortement liée à la découverte des rétrovirus, dont le rôle fut déterminant dans la compréhension des relations entre virus et cancer.

## L'ONCOGENÈSE VIRALE

Dès que les travaux de Pasteur et de Koch eurent révélé l'action des micro-organismes et prouvé l'existence des maladies infectieuses, certains auteurs pensèrent que le cancer devait aussi avoir une origine infectieuse. Depuis Rappin, en 1896, nombreux furent les scientifiques qui crurent avoir isolé des bactéries cancérigènes, dont Doyen en 1901, avec son *Micrococcus neoformans*. Ces hypothèses semblaient confortées par l'isolement fortuit de micro-organismes à partir de tissus cancéreux.

© Dunod – La photocopie non autorisée est un délit.

Pourtant il était impossible d'obtenir chez l'animal une tumeur induite par des bactéries, alors qu'Erwin Smith et C. O. Townsend découvraient en 1907 qu'une bactérie, *Agrobacterium tumefaciens* était responsable de tumeurs apparaissant chez les plantes dicotylédones, comme la vigne ou le tabac, et localisées à la jonction entre la racine et la tige, et appelées galles du collet. On crut également voir des protozoaires dans les inclusions trouvées dans certaines cellules cancéreuses et on n'hésita pas à en faire les responsables de la cancérisation : coccidies de Darier, corps arrondis ou falciformes de Sawtchenko, *Histosporidium carcinomatosum* de Feinberg. Mais là encore, les espoirs furent déçus.

C'est pourquoi la découverte de Peyton Rous en 1911 qu'une tumeur maligne animale, le sarcome du poulet, pouvait être transmise par un virus filtrant, tomba dans l'indifférence du monde scientifique, voire même suscita l'hostilité des cancérologues. D'ailleurs la découverte de Rous ne fut que tardivement couronnée, en 1966, par le Prix Nobel. De même, était totalement passée inaperçue l'observation antérieure d'Ellermann et Bang (1908) qui avaient réussi à transmettre la leucémie du poulet par un filtrat dépourvu de cellules, c'est-à-dire par un virus filtrant. Il faut dire ici qu'à cette époque la notion de virus filtrant n'était pas clairement établie, et sarcomes et leucémies paraissaient de nature différente. Pourtant, certains chercheurs adoptèrent avec enthousiasme l'hypothèse virale du cancer. Parmi eux, Amédée Borrel consacra, à l'Institut Pasteur, près de dix années au sujet (1904-1914). Mais les découvertes vinrent d'ailleurs.

John Bittner, en 1936, constata que l'incidence des tumeurs mammaires chez la souris augmentait chez les souriceaux nourris du lait de souris à fréquence élevée de tumeurs. Il montra en 1942 que ce « facteur lait » était en fait un virus, le virus des tumeurs mammaires de la souris. Le modèle du carcinome mammaire de la souris permit, dans les années suivantes, de mettre en évidence des facteurs associés (cofacteurs), hormonaux, génétiques, physiques ou chimiques, dans la carcinogenèse virale. Le premier virus des leucémies murines, décrit par Gross en 1951, devint le chef de file de toute une série d'agents leucémogènes ou tumorigènes chez la souris : virus de la leucémie de Moloney (1960), virus de la leucémie de Rauscher (1962), virus du sarcome d'Harvey (1964). En 1964 encore, le Britannique Anthony Epstein découvrait l'origine virale du lymphome de Burkitt, un cancer foudroyant, avec apparition d'une énorme tumeur de la mâchoire que certains enfants africains développaient. Des échantillons d'une de ces tumeurs fut isolé le premier virus oncogène humain, le virus d'Epstein-Barr.

Le même Epstein montrait avec Holt, en 1958, que le génome du virus du sarcome de Rous était constitué d'un ARN monocaténaire. Travaillant sur le même virus en culture de fibroblastes de poulet, Howard Temin montra en 1962 que la transformation en cellule maligne (conversion) et la production de virus étaient deux phénomènes distincts. Cette étude lui permit d'élaborer un modèle de réplication du virus du sarcome du poulet, actuellement confirmé, le modèle du « provirus ». Ce modèle postulait que l'information génétique du virus se conservait à l'état latent dans les cellules infectées (provirus), d'une génération cellulaire à l'autre. La cellule ne produisait du virion infectieux que lorsque le provirus exprimait son information génétique. L'analogie avec le modèle du « prophage » d'André Lwoff est flagrante. Mais l'intérêt majeur du modèle appliqué au virus du sarcome de Rous réside dans le fait que le provirus, dans la cellule, était sous forme d'un ADN bicaténaire, alors que le virus est un virus à ARN. Temin postula dès 1964 que cette étape ADN nécessaire à la réplication d'un virus à ARN était sous la dépendance d'une enzyme capable d'inverser le sens de l'information génétique et de passer de l'ARN à l'ADN. Et de fait, Temin et David Baltimore décrivirent en 1970 cette enzyme, la reverse-transcriptase, qui leur valut le prix Nobel de Médecine et Physiologie en 1975. La découverte de cette enzyme ouvrait la page d'un des chapitres les plus brillants de la Virologie, celui de la rétrovirologie. Elle allait permettre en outre le développement remarquable de l'ingénierie génétique (chapitre 8).

Un premier oncogène viral, *v-src*, fut découvert en 1976 par Stehelin, sur le virus du sarcome de Rous, et le même auteur, l'année suivante, mit en évidence un oncogène cellulaire homologue, ou proto-oncogène, présent dans les chromosomes du poulet, *c-src*. La découverte de ce proto-oncogène dans le génome d'autres espèces animales que le poulet, y compris l'homme (J. M. Bishop et Harold Varmus, 1976), suggéra qu'il devait jouer un rôle fondamental dans la physiologie cellulaire normale. Et de fait, plus d'une cinquantaine d'oncogènes cellulaires ont été dénombrés jusqu'à présent, chez de très nombreuses espèces animales. Ces gènes sont responsables de la synthèse de facteurs et de substances qui jouent un rôle essentiel dans la division cellulaire normale. Mais stimulés par des rétrovirus, ou par d'autres facteurs, tels que les radiations ou des substances chimiques, ils peuvent engendrer des mitoses anormales et le développement de cancers. Ces oncogènes cellulaires ont fait notablement évoluer la compréhension de la pathogénie des cancers.

© Dunod – La photocopie non autorisée est un délit.

Revenons un instant aux rétrovirus. Tous ceux que l'on connaissait dans les années 1960-1970 étaient isolés d'animaux, chez lesquels certains étaient responsables d'états d'immunodépression grave. Aucun n'avait été mis en évidence chez l'homme. La découverte en 1976 par Doris Morgan, de l'équipe de Robert Gallo, au National Cancer Institute de Bethesda aux États-Unis, d'un facteur de croissance des lymphocytes T, aujourd'hui connu sous le nom d'interleukine 2, permit l'établissement de lignées lymphocytaires, grâce à quoi furent isolés les premiers rétrovirus humains. En effet, en 1979, l'équipe de Robert Gallo mit en évidence le HTLV1 (human T-leukemia virus 1) dans une lignée lymphocytaire T établie à partir d'un malade atteint d'un lymphome cutané. Ce virus était également montré par l'équipe de Y. Hinuma comme responsable de la leucémie lymphocytaire T de l'adulte endémique dans les provinces du sud du Japon. Et deux années plus tard, un virus très voisin, le HTLV2 fut isolé par Kalanaranam et collaborateurs, d'une lignée de cellules spléniques d'un malade atteint de la forme à cellules T de la leucémie à tricholeucocytes. On connaissait dès lors deux rétrovirus capables d'immortaliser les lymphocytes humains et de provoquer des leucémies et des lymphomes chez l'homme.

L'ensemble des avancées dans le domaine de la rétrovirologie avait donné les moyens aux scientifiques d'aborder le problème qu'allait poser l'arrivée d'un nouveau rétrovirus humain d'impact redoutable en épidémiologie : le virus de l'immunodéficience humaine (VIH). Apparu au début des années 1980, il est responsable d'une pandémie majeure qui a causé à travers le monde plus de 39 millions de morts entre 1980 et 2004. Son histoire mérite qu'on s'y arrête quelques instants, tant la maladie dont il est responsable a marqué la fin du XX$^{e}$ siècle, dont il est devenu en quelque sorte la maladie emblématique. Rarement maladie aura autant pesé sur les phénomènes sociaux, juridiques, économiques, voire géopolitiques d'une époque.

## LE SIDA

En juin 1981, un rapport du CDC d'Atlanta, aux États-Unis, attira l'attention sur un regroupement de cinq observations de cas de pneumonie à *Pneumocystis carinii*, un champignon rencontré habituellement chez des malades immunodéprimés. Les cinq patients étaient de jeunes homosexuels qui présentaient une quantité anormalement basse de lymphocytes T4, alors qu'ils n'avaient aucune cause d'immunodépression thérapeutique ou pathologique. Deux étaient décédés au moment de la publication.

Ce rapport fut suivi d'une augmentation alarmante de cas associant, chez des homosexuels jeunes, un taux bas de lymphocytes T4, un cancer habituellement rencontré chez des hommes âgés, le sarcome de Kaposi, et un certain nombre d'infections opportunistes causées par *P. carinii* et *Candida albicans*. Les médias et certaines franges de la population privilégièrent d'emblée le lien entre la maladie et le mode de vie homosexuel, avec multiplicité des rapports sexuels : « cancers chez des homos » titra le New York Times. Cette hypothèse fut de même privilégiée dans le milieu médical, puisque la première appellation donnée à l'affection fut « Gay Related Immune Deficiency », ou GRID, en encore en français « Immunodéficience associée à l'homosexualité ». Ce sentiment fut encore renforcé par le résultat de l'enquête épidémiologique du CDC, qui aboutit au « patient zéro », commissaire de bord sur Air Canada, homosexuel qui avait environ 250 partenaires sexuels par an et était atteint d'un sarcome de Kaposi en juin 1980.

Pourtant, à partir du début 1982, il commença à devenir évident que la maladie ne se limitait pas aux seuls homosexuels, mais atteignait également les hétérosexuels. Si bien que le GRID devint AIDS, Acquired Immune Deficiency Syndrome, ou Syndrome d'Immunodéficience Acquise (SIDA) en France, où le premier cas avait été rencontré en juillet 1981. On assista dès lors à une véritable explosion du nombre de cas, avec l'atteinte de populations très diverses, incluant certes de jeunes homosexuels, mais aussi des drogués intraveineux, des Haïtiens, des enfants, des hémophiles et des sujets transfusés.

La dimension épidémique prise par le phénomène faisait privilégier une cause infectieuse. D'ailleurs les microbiologistes avaient suspecté d'emblée une origine virale, en particulier rétrovirale, puisque l'on connaissait de telles immunodépressions au cours d'infections rétrovirales animales. Et de fait, un rétrovirus fut isolé en 1983 par l'équipe de Luc Montagnier à l'Institut Pasteur (Figure 25), à partir d'un patient présentant des adénopathies, d'où le nom de LAV que lui donnèrent les auteurs (Lymphadenopathy Associated Virus). L'isolement de plusieurs autres rétrovirus à partir d'autres patients atteints montra très rapidement à Luc Montagnier le lien de ces virus avec l'immunodépression, d'où le nom qu'il proposa de Immune deficiency-associated virus (IDAV). En 1984, Popovic, de l'équipe de Robert Gallo, isola un rétrovirus qu'il pensait du même type que ceux associés aux lymphomes et qu'il baptisa HTLV III. LAV, IDAV et HTLV III furent ensuite reconnus comme identiques et représentant l'agent responsable du SIDA : le virus de l'immunodéficience humaine (VIH). Trois ans plus

© Dunod – La photocopie non autorisée est un délit.

tard, l'équipe de Luc Montagnier isolait un deuxième rétrovirus à partir de patients africains atteints de SIDA, le VIH 2.

**Figure 25.** Luc Montagnier (à droite sur la photo), Jean-Pierre Cherman et Françoise Barré-Sinoussi, les découvreurs du virus LAV, rebaptisé ensuite virus de l'immunodéficience humaine (VIH), agent du Sida.
© *Institut Pasteur*

Ces deux virus sont transmis par voie sexuelle, mais aussi par le sang. Chez les personnes contaminées, ils attaquent une population particulière de lymphocytes T, les T4 porteurs de la molécule CD4. Ils provoquent une immunodépression profonde qui fait de ces patients la proie d'infections opportunistes virales, bactériennes, parasitaires ou fongiques, ou encore de tumeurs, dont ils finissent par succomber. La mise au point d'un vaccin se heurte à la grande variabilité de la glycoprotéine de surface du virus. Mais un formidable effort de recherche a permis le développement en un temps record de plusieurs séries d'antiviraux de cibles distinctes, dont l'utilisation combinée permet d'augmenter la durée de vie des personnes infectées. L'accès à la trithérapie pour les populations des pays pauvres représente l'un des défis, et non des moindres, posés par cette pandémie responsable d'une incroyable tragédie humaine. Car le SIDA, dont le nom s'est banalisé en « sida », a envahi le monde faisant plus de vingt-cinq millions de victimes depuis son émergence. De nos jours, on estime à plus de cinq millions le nombre annuel de nouvelles contaminations, et plus de 40 millions de personnes vivent avec le virus, dont plus de la moitié en Afrique subsaharienne.

## DES MALADIES AUX FRONTIÈRES DE L'INFECTION

Depuis les années 1950, un groupe de maladies a posé à l'infectiologie une énigme non encore résolue, celle des encéphalopathies spongiformes subaiguës. L'une d'entre elles était bien connue des éleveurs européens depuis le milieu du XVIIIe siècle, sous le nom de tremblante du mouton en France et scrapie en Angleterre. Il s'agit d'une affection à incubation longue et d'évolution très lente se terminant par la mort de l'animal atteint d'une encéphalopathie touchant la substance grise du cerveau. Sa nature infectieuse et transmissible fut démontrée par deux vétérinaires français, Jean Cuillé et Paul-Louis Chelle, en 1936. Cette maladie fut rattachée au groupe des « maladies lentes à virus » individualisé en 1954 par le pathologiste islandais Björn Sigurdsson.

La découverte du kuru en 1957 par Carleton Gadjusek (prix Nobel en 1976) et V. Zigas montra l'extension à l'homme de ce concept de maladies lentes à virus. Il s'agissait d'une maladie dégénérative du système nerveux central apparue au sein d'une population traditionnelle de Nouvelle-Guinée, les Forés pratiquant le cannibalisme rituel des parents décédés. Les femmes et les enfants qui seuls consommaient le cerveau des morts étaient atteints. Ils présentaient de l'ataxie, des tremblements empêchant la marche, et finissaient par mourir en un an environ. Gadjusek montra que le cycle du kuru était semblable à celui de la scrapie, et il réussit la transmission de la maladie aux singes, dont le chimpanzé. Il ne réussit pas à mettre en évidence de particule virale dans l'encéphale des patients, pas plus qu'il n'avait été possible de le faire dans le cerveau de moutons atteints de scrapie.

Une encéphalopathie progressive de l'homme présentant des lésions dégénératives de l'encéphale de même type que le kuru avait été décrite en 1920 par H. G. Creutzfeldt et en 1921 par A. Jakob. Il s'agissait d'une maladie extrêmement rare, à début très progressif, avec anxiété, troubles de l'élocution et de la marche, évoluant vers la mort en environ un an. Les ressemblances anatomo-cliniques avec le kuru incitèrent, en 1968, Clarence J. Gibbs et Gadjusek à inoculer des

© Dunod – La photocopie non autorisée est un délit.

chimpanzés avec du matériel cérébral provenant d'un cas de maladie de Creutzfeldt-Jakob. Ces auteurs démontrèrent que la maladie était transmissible expérimentalement au chimpanzé chez lequel elle reproduisait des lésions voisines de la scrapie et du kuru. Ainsi la maladie de Creutzfeldt-Jakob entrait dans le groupe des maladies lentes à agents non conventionnels, puisque les virus étaient dans tous ces cas impossibles à mettre en évidence.

L'augmentation de fréquence des cas de maladie de Creutzfeldt-Jakob au cours des dernières années, fut attribuée à des gestes médicaux (greffe de cornée ou de dure-mère, implantation d'électrodes cérébrales) et à l'utilisation thérapeutique d'hormone hypophysaire préparée à partir d'hypophyses prélevées sur des cadavres d'origine humaine. Dans les années 1990, une dizaine de cas survenus en Grande-Bretagne furent attribués à une contamination par consommation de viande de bovins atteints de maladie de la vache folle, une nouvelle encéphalopathie décrite en 1987 par Well et ses collaborateurs, dont la transmission supposée était attribuée à la consommation par les bovidés de farines animales.

La nature des agents responsables de ce type d'affections reste mystérieuse et très controversée. Leur caractère infectieux, communément admis, est basé principalement sur leur transmissibilité. Mais en l'absence d'identification, en microscopie électronique en particulier, des hypothèses variées ont été formulées : viroïde pour Diener en 1972, virino pour Dickinson et Outram en 1979, spiroplasme pour Bastian en 1981. L'hypothèse ayant cours actuellement est celle énoncée par Stanley B. Prusiner à partir de 1982, d'une entité infectieuse entièrement nouvelle de nature protéique, le Prion, pour « PROteinaceous INfectious », soit PROIN ou, de meilleure consonance, PRION. L'accumulation de la protéine du prion, Pr P, dans le système nerveux central serait à l'origine des lésions des affections de ce groupe de maladies, un concept révolutionnaire en infectiologie, d'où le nom d'« agent non conventionnel » donné au prion, et qui valut le prix Nobel à Prusiner en 1997.

## QUEL AVENIR POUR LES VIRUS ?

Les années 1960-1970 représentaient des années d'optimisme sanitaire. La variole, l'un des fléaux les plus importants de tous les temps était éradiquée. Le développement socio-économique, associé à l'efficacité des antibiotiques, faisait partout reculer les maladies infectieuses, au point que leur disparition pouvait être envisagée. Au milieu de ce contexte d'euphorie généralisée, l'intrusion du VIH est venue rappeler les risques majeurs que pouvaient représenter les micro-organismes. Les virus apparaissent tout particulièrement menaçants, à une époque de mondialisation et d'intensification des mouvements migratoires. Le SRAS (Syndrome respiratoire aigu sévère) en 2003 n'a représenté qu'une alerte. Depuis 2004, une épidémie de virus Chikungunya a ravagé plusieurs pays de l'Océan Indien, dont La Réunion où elle fut responsable de plus de 260 000 cas pour la première moitié de 2006. La menace d'une pandémie de grippe aviaire se profile à un horizon rapproché. L'humanisation d'un virus grippal recombiné risque de produire un scénario plus effroyable que celui du VIH.

Et pourtant, l'avenir n'est pas seulement menaçant. La Virologie est une discipline parvenue à maturité en à peine plus d'un siècle. Née peu de temps avant les grandes avancées des techniques biologiques, chimiques ou physiques qui ont marqué la première moitié du XXe siècle, elle les a adoptées avec enthousiasme et efficacité, passant directement des balbutiements à la maturité. En témoigne la rapidité des découvertes dans le domaine du VIH, un virus d'à peine 20 ans. Cet exemple peut nous permettre de conserver un optimisme raisonné face aux risques infectieux majeurs. D'autant que l'homme a su domestiquer un certain nombre de virus, les obligeant à exprimer en culture des gènes qui leur sont étrangers et codant pour des protéines d'intérêt médical ou vétérinaire. Parmi eux, les baculovirus, des virus d'insectes dénués de toute pathogénicité pour l'homme, font figure de véritables usines à produire des protéines recombinantes. Depuis plus de 20 ans, en effet, ils ont permis la production de très nombreux produits biologiques, dont des anticorps monoclonaux « chimérisés », humanisés ou même humains. Ils permettent d'entrevoir des applications pratiques fructueuses dans la mise au point de médicaments, de vaccins, et même dans le domaine de la thérapie génique. Il est temps que nous abordions le chapitre du développement de la biologie moléculaire, avatar remarquable de la Microbiologie.

## Chapitre 8

# De la chimie microbienne à la génétique moléculaire des micro-organismes

Dans les débuts de la Bactériologie, l'isolement des bactéries reposait sur l'utilisation de liquides biologiques et de milieux standards capables d'assurer la croissance du germe. La mise au point du milieu solide à l'agarose par Robert Koch, permit de réaliser des isolements en culture pure. Plus tard, se développèrent les techniques d'isolement sur des milieux sélectifs répondant aux besoins biochimiques des germes. Cette avancée technique ouvrit la voie à l'étude de la Chimie microbienne.

Dans les années 1940, il apparut que la Microbiologie ne pouvait progresser qu'en utilisant des méthodes empruntées à la Physique et à la Chimie qui, seules, permettraient de comprendre le fonctionnement des cellules vivantes au niveau moléculaire. Plusieurs disciplines biologiques majeures, la Génétique, la Biologie cellulaire et la Biochimie firent irruption en Microbiologie. La Biologie moléculaire apparut au début comme une hybridation entre la chimie structurale des protéines et la génétique, car elle s'intéressa aux acides nucléiques et à la traduction du message génétique jusqu'aux protéines, avant de se préoccuper de l'ensemble des biomolécules. Avec l'arrivée de l'électrophorèse, de l'ultracentrifugation, de la chromatographie, de la microscopie électronique, du marquage isotopique, de la diffraction isotopique, les

© Dunod – La photocopie non autorisée est un délit.

microbiologistes disposaient dès les années 1950 d'un potentiel méthodologique remarquable qui, grâce à la biologie moléculaire, amena un développement extrêmement rapide des connaissances. Les micro-organismes, et tout particulièrement les bactéries et les phages, jouèrent un rôle de premier plan dans le décryptage du code génétique.

## LE BACILLE TYPHOÏDIQUE ET LA BIOCHIMIE BACTÉRIENNE

L'histoire du bacille de la typhoïde illustre parfaitement l'évolution des méthodes d'identification des bactéries, et leur passage d'une étape purement morphologique à celle basée sur le métabolisme bactérien.

Bien que la fièvre typhoïde ait été reconnue comme une maladie contagieuse depuis les travaux de William Budd, dans les années 1870, de nombreux chercheurs avaient essayé en vain de trouver le germe dans les lésions. Le premier travail qui représente une réelle avancée dans le domaine est celui de Carl Eberth, un anatomo-pathologiste élève de Rudolf Virchow et de huit ans l'aîné de Koch. En 1880 et 1881, Eberth publia deux articles décrivant la mise en évidence de grandes quantités de bactéries en bâtonnet dans les coupes de ganglions lymphatiques mésentériques et de rates de patients morts de typhoïde. Cette découverte fut confirmée par des observations similaires de Koch. Mais c'est à Gaffky, un élève de Koch, que revient le mérite d'avoir montré sans doute possible que la fièvre typhoïde était bien due au bacille d'Eberth, d'avoir isolé le germe et d'en avoir étudié les propriétés. Il retrouvait le germe de façon pratiquement constante dans les ganglions mésentériques, la rate, le foie et les reins des patients. À partir de la rate, il réussit à obtenir une culture pure de bacilles très mobiles poussant abondamment sur les milieux solides sans liquéfier la gélatine. Il en obtint également la croissance sur pomme de terre, où les bacilles forment un film uniforme et pratiquement invisible. Cette caractéristique demeura de nombreuses années la façon la plus sûre de distinguer le bacille d'Eberth d'autres bactéries morphologiquement semblables.

Les essais d'isolement du bacille à partir de l'intestin ou des selles de patients se heurtèrent pendant de nombreuses années à la difficulté à obtenir la pousse isolée du bacille spécifique au milieu de l'abondante flore bactérienne ambiante, en particulier des coliformes. De nombreux auteurs, dont les Français Vincent, Chantemesse et Widal essayèrent de développer de nombreux milieux spécifiques, mais ces travaux se heurtèrent à l'absence de moyens d'identifier le bacille de la typhoïde, le seul test possible demeurant son développement sur pomme de terre. L'américain Theobald Smith ouvrit un nouveau champ de recherche en faisant une étude extensive de l'activité biochimique des bactéries coliques des patients atteints de typhoïde. Il observa que les coliformes fermentaient le glucose et le lactose en produisant du gaz, alors que le bacille typhoïdique n'en produisait pas. Kitasato montra quelques années plus tard que le bacille typhoïdique ne produisait pas d'indole, ce qui l'amena à proposer cette particularité comme test d'identification. Toutefois, pour la plupart des bactériologistes, l'isolement du bacille typhoïdique demeurait difficile et aléatoire.

Le premier milieu sélectif réellement satisfaisant fut introduit en Allemagne en 1902 par Drigalski et Conradi, qui ajoutèrent lactose, tournesol et cristal violet à l'agarose nutritive. Ce milieu largement utilisé en Allemagne, en Grande-Bretagne et aux États-Unis rendit pour la première fois possible l'isolement du bacille typhoïdique à partir des selles. Il fut d'autant plus efficace qu'on l'utilisait seulement après avoir fait agir des inhibiteurs des bactéries commensales du tube digestif.

Ainsi, les principes de l'identification bactérienne par l'activité biochimique sont issus des recherches menées pour distinguer le bacille typhoïdique des coliformes. Une des difficultés dans la mise au point de tests de fermentation résidait dans la nécessité de disposer d'un milieu nutritif ne contenant pas d'hydrates de carbone fermentables, afin de pouvoir introduire uniquement le sucre désiré. Une des méthodes consistait à ensemencer le milieu avec un coliforme chargé de digérer l'ensemble des hydrates de carbone du milieu. Le milieu était ensuite filtré et restérilisé après ajout de l'hydrate de carbone sélectionné. Une technique simple d'étude des fermentations bactériennes fut celle proposée par H. E. Durham en 1898, dans laquelle les solutions de sucres étaient faites dans l'eau peptonée qui assurait la croissance bactérienne. Cette technique, toujours employée de nos jours dans les laboratoires de bactériologie, a permis l'étude des activités de fermentation des bactéries, permettant de différencier des espèces morphologiquement indissociables.

## L'ENZYMOLOGIE MICROBIENNE

Pasteur avait abordé le problème des fermentations d'un point de vue purement biologique, seule possibilité à une époque où la Biochimie n'existait pas encore. Pourtant Moritz Traube postulait en 1877 que le

© Dunod – La photocopie non autorisée est un délit.

pouvoir de fermentation de la levure était dû à des ferments endocellulaires de nature protéique et de composition définie, agissant comme des intermédiaires dans les processus vitaux de transformation chimique. Cette hypothèse purement intuitive venait trop en avance sur son temps pour être remarquée. En 1897, deux ans après la mort de Pasteur, Edouard Büchner réussit à préparer, par broyage de la levure, des extraits capables de faire fermenter le glucose et de produire de l'alcool en l'absence de tout organisme figuré. Cette découverte marque le début d'une période où l'histoire de la Microbiologie et celle de la Biochimie s'intriquent étroitement.

Les études ultérieures sur la fermentation alcoolique établirent que ce processus ne consistait pas dans une réaction unique, mais dans une chaîne de réactions, chacune catalysée par une enzyme endocellulaire spécifique. D'autre part, Meyerhof établit vers 1920 que la fermentation du glucose par la levure s'opérait par un mécanisme identique à celui de la glycolyse dans le muscle, mettant ainsi en lumière l'unicité des phénomènes biologiques chez les êtres vivants. La connaissance des étapes de la glycolyse de la levure avança progressivement grâce notamment à Harden et Young, mais aussi à Neuberg et à Robinson qui découvrirent des intermédiaires phosphorylés de la glycolyse. Mais le mécanisme biochimique de l'oxydation complète du glucose en aérobiose ne fut élucidé que beaucoup plus tard, grâce à la découverte du cycle tri-carboxylique par Hans Krebs, en 1937, et à celle de l'acétyl phosphatase et de l'acétyl coenzyme A par Fritz Lipmann, successivement en 1940 et 1946.

De Büchner à la fin de la dernière guerre mondiale, la biochimie eut pour objet essentiel l'étude des différentes étapes des processus métaboliques. Au cours de cette période, le rôle catalytique des protéines enzymatiques fut reconnu et extensivement étudié. De nombreuses enzymes furent isolées, purifiées, cristallisées et leurs coenzymes identifiées. Les notions de vitamines et de facteurs de croissance bactériens apparurent également et furent pleinement développées. Enfin, fut identifiée la forme sous laquelle l'énergie biologiquement utilisable était produite par les êtres vivants.

Du point de vue méthodologique, la chimie bactérienne fut marquée durant l'entre-deux guerres, de 1920 à 1940, par l'emploi des suspensions cellulaires non-proliférantes (« resting cells »), qui se répandit sous l'influence de l'École de Cambridge, et notamment de Marjorie Stephenson (1885-1948). D'autre part, les études quantitative et cinétique des processus métaboliques utilisèrent largement les techniques respirométriques, introduites à partir de 1920 par Barcroft et Warburg, et, en ce qui concerne les activités déshydrogénasiques, la technique de Thunberg, que Harden et Zilva commencèrent à appliquer aux bactéries dès 1915.

Au terme de cette première phase de son développement, la Chimie bactérienne avait acquis les techniques essentielles, identifié les constituants fondamentaux de la matière vivante, et élucidé les mécanismes élémentaires des activités métaboliques. Il restait encore à établir comment les pièces de ce puzzle s'intégraient dans la cellule et comment les macromolécules dont elle est constituée étaient formées et agissaient. Le rôle informatif de l'ADN dans la synthèse protéique n'allait pas tarder à émerger. C'est le lien avec la génétique amorcé par les études sur l'enzymologie bactérienne de Beadle et Tatum d'une part et de Jacques Monod d'autre part, qui permit l'apparition de la Biologie moléculaire.

## LA GÉNÉTIQUE MICROBIENNE

La génétique s'était d'abord développée en utilisant exclusivement comme matériel d'étude les plantes et les animaux supérieurs, organismes chez lesquels l'existence de variations morphologiques était évidente et permettait l'étude de leur transmission héréditaire. L'analyse précise de la forme des pois et de la coloration de leurs fleurs conduisit Gregor Mendel (1822-1884) à découvrir, en 1865, les lois fondamentales de la génétique formelle. Ces lois passèrent inaperçues jusqu'à ce que Hugo de Vries, Carl Correns et Tchermack retrouvent simultanément et indépendamment, en 1900, les lois de la ségrégation.

De 1900 à 1940, la génétique des organismes supérieurs connut un développement considérable. De Vries introduisit, en 1901, la notion et le terme de mutation. Utilisant comme matériel d'étude la mouche du vinaigre, *Drosophila melanogaster*, Thomas Morgan édifia à partir de 1910 la théorie chromosomique de l'hérédité et expliqua de nombreuses observations qui paraissaient contredire les lois mendéliennes par les recombinaisons entre matériels génétiques provenant des deux parents. En 1909, Correns découvrit chez les plantes un autre type de variation héréditaire, contrôlées par des facteurs non chromosomiques. Enfin, Hermann J. Müller formula de 1920 à 1926 le grand principe du caractère spontané des mutations et démontra l'action mutagène des rayons X.

Au cours de cette longue période, la plupart de généticiens et des microbiologistes s'accordaient à penser que les concepts et les méthodes

© Dunod – La photocopie non autorisée est un délit.

de la génétique ne pouvaient être appliqués aux micro-organismes en général et aux bactéries en particulier. L'existence chez les bactéries de variations morphologiques et fonctionnelles semblables à celles des plantes et de la drosophile avait cependant été reconnue dès le début du siècle. Mais les interprétations données à ces faits étaient aussi incertaines que variables. On pensait que l'hérédité des bactéries, organismes dépourvus de noyau, était probablement régie par des mécanismes fondamentalement distincts de ceux des organismes supérieurs, dont le noyau était le siège de l'information héréditaire. De plus, l'absence apparente de reproduction sexuée chez les bactéries semblait exclure la possibilité d'employer avec les bactéries les méthodes classiques d'analyse génétique par étude des hybrides. Enfin beaucoup de bactériologistes estimaient que la plupart des variations bactériennes, si ce n'est toutes, étaient d'origine purement phénotypique, et consistaient dans des adaptations induites par le milieu. Reprenant des idées anciennes sur le pléiomorphisme des bactéries, d'autres auteurs considéraient certaines variations comme de simples stades évolutifs du développement de ces organismes.

Pour expliquer les erreurs innées du métabolisme que les généticiens du début du XX^e^ siècle commençaient à observer, il fallait admettre que des facteurs génétiques de nature inconnue contrôlaient la synthèse de protéines enzymatiques et que des mutations dans ces facteurs se répercutaient dans un défaut de fonctionnement des enzymes placées sous leur contrôle. Cette hypothèse fut élucidée par George Beadle (1903-1989) et Edward Tatum (1909-1975) sur le champignon ascomycète *Neurospora crassa*, dont le cycle était bien connu depuis les travaux du mycologue allemand Anton de Barry (1831-1888). Les cellules de *N. crassa* s'avéraient capables de pousser sur un milieu minimal contenant du glucose comme source de carbone, du chlorure d'ammonium comme source d'azote, du phosphate et des oligoéléments. Beadle et Tatum induisaient des mutations du champignon en irradiant les cellules par les rayons X. Les mutants obtenus étaient sélectionnés sur la base de leur incapacité à assurer la production d'un métabolite particulier, par exemple un acide aminé dans une chaîne de réactions enzymatiques. En 1945, 60 000 cultures de *N. crassa* avaient été réalisées et avaient révélé une centaine de mutations d'enzymes impliquées dans des chaînes métaboliques. L'idée qui émergeait de ces expériences était qu'il existe une relation entre la présence d'un gène et la synthèse d'une enzyme, ce que Norman Horowitz (1915-2005) traduisit en 1948 par la formule lapidaire : un gène-une enzyme.

L'impact des expériences de Beadle et Tatum fut considérable. En quelques années, en combinant des mutations bloquant des réactions du métabolisme avec l'utilisation de molécules radiomarquées, biochimistes et microbiologistes accomplirent un remarquable travail de décryptage qui conduisit à l'établissement de cartes métaboliques. Les résultats acquis en biochimie microbienne servirent à explorer les chaînes métaboliques chez les eucaryotes supérieurs. Ils eurent un impact déterminant pour la génétique microbienne. D'ailleurs, Müller avait fait en 1921 un rapprochement remarquable entre le bactériophage et les gènes des chromosomes, leur manipulation dans des tubes pouvant représenter un modèle d'étude pour la génétique. Il prophétisa alors que les généticiens devraient se transformer en bactériologistes, ce qui se vérifia plus tard, les potentialités élevées des bactéries leur permettant de fournir en un temps très court plusieurs générations de très nombreux individus, au sein desquels apparaissaient des mutations.

Les micro-organismes permirent d'abord de répondre à l'une des questions fondamentales de la génétique, celle de la nature du matériel génétique transmis aux descendants et responsable de la réapparition chez ceux-ci des caractères parentaux. L'analyse de la recombinaison sexuée chez l'ascomycète *Neurospora* (Dodge, 1935) et chez les levures (Winge, 1935) avait permis d'étendre à ces micro-organismes les méthodes usuelles de la génétique. Mais, trouvant le champignon *Neurospora crassa* trop complexe pour des études génétiques, Max Delbrück se tourna vers un modèle plus simple, celui du bactériophage T2 de la bactérie *Escherichia coli* K12. Car il était devenu manifeste que chez tous les êtres vivants, depuis les virus jusqu'aux organismes supérieurs, l'hérédité était assurée par des processus fondamentaux identiques.

Le modèle phage-bactérie fut extrêmement fécond au développement de la génétique microbienne et à l'avènement de la biologie moléculaire. Deux écoles se distinguèrent tout particulièrement à cette époque (Figure 26) : le groupe du phage à Cold Spring Harbor, regroupant autour de Max Delbrück et Salvador Luria de nombreux chercheurs européens ayant fui le nazisme, dont Emory Ellis, Thomas Anderson et S. S. Cohen, et à l'Institut Pasteur, à Paris, le Service de Physiologie bactérienne dirigé par André Lwoff. Ce service comprenait deux pôles : le laboratoire de Jacques Monod, où travaillaient deux de ses collaboratrices, Germaine Cohen-Bazire et Annamaria Torriani, avec une assistante technique, Madeleine Jolit, et, à l'autre extrémité, « du côté de chez Lwoff », un petit groupe était constitué

© Dunod – La photocopie non autorisée est un délit.

par Lwoff, sa femme Marguerite et Pierre Schaeffer, auquel vint s'adjoindre en 1944 Élie Wollman. Enfin, François Jacob se joignit au groupe en 1949.

**Figure 26.** Le Premier Colloque International sur le Bactériophage réunit en 1952 à Royaumond le gotha des biologistes moléculaires et fut l'occasion de débats passionnants sur la génétique microbienne non mendélienne. On reconnaît entre autres : Max Delbrück (1), Boris Ephrussi (2), François Jacob (3), Arthur Pardee (4), Jacques Monod (5), Jim Watson (6) et André Lwoff (7). © *Institut Pasteur*

## L'ADN SUPPORT DE L'HÉRÉDITÉ

En 1928, le bactériologiste britannique Fred Griffith (1877-1941) avait découvert le phénomène de la transformation des pneumocoques, à la base de l'identification de l'ADN comme support chimique de l'hérédité. Nous avons déjà vu (chapitre 5) que Griffith utilisait deux types de pneumocoques : une forme sauvage, virulente, qui donnait des colonies à surface lisse (S ou « smooth ») sur gélose nutritive et le variant R non virulent, qui proliférait sur gélose sous forme de colonies rugueuses (« rough »). Les souris ayant reçu du pneumocoque R restaient indemnes, alors que celles inoculées avec du pneumocoque S mouraient de pneumonie et de septicémie. Lorsque les pneumocoques S étaient préalablement tués par la chaleur, ils n'avaient plus d'effet pathogène sur les souris. Or l'inoculation simultanée de pneumocoques R vivants et de pneumocoques S tués déclenchait une septicémie mortelle, et l'hémoculture mettait en évidence un foisonnement de pneumocoques S. Les pneumocoques R avaient été transformés en pneumocoques S.

Ce phénomène de la transformation d'une souche non virulente en souche virulente par une entité thermostable issue de la souche virulente inactivée par chauffage resta inexpliqué jusqu'au début des années quarante. En 1944, en effet, Oswald Avery (1877-1955) et ses deux assistants Colin Mac Leod (1909-1972) et Maclyn Mc Carty (naissance en 1911) démontraient que le facteur transformant soluble était l'ADN de la bactérie donatrice. Ces trois chercheurs avaient purifié à partir des pneumocoques S une substance visqueuse, de composition chimique répondant à l'ADN et où ils ne détectaient pas de traces de protéines. Cette substance ajoutée à une suspension de pneumocoques R induisait la transformation des bactéries R en bactéries S. La substance traitée avec la désoxyribonucléase perdait son activité, alors que la ribonucléase était sans effet. Cette découverte capitale reçut un accueil réservé, car à cette époque l'ADN était considéré comme une structure sans spécificité, constituée par une répétition monotone de motifs tétranucléotidiques, ce qui contrastait avec la spécificité de reconnaissance des protéines enzymatiques pour leur substrat. Ces arguments incitaient à rechercher dans les protéines plutôt que dans l'ADN le support de l'hérédité. Le rôle informatif de l'ADN dans la cellule ne fut définitivement admis qu'en 1952, avec les expériences d'Alfred Hershey (1908-1997) et de son élève Martha Chase (naissance en 1927) sur le bactériophage T2 d'*E. coli*. Ils montrèrent clairement que les deux composants du phage avaient des fonctions différentes. La protéine représentait l'enveloppe externe, antigénique du phage, sorte de coque destinée à protéger l'ADN du phage. Après fixation du phage à la surface de la cellule, l'ADN du phage était injecté et s'emparait de la commande génétique de la bactérie.

Un deuxième processus de transfert génétique chez les bactéries fut découvert en 1946 par Joshua Lederberg et Edward Tatum : la

© Dunod – La photocopie non autorisée est un délit.

conjugaison. En mélangeant deux souches d'*Escherichia coli* présentant plusieurs déficiences métaboliques, ces deux auteurs obtinrent des recombinants qui avaient retrouvé toutes leurs capacités métaboliques. Hayes montra plus tard que le contact était nécessaire à la conjugaison, qui représentait en fait un accouplement entre bactéries de sexe opposé, celles de type mâle donnant l'information génétique, les autres de type femelle la recevant. Le caractère mâle correspondait à la présence chez la bactérie donatrice d'une structure d'ADN circulaire extra-chromosomique, capable de se transmettre lors de la conjugaison. Chez d'autres bactéries, le caractère mâle qui se transmettait était intégré dans le chromosome bactérien, et transmis héréditairement à la descendance des bactéries. L'analogie de ces structures avec les phages lytiques hors du chromosome bactérien et les phages tempérés intégrés dans le chromosome bactérien amena François Jacob et Élie Wollman, en 1961, à l'élaboration du concept d'épisome, fragment d'ADN extra-chromosomique capable de se répliquer tantôt de façon autonome dans le cytoplasme bactérien, tantôt avec le chromosome bactérien. Ces mêmes auteurs, réalisant des séries de croisements interrompus à des intervalles réguliers, purent dresser les premières cartes génétiques d'*E. coli* et démontrèrent par une approche strictement génétique que le chromosome de cette bactérie était circulaire, ce qui fut confirmé quelques années plus tard à la fois par autoradiographie et par microscopie électronique.

Un troisième mode de transfert génétique fut découvert en 1951 par Lederberg et ses collaborateurs. Au cours de la transduction, le contact entre bactéries n'était pas indispensable pour obtenir des recombinants, les bactéries pouvant être séparées par un filtre de verre fritté. Zinder et Lederer démontrèrent que le principe transducteur était un phage tempéré pour lequel une des deux souches bactériennes était lysogène. Au cours de la réplication de ce phage, une partie du matériel génétique de la souche bactérienne infectée était intégré dans l'ADN du phage et pouvait être transmis ultérieurement à une autre bactérie qui devenait elle-même lysogène. On s'aperçut plus tard que, selon les phages, la transduction pouvait être généralisée (le phage possède une nucléase qui fragmente le chromosome bactérien en divers morceaux, n'importe quel fragment du chromosome pouvant être transféré) ou restreinte (qui s'intègre toujours au même endroit du chromosome bactérien, par exemple au niveau du gène de la β-galactosidase, pour le phage λ d'*E. coli*).

L'enzyme de réplication de l'ADN fut purifiée en 1955 par Arthur Kornberg, à partir d'extraits d'*E. coli*. Cette enzyme était capable de synthétiser un ADN complémentaire d'un fragment d'ADN introduit à l'état de traces dans un milieu d'incubation. Cette enzyme qu'il appela ADN polymérase, devint plus tard la polymérase I. Le mécanisme de la réplication des deux brins d'ADN fut décrit par le Japonais Reiji Okasaki.

## LA DÉCOUVERTE DES MÉCANISMES DE LA SYNTHÈSE DES PROTÉINES

Jusqu'en 1950, on ignorait tout de la façon dont les protéines étaient synthétisées. L'hypothèse en vogue chez les biochimistes était celle de la réversibilité de la protéolyse. La biochimie bactérienne apporta une contribution décisive à la solution de ce problème, en permettant en particulier de faire le lien entre l'ADN et les complexes des acides aminés avec des ARN solubles de faible poids moléculaire que découvrirent Hoagland et Zamenick. Ces ARN solubles furent appelés ARN de transfert, car ils transféraient vers les acides aminés l'information contenue dans les ARN messagers, découverts par Jacques Monod dans les années cinquante.

Depuis que la structure de l'ADN avait été magistralement découverte par James Watson et Francis Crick en 1953, la recherche du code génétique se poursuivait dans de nombreux laboratoires. Crick et Gamov optèrent pour un code par triplet de paires de bases, dont la réalité fut expérimentalement démontrée au début des années soixante. Il restait à déchiffrer le code exact et à élucider la façon dont l'information était transmise de l'ADN aux ribosomes.

Les nombreuses expériences effectuées par Jacques Monod sur la synthèse de la β-galactosidase conduisirent non seulement à la compréhension des mécanismes de la régulation génétique (voir paragraphe suivant), mais aussi à la découverte de l'ARN messager. Avec François Jacob, Jacques Monod postula qu'il devait exister un intermédiaire de nature nucléotidique, un messager, capable de porter l'information détenue par le gène codant la β-galactosidase vers la machinerie de synthèse de cette β-galactosidase au niveau des ribosomes. La nature ribonucléique du messager fut expérimentalement confirmée en 1961 par plusieurs groupes, dont celui de James Watson, avec François Gros, et celui de Sidney Brenner, avec François Jacob et Matthew Meselson. De même, Jerard Hurtwitz et Samuel Weiss montrèrent que les bases de l'ARN messager étaient complémentaires de celles de la chaîne d'ADN qui avait servi à initier la réaction. À la fin

© Dunod – La photocopie non autorisée est un délit.

des années soixante, l'ARN polymérase d'*E. coli* était purifiée et s'avérait capable de synthétiser les trois types d'ARN, messager, de transport et ribosomal.

Le décryptage du code génétique fut l'affaire des années soixante. Deux chercheurs du National Institute of Health de Bethesda, Marshall Nirenberg et Johan Matthaei, avaient mis au point une méthode de synthèse protéique *de novo*, avec des extraits d'*E. coli* contenant tous les ARN de transfert et à partir d'acides aminés radiomarqués. Ils remarquèrent que la désoxyribonucléase inhibait la synthèse protéique, autrement dit que l'ADN était nécessaire à cette synthèse. Dans d'autres expériences de synthèse, ils découvrirent que l'addition d'acide polyuridylique initiait la synthèse d'un oligopeptide constitué essentiellement de phénylalanine. Nirenberg montra en 1964 que des triribonucléotides avec des séquences nucléotidiques définies facilitaient la fixation de complexes radiomarqués d'aminoacyl-ARNt spécifiques sur des ribosomes d'*E. coli*. Des correspondances entre triplets nucléotidiques et acides aminés commencèrent alors à être établies. Le chimiste Gobind Khorana et son équipe préparèrent par synthèse chimique de courtes chaînes d'oligodésoxyribonucléotides, qui furent transcrites en ARN en présence de l'ARN polymérase dépendante d'ADN. Avec un protocole voisin de celui de Nirenberg, ils obtinrent des polypeptides dont la séquence en acides aminés était le reflet de la séquence en codons de l'ARN ajouté au milieu d'incubation. En 1966, le code génétique était totalement décrypté. Marshall Nirenberg et Gobind Khorana se virent attribuer, avec Robert Holley, le Prix Nobel de physiologie et Médecine en 1968.

Ainsi, une dizaine d'années après la découverte de la structure de l'ADN, le mécanisme de la synthèse protéique cellulaire était élucidé et l'enchaînement des évènements de l'ADN à la protéine *via* l'ARN messager érigé en dogme central de la biologie moléculaire.

## LA RÉGULATION GÉNÉTIQUE DE LA SYNTHÈSE PROTÉIQUE

Le premier exemple de la nature génétique du contrôle de la transcription fut apporté avec la découverte du phénomène de la lysogénie que nous avons décrit plus haut (chapitre 7). Travaillant sur la souche bactérienne *E. coli* K12 infectée par le phage tempéré λ, André Lwoff (1902-1994) montra qu'une irradiation ultraviolette de bactéries lysogéniques, c'est-à-dire porteuses du bactériophage, mais apparemment normales, induisait la lyse bactérienne. L'induction lytique par irradiation ultraviolette suggérait qu'en absence d'irradiation, l'expression virale était réprimée et que l'irradiation abolissait la répression.

C'est au groupe de Jacques Monod que l'on doit la compréhension du mécanisme de la régulation génétique de la synthèse des protéines, grâce à une série de recherches qu'ils menèrent à l'Institut Pasteur entre 1953 et 1960, et qui leur valurent le Prix Nobel de Médecine et Physiologie en 1965. Entré à l'Institut Pasteur en 1938, Jacques Monod avait étudié la cinétique de croissance des colibacilles sur divers milieux de culture. Il observait que leur courbe de croissance, régulière en présence de glucose seul, se décomposait en deux poussées successives en présence d'un mélange de glucose et de lactose : les bactéries se montraient donc capables d'utiliser secondairement le lactose, après épuisement du glucose. Ce phénomène d'adaptation enzymatique avait été entrevu par Émile Duclaux au début du siècle, puis étudié par Marjorie Stephenson en 1940. Mais il n'avait pas trouvé d'explication. Jacques Monod s'était dès lors attaché à démontrer le mécanisme par lequel les bactéries parvenaient à développer l'équipement enzymatique leur permettant d'utiliser le lactose. La caractérisation de la β-galactosidase, une enzyme capable de scinder le lactose en galactose et glucose, constitua une étape essentielle dans cette recherche. Recherchant le mécanisme permettant au colibacille de produire cette enzyme en cas de besoin, Jacques Monod étudia toute une série de sucres susceptibles de se comporter en inducteurs de la galactosidase. Il constata que certains composés se comportaient en inducteurs et d'autres en inhibiteurs. Ces expériences révélèrent que la synthèse de la bêta-galactosidase était induite d'emblée et se développait régulièrement, ce qui excluait l'idée première d'un précurseur commun. Il s'agissait d'une synthèse *de novo*, un concept novateur pour l'époque.

Jacques Monod eut l'idée que l'agent inducteur devait agir sur un constituant autre que l'enzyme. Sur une souche mutante capable de synthétiser une tryptophane-synthétase, Monod constata que cette synthèse pouvait être bloquée par l'addition de tryptophane, selon un mécanisme de régulation rétroactive mettant en jeu une répression plutôt qu'une induction. Avec Georges Cohen et Howard Rickenberg, il suggéra que la synthèse inductible ou constitutive de plusieurs enzymes distinctes, en l'occurrence la β-galactosidase et la perméase, pouvait être gouvernée par un même déterminant génétique n'ayant apparemment aucune influence sur la structure même de ces enzymes. Avec Arthur Pardee et François Jacob, Jacques Monod démontra, dans la célèbre expérience « PaJaMo » que la synthèse de la β-galactosidase

© Dunod – La photocopie non autorisée est un délit.

était normalement réprimée du fait de la synthèse d'un répresseur, et que l'inducteur, un β-galactoside, levait cette inhibition en bloquant le répresseur. La répression pouvait être considérée comme le symétrique négatif de l'induction. C'était la première démonstration que des gènes pouvaient réguler l'expression d'autres gènes.

François Jacob et Jacques Monod proposèrent un modèle, dit de l'opéron lactose, pour expliquer l'induction et l'expression coordonnées de la β-galactosidase, de la lactose perméase et de la transacétylase. Les gènes de structure voyaient leur expression coordonnée par un gène opérateur, auquel s'ajoutait un gène régulateur négatif codant pour une protéine inhibitrice, le répresseur (Figure 27).

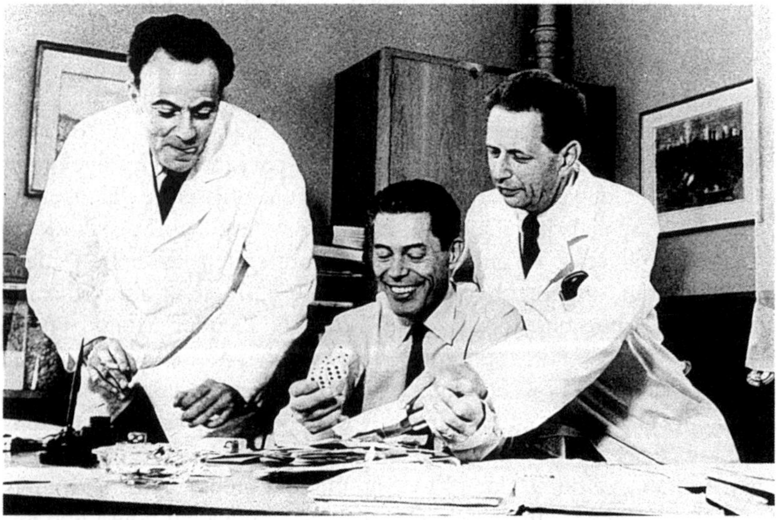

**Figure 27.** Avec (de gauche à droite) François Jacob, Jacques Monod et André Lwoff, les microbes ne sont plus seulement étudiés comme source de maladies, mais pour la connaissance qu'ils apportent sur les êtres vivants. Le Prix Nobel de Physiologie et Médecine couronna, en 1965, leurs découvertes sur la régulation génétique de la synthèse d'enzymes et de virus. © *Institut Pasteur*

## DE L'ENZYMOLOGIE À L'INGÉNIERIE GÉNÉTIQUE

Dans les années 1970 apparut une nouvelle méthodologie basée sur les manipulations de l'ADN, grâce à la découverte d'enzymes agissant préférentiellement sur les acides nucléiques, telles les enzymes de restriction qui coupent de façon spécifique des liaisons intranucléotidiques dans l'ADN. Leur découverte résulta du développement des études sur les bactériophages. On remarqua que des bactériophages qui se développaient bien dans une souche bactérienne se développaient mal lorsqu'ils étaient transférés dans une autre souche de la même espèce. Ce phénomène fut décrit comme résultant d'une restriction du développement du phage imposé par l'hôte. À la fin des années 1960, Werner Arber et Hamilton Smith découvrirent l'existence d'enzymes microbiennes capables de couper l'ADN double-brin, au niveau de séquences spécifiques de 4 à 6 bases, les enzymes de restriction. Ces auteurs, avec Daniel Nathans se virent attribuer le Prix Nobel de physiologie et médecine en 1978. De très nombreuses enzymes de restriction furent découvertes, dont le nom commence par trois lettres indiquant la bactérie qui l'a produite (par exemple *Eco*RI vient de *E. coli*, ou *Bam*HI de *Bacillus amyloliquefaciens*). L'emploi d'un choix approprié de ces enzymes permet d'obtenir un découpage précis de l'ADN en des oligonucléotides, que l'on appelle fragments de restriction, à la base de diverses techniques permettant la réalisation d'une véritable carte d'identité génétique d'une très grande spécificité.

La découverte de la transcriptase inverse remonte aux travaux de Howard Temin (1934-1994), en 1964, à qui il était apparu que la synthèse de l'ADN était nécessaire à la croissance d'un virus à ARN. Il avait en effet montré que l'infection de la poule par le virus du sarcome de Rous, virus à ARN, était bloquée par des inhibiteurs de la synthèse d'ADN. En 1970, le même Temin et David Baltimore découvrirent indépendamment une enzyme que les rétrovirus utilisaient pour copier leur génome d'ARN en ADN, et qui s'intégrait dans le génome de la cellule hôte. Cette enzyme fut dès lors utilisée pour construire des copies d'ADN complémentaires à partir de n'importe quel ARN.

Ces découvertes ouvrirent la porte au développement du séquençage systématique des organismes, et au-delà à une discipline fructueuse à laquelle on donna le nom de génie génétique.

## LE SÉQUENÇAGE DES GÉNOMES MICROBIENS

En 1958, Matthew Meselson et Franklin Stahl validaient sur *Escherichia coli* l'hypothèse de la réplication semi-conservative de l'ADN suggérée par Watson et Crick dans leur description de la structure en double hélice de l'ADN. Frederick Sanger (Figure 28) proposa une méthode de séquençage des nucléotides de l'ARNt fondée sur la révélation des résidus marqués au phosphore radioactif 32P par électrophorèse ou

© Dunod – La photocopie non autorisée est un délit.

chromatographie suivie d'une autoradiographie, qui permit d'établir les séquences des signaux d'initiation et de la synthèse protéique sur l'ARN, et d'élucider la séquence totale d'un virus à ARN d'*E. coli*-M52. Abordant en 1968 le problème plus complexe de la détermination de la séquence de l'ADN, Sanger réussit à mettre au point une technique enzymatique qualifiée de « plus ou moins » qui aboutit au séquençage de l'ADN génomique du phage ΦX174.

**Figure 28.** Les techniques de séquençage de l'ARN, puis de l'ADN, mises au point par Frederick Sanger, ouvrirent la voie au séquençage systématique des êtres vivant, en commençant par les micro-organismes. *Cliché Richard Summers, © Wellcome Trust Sanger Institute, Cambridge*

Walter Gilbert mit au point une méthode chimique de séquençage des acides nucléiques en interrompant spécifiquement la chaîne d'ADN au point A, T, G ou C par des réactions chimiques. Gilbert et Sanger obtinrent en 1980 le Prix Nobel de Chimie pour leurs contributions à la détermination des séquences de base dans les acides nucléiques. Ces travaux ouvrirent la voie au séquençage de nombreux organismes, qui se réalisa d'autant plus rapidement que la méthode put être robotisée.

Le premier génome bactérien à être totalement décrypté fut celui de la bactérie *Haemophilus influenzae* (1,83 million de paires de bases) en 1995. Il fut suivi par le séquençage d'une vingtaine de micro-organismes en moins de cinq ans, dont celui de la levure *Saccharomyces cerevisiae* (13 millions de paires de bases) en 1996. L'année 2000 connut la publication des génomes, entre autres, de *Neisseria meningitidis*, *Listeria monocytogenes*, *Mycobacterium leprae*, *Vibrio cholerae* et *Pseudomonas aeruginosa*. Depuis, le génome de plus d'une centaine d'autres micro-organismes a été entièrement séquencé. L'étape engagée a maintenant pour objet l'exploitation des données du séquençage, c'est celle de la génomique fonctionnelle.

Chapitre **9**

# De la quinine aux antibiotiques : les grandes étapes de la thérapeutique anti-microbienne

Avant l'émergence de la théorie microbienne des maladies, dans la période antérieure à Pasteur et Koch, les maladies infectieuses n'étaient globalement pas reconnues en tant que telles. À part certaines maladies éruptives et/ou à forte connotation dermatologique, telles la variole, la lèpre ou la syphilis, seules les fièvres étaient individualisées, en particulier les fièvres tierce et quarte du paludisme. Les moyens employés pour les traiter furent d'abord empiriques, basés sur des croyances populaires et mêlaient des ingrédients variés, animaux ou végétaux, à des formules magiques ou à des prières. Parmi les pratiques magiques, Pline recommandait le port autour du cou d'un sachet contenant la plus longue dent d'un chien noir ou la première guêpe de l'année. Les punaises de lits furent utilisées soit à titre magique (Pline préconisait d'en porter une paire attachée au bras gauche dans de la laine de mouton) soit sous forme de prescription, absorbées avec des gousses d'ail selon Dioscoride, médecin militaire grec servant sous Néron. De même, au XIII$^{e}$ siècle, Serenus Samonicus prescrivait

© Dunod – La photocopie non autorisée est un délit.

d'écraser des punaises dans l'ail contre les fièvres quartes ou dans l'œuf contre les fièvres tierces, et de les absorber avec du vin. De très nombreuses plantes furent également employées : racines de potentille écrasées dans de l'eau ou trèfle dilué dans le vin, selon Hippocrate, graines d'arnica, de réglisse ou de pois chiches selon Pline, camomille selon Plutarque, bourrache, endive, laitue, euphorbe, capillaire de Vénus, selon Carnificis et Pierre d'Auxonne, médecins de la Faculté de Paris au XV^e^ siècle.

Métaux et substances extraites de plantes furent les premiers médicaments anti-infectieux utilisés. Arsenic et antimoine s'employaient dès l'antiquité et deux antipaludéens d'origine naturelle furent utilisés pendant plusieurs siècles par des civilisations traditionnelles. Le qing-hao ou *Artemisia annua* d'abord, est une plante recommandée dès le IV^e^ siècle dans le « Manuel des prescriptions pour les cas d'urgence » du Chinois Ge-hong, aussi bien en décoction ou en moxibustion pour traiter les fièvres palustres ou en fumigations contre les moustiques. Mais l'efficacité du qing-hao et de son alcaloïde l'artémisinine ou qing-hao-su, ne fut reconnue par la médecine occidentale qu'à la fin du XX^e^ siècle. À l'inverse, l'écorce d'un arbre sud-américain, le quinquina, utilisée par les populations traditionnelles du Pérou fut ramenée en Europe au XVII^e^ siècle et demeura pratiquement le seul traitement efficace utilisé contre les fièvres durant trois siècles. L'isolement des alcaloïdes de l'écorce de quinquina, en particulier la quinine, par les deux chimistes français Pelletier et Caventou en 1820, déclencha une véritable course à la synthèse, au cours de laquelle s'illustra William Henry Perkin, jeune étudiant du chimiste allemand August Wilhelm von Hofmann, au Royal College of Chemistry de Londres. Parmi divers essais de synthèse de la quinine à partir des goudrons de houille dont il était spécialiste, Perkin essaya, en 1856, l'oxydation du sulfate d'aniline par le bichromate de potassium. Il obtint un précipité violet foncé principalement composé d'un colorant (light-fast dye) appelé d'abord aniline pourpre, et plus tard « mauve ». Perkin breveta le mauve qui devint le colorant à la mode et se lança dans l'industrie des colorants qui devint florissante, particulièrement en Allemagne.

Les colorants, aniline en tête, n'influencèrent pas seulement la mode. Ils révolutionnèrent l'histo-pathologie. Paul Ehrlich, souvent qualifié de père de la chimiothérapie, appliqua ces produits à la coloration différentielle des tissus et des micro-organismes. Son observation sur les différences d'affinité des colorants vis-à-vis des tissus et des micro-organismes a fourni la base rationnelle du principe de toxicité sélective qui a servi de guide à la recherche d'une chimiothérapie efficace. Paul

Ehrlich étudia d'abord l'activité anti-microbienne des colorants et de leurs dérivés, puis il passa à l'étude systématique des arsenicaux qu'il pensait doués des mêmes propriétés. L'avancée la plus spectaculaire des recherches allemandes sur les colorants fut sans aucun doute la découverte du prontosil, précurseur des sulfamides. Le succès des sulfamides démontra le bien-fondé du rêve de la thérapeutique anti-microbienne salvatrice. Il amena un climat de stimulation intellectuelle qui rendit bientôt possible la découverte des antibiotiques.

Avec les antibiotiques, on quittait, momentanément, le domaine de la chimie, pour des produits microbiens, renouant en quelque sorte avec des produits naturels. L'ère des antibiotiques transforma totalement l'univers des maladies infectieuses, au point qu'on pensa un temps pouvoir les faire disparaître grâce à eux. Enfin les antiviraux représentent la dernière catégorie d'agents anti-infectieux, d'apparition actuelle, en liaison avec le développement plus récent de la virologie.

## LES SUBSTANCES NATURELLES

### La quinine

Les opinions divergent sur la découverte des vertus médicinales de l'écorce de quinquina. Les connaissances médicales des civilisations précolombiennes ne sont parvenues qu'à travers les récits des conquistadores et des prêtres qui les accompagnaient et dont les interprétations sont sujettes à caution. Il semble toutefois que les indigènes utilisaient le quinquina bien avant l'arrivée des Espagnols. Pour le botaniste Joseph de Jussieu, auteur en 1738 d'une Histoire des arbres à quinquina, les Indiens Malacotos de la région de Loxa (actuellement Loja) au Pérou auraient été les premiers découvreurs des propriétés fébrifuges de l'écorce de cet arbre. Un manuscrit trouvé par La Condamine dans un couvent de Loxa indique qu'en 1600, c'est-à-dire avant la date généralement assignée à la découverte du quinquina, les Européens de cette province connaissaient les propriétés de l'arbre. Et c'est précisément à cet endroit que se place l'histoire classique de la découverte européenne du quinquina. Vers 1630, un jésuite et un officier de justice espagnol de la ville de Loxa atteints de fièvres graves furent sauvés par un chef de la tribu des Malacotos qui leur fit absorber de la poudre de l'écorce d'un arbre, le « yarachuchu carachuchu », littéralement « arbre pour les frissons de la fièvre ». Quelques années plus tard, l'officier de justice, ayant appris que l'épouse du Vice-roi, doña Francisca Enriquez de Rivera, comtesse de El Chinchon, était gravement

© Dunod – La photocopie non autorisée est un délit.

atteinte de fièvre tierce, lui envoya de la poudre qui la sauva à son tour. Cette histoire, dont il existe diverses variantes, est controversée. Elle n'est pas citée dans l'histoire détaillée de l'arrivée du quinquina écrite par de Blegny en 1683, seulement 40 ans après l'introduction du produit en Europe. Pourtant le nom de « poudre de la Comtesse » fut l'un des noms donné à la drogue et le nom générique *Cinchona* donné à l'arbre par Linné en 1745 le fut par référence à la comtesse, dont le nom fut orthographié à l'italienne : Cinchon. Toujours est-il que l'écorce du quinquina fut introduite par les jésuites en 1632 en Espagne puis en Italie. Elle fut commercialisée par eux vers 1649. Les jésuites gardèrent longtemps le monopole de sa vente, d'où le nom de « poudre des jésuites » qu'elle prit, ou encore celui de « écorce du Cardinal », par référence au cardinal Juan de Lugo qui la fit distribuer gratuitement aux pauvres de la ville de Rome. Son usage se répandit très vite en Italie et commença à gagner, avec plus ou moins de facilité, divers pays d'Europe.

En Angleterre, Robert Talbor, un aide-apothicaire ou un médecin (sa qualification professionnelle exacte est incertaine), administrait la poudre d'écorce du quinquina mélangée à d'autres plantes odorantes qui masquaient l'amertume du produit. Son mérite fut essentiellement de proposer des formes galéniques d'administration facile et de saveur agréable qui rencontrèrent un vif succès. Ayant guéri grâce à ce produit le roi Charles II en 1679, il gagna le titre de médecin ordinaire de sa Majesté, mais il émigra en France, à la suite d'ennuis avec ses confrères anglais. Avec sa formule, connue désormais sous le nom de « remède anglais contre les fièvres », il soigna avec succès plusieurs personnalités de la Cour, dont le Dauphin et la Dauphine, le prince de Condé, Colbert, Bossuet, les ducs de Chartres et de Bourgogne. Louis XIV lui acheta son secret pour 48 000 livres or et lui décerna le titre de Chevalier, sous le nom francisé de Talbot, avec une rente viagère de 2 000 livres. À sa mort en 1681, Louis XIV fit rendre publique la recette de Talbot. Nicolas de Blegny, chirurgien ordinaire de Monsieur, publia sur ordre du roi, en 1683, un ouvrage sur l'histoire des quinquinas et leur usage dans le traitement des fièvres. Dès lors l'usage du quinquina se répandit très vite en France. Mais, là comme ailleurs, en dépit de succès spectaculaires, le quinquina donna lieu à de nombreuses controverses dans le monde médical de l'époque. D'autant que le produit fut administré indistinctement dans tous les états fébriles. De plus son efficacité était variable en raison des contrefaçons et de l'importation de faux quinquina que provoquait la flambée des prix, résultat de l'usage intensif de la drogue. La résistance au quinquina avait aussi des raisons religieuses, en particulier dans les pays de religion protestante, où la population refusait d'être soignée avec la « poudre des jésuites » par haine pour l'ordre de Saint Ignace. L'usage du quinquina se répandit également en Asie, apporté par les missions jésuites. L'empereur de Chine fut guéri par la poudre qui figura en 1871 dans le « Supplément à la matière médicale » de Zhao-xue-min, ouvrage qui complète la liste des anciens remèdes chinois par de nombreux produits nouveaux occidentaux.

Les besoins du monde en quinquina devinrent si importants qu'ils entraînèrent une exploitation intensive et non contrôlée dans les forêts renfermant diverses espèces naturelles de *Cinchona*. Des essais de culture et d'acclimatation furent tentés dans divers pays. Des missions d'étude, essentiellement françaises, se rendirent en Amérique du Sud pour étudier les quinquinas, dont existent trois espèces sauvages principales : le quinquina gris, *Cinchona officinalis*, décrit par Linné d'après un échantillon rapporté du Pérou par La Condamine, le quinquina rouge, *Cinchona succirubra* et le quinquina jaune, *Cinchona calisaya*. Des graines envoyées au Muséum d'Histoire naturelle de Paris par le botaniste anglais Weddel, et d'autres importées par l'allemand Hasskarl furent le point de départ de cultures de quinquina qui se développèrent rapidement en Inde, à Ceylan et en Malaisie à l'initiative des Anglais, et en Indonésie grâce aux Hollandais. La course à la production de quinine fut gagnée par les Hollandais qui en assurèrent très vite quatre-vingt-dix pour cent. La production de ces cultures fut telle que l'offre fut rapidement supérieure à la demande, ce qui provoqua, à la fin du XIX^e^ siècle l'effondrement des prix et la ruine de nombreux planteurs.

L'utilisation du quinquina se heurtait à la grande variabilité de concentration en principes actifs des échantillons, se traduisant soit par une inefficacité liée aux sous-dosages, soit par des effets indésirables imputables sans doute à des surdosages. Le développement de la chimie moderne au début du XIX^e^ siècle entraîna de nombreux chimistes à tenter l'extraction des principes actifs. Parmi eux, un Portugais, Antonio Bernardino Gomez prépara en 1812 un extrait d'alcaloïdes totaux qu'il appela cinchonino. Mais ce sont deux pharmaciens français, Pierre-Joseph Pelletier et Joseph-Bienaimé Caventou qui découvrirent les alcaloïdes des quinquinas. Perfectionnant les procédés d'extraction de leur devancier, ils obtinrent, à partir du quinquina gris, des cristaux blancs, qu'ils baptisèrent « cinchonine ». Recherchant cet alcaloïde dans le quinquina jaune, ils tombèrent sur une matière jaunâtre non cristalline, qu'ils décidèrent de nommer « quinine ». Passant au

© Dunod – La photocopie non autorisée est un délit.

quinquina rouge, ils constatèrent qu'il contenait à la fois quinine et cinchonine. Reprenant leurs études sur de plus grandes quantités de produits, Pelletier et Caventou s'aperçurent qu'en fait les trois principales espèces de quinquinas contenaient les deux alcaloïdes, dans des proportions variables. Les cliniciens reconnurent très vite que quinine et cinchonine étaient bien les principes actifs du quinquina, et que la quinine s'avérait le fébrifuge le plus efficace. Pourtant, la quinine fut, comme l'avait été le quinquina, l'objet de vives controverses dans le monde médical, avant d'être très largement utilisée, jusqu'au plus profond des campagnes.

Comprenant très tôt que leur découverte aurait des conséquences industrielles importantes, Pelletier et Caventou commencèrent à préparer de la quinine dans le laboratoire de l'officine de Pelletier. La demande devenant bientôt considérable, Pelletier s'associa en 1824 avec Jean-Baptiste Berthemot pour créer une usine de production à Neuilly-sur-Seine. Pelletier n'ayant pas souhaité avoir le monopole de sa découverte ni la protéger, d'autres unités de production virent le jour, aussi bien en France (celle de Levaillant, puis celle de Robiquet) qu'en Allemagne (celle de Boehringer) ou en Angleterre (celle de Howard). En 1826, la quantité de quinine produite par la France permit de traiter 1 440 000 personnes, c'est dire son succès, cinq ans seulement après sa découverte.

## L'armoise

Pendant des années, le monde occidental a affirmé que la quinine était le plus ancien produit antipaludique existant, oubliant qu'existaient d'autres traditions médicales hors d'Europe. La Chine, pays lui-même ravagé par le paludisme, avait une longue expérience du traitement des fièvres par les plantes médicinales. Dans un manuscrit de bambou de la Dynastie Mawangdhui Han, datant d'environ 168 av. J.-C., on trouve la description d'une plante commune, le *Qing-hao*, réputée pour ses vertus antipyrétiques. Le nom de cette plante et des instructions pour son emploi apparaissent dans plusieurs pharmacopées chinoises célèbres, dont la « Grande Pharmacopée », ou Ben Cao Gang Mu, un compendium en 15 volumes de la matière médicale classant les plantes médicinales chinoises, publié pour la première fois en 1596.

En 1972, des scientifiques chinois utilisant des techniques analytiques du XX$^{e}$ siècle, identifièrent le *Qing-hao* à l'armoise, *Artemisia annua*, et mirent en évidence parmi divers composés un sesquiterpène lactone à forte activité antipaludique, dirigé contre les stades sanguins du parasite, auquel ils donnèrent le nom de *Qing-hao-su*, ou artémisinine. Des études pharmacologiques menées en Chine, puis ensuite ailleurs dans le monde, ont montré que l'artémisinine était effectivement un puissant antipaludique au mode d'action différent des autres composés existants.

## L'huile de chaulmoogra

Le chaulmoogra n'occupe pas une place aussi glorieuse que le quinquina, bien qu'il ait une histoire au moins aussi ancienne et qu'il ait été longtemps l'unique remède de la lèpre. Selon la légende indienne, le roi Rama, de Bénarès, devenu lépreux fut guéri par la consommation des fruits du *kalaw*, nom local du chaulmoogra. Ce médicament fut introduit en Chine sous le nom de *ta-fung-chi*. Tchou Tan-ki (1281-1358) donna pour la première fois une formule anti-lépreuse à base de chaulmoogra, mais cette prescription était mal acceptée des malades à cause de son goût amer, jusqu'à ce que Li Che-tchen l'améliorât en 1690. Le produit était également employé par les médecins persans qui l'appelaient *chawul mongri*. Il fut introduit dans la médecine occidentale au XIX^e^ siècle par Frederic John Mouat, médecin anglais du Medical College Hospital de Calcutta.

Grands arbres de 20 à 25 mètres de hauteur, les chaulmoogras sont des Flacourciacées des genres *Taraktogenos* et *Hydnocarpus*. Le *Taraktogenos kurzii* est le chaulmoogra de l'Inde et de Birmanie. Les fruits du chaulmoogra, de la grosseur d'une orange, contiennent une pulpe sucrée entourant des graines qui fournissent une huile jaune. Dans ses usages traditionnels, l'huile de chaulmoogra était appliquée sur les zones lépreuses du corps ou se prenait par voie orale. Mais bien que l'administration orale soit plus efficace, elle était moins utilisée car causait d'intenses nausées aux patients. Dans le milieu des années 1890, l'huile commença à être utilisée en injections sous-cutanées et intramusculaires. Si cette voie atténuait la nausée, elle était douloureuse et produisait une forte réaction locale avec fièvre. En estérifiant cette huile, les chimistes en tirèrent vers 1908 les esters de chaulmoogra plus faciles à injecter. De même, par saponification, on obtint des sels de soude. Ces dérivés du chaulmoogra demeurèrent les remèdes classiques de la lèpre jusqu'à l'arrivée, dans les années 1940, des sulfamides et des sulfones. Ces derniers ne s'y substituèrent que lentement car leur toxicité et leur coût élevé, peu compatibles avec une utilisation de masse, contribuèrent à garder durant quelques années encore le chaulmoogra comme traitement principal de la lèpre, en association avec ces nouveaux produits. En 1953, un comité de spécialistes de

© Dunod – La photocopie non autorisée est un délit.

l'Organisation Mondiale de la Santé reconnut définitivement la supériorité des sulfones dans le traitement de la lèpre, ce qui fut confirmé la même année au Sixième Congrès international de la Lèpre à Madrid.

### Autres substances naturelles

L'ipecac, *Psychotria ipecacuanha*, est une petite plante sud-américaine aux vertus émétiques puissantes connues des Indiens. Les racines et le rhizome de la plante étaient empiriquement utilisés desséchés pour traiter la dysenterie amibienne dès le XVII^e siècle, et leur usage était commun parmi les Européens en Amérique latine et dans la Caraïbe. Talbot, l'homme de la quinine, employait l'ipécacuana en Europe et l'introduisit à Paris, où Helvetius l'utilisa pour traiter le Grand Dauphin et le confesseur de Louis XIV. Le principe actif du produit, l'émétine, fut isolé en 1817 par les Français Pierre-Joseph Pelletier et François Magendie et utilisé comme anti-amibien par voie parentérale par Leonard Rogers en 1912. Il est intéressant de noter une certaine analogie entre l'histoire de l'émétine et celle de la quinine.

Divers produits végétaux étaient utilisés comme anti-helminthiques. L'emploi de l'écorce de grenade est décrit dans les textes médicaux de l'ancienne Égypte. La térébenthine, l'huile de *Chenopodium*, les plantes aromatiques contenant thymol et santonine (en particulier les capitules de l'armoise) furent largement utilisées. Au Japon, on avait recours à un extrait sec d'une algue rouge, *Digenea simplex*.

## LES MÉTAUX ET LES ANTISEPTIQUES

L'utilisation de métaux en médecine remonte à l'antiquité. Arsenic et antimoine figuraient dans la pharmacopée de l'Égypte ancienne, où le sulfure d'antimoine était utilisé pour traiter les infections oculaires. Avec le mercure, ils furent empiriquement appliqués à certaines maladies infectieuses plus ou moins précocement, avant la période d'individualisation de ces maladies et la découverte des agents infectieux.

### L'antimoine

Durant des siècles, le tartrate d'antimoine, ou émétique, obtenu en laissant aigrir du vin dans une tasse d'antimoine métallique, fut utilisé pour traiter toutes sortes de maladies, en particulier pulmonaires. Il entre encore en Inde dans la constitution de certains remèdes traditionnels à base de plantes (*kushtays*). Il était tenu pour un poison puissant et fut utilisé à cet effet plusieurs fois dans l'histoire. À partir de 1908, le tartrate d'antimoine fut utilisé par voie intraveineuse chez des patients atteints de maladie du sommeil, et en 1912, il fut reconnu efficace pour traiter la leishmaniose cutanéo-muqueuse au Brésil. Son activité confirmée ensuite dans la leishmaniose viscérale, en Inde et en Italie, montra clairement son intérêt et la nécessité de synthétiser de nouveaux produits moins toxiques et plus actifs. La synthèse en 1920, en Allemagne, de l'acide phénylstibonique, ouvrit la porte à la préparation de toute une série de dérivés antimoniés pentavalents, parmi lesquels les plus intéressants furent le Stibosan® en 1923 et le Néostibosan® en 1928. En Inde, Brahmachari créa l'Uréastibamine® qui fut probablement le plus utilisé de cette catégorie de produits. Ces produits n'étant pas très stables en solution aqueuse, un Allemand, Schmidt, synthétisa en 1937 le stibogluconate de sodium (Pentostam®), stable en solution et moins toxique. Le Pentostam® et le proche antimoniate de N-methyl glucamine (Glucantime®) demeurèrent pendant de très nombreuses années les seules drogues utilisées dans le traitement des leishmanioses. Elles sont encore utilisées de nos jours.

## L'arsenic

Sous forme d'arséniate ou de cacodylate, l'arsenic fut utilisé de longue date comme eutrophique. Mais son emploi spécifique dans les infections remonte à la fin du XIXe siècle. Dans les années 1890, à la suite des travaux de Laveran, Mesnil et Thiroux, à l'Institut Pasteur, on fit usage de l'acide arsénieux dans les trypanosomoses humaines et animales, aussi bien dans le nagana du bétail, le surra des chevaux que dans la maladie du sommeil humaine. Mais ce produit ne donnait que des résultats partiels, de même que l'orpiment médicinal très pur (trisulfure d'arsenic). Les auteurs passèrent dès lors aux composés arsenicaux organiques : phénylarsinates et arsénoïques ou arsénobenzènes.

Le sel monosodique de l'acide paramino-phénylarsinique, découvert par Béchamp en 1863 (Atoxyl®) fut testé dans la trypanosomose expérimentale à partir de 1905, puis utilisé dans la trypanosomose humaine. De 1906 à 1925, il fut le médicament de base opposé à la maladie du sommeil en Afrique équatoriale française. Employé à fortes doses, il n'avait d'efficacité que sur le stade sanguin de la maladie. Les travaux de Paul Ehrlich d'une part et d'Ernest Fourneau d'autre part aboutirent à la fabrication des arsenicaux pentavalents, puis de trivalents et à leur large utilisation dans la syphilis et la trypanosomose (*cf. infra*).

© Dunod – La photocopie non autorisée est un délit.

## Le bismuth

Le bismuth est un métal trivalent, dont les sels ne sont solubles dans l'eau qu'en milieu acide. Très utilisé dans diverses pharmacopées anciennes comme topique ou pansement gastrique, le bismuth a été introduit en pathologie infectieuse par Louis Fournier et Constantin Levaditi, en 1921, dans le traitement de la syphilis. Proposant d'abord le sel tartrobismuthique, ils utilisaient ensuite le bismuth liposoluble.

## Le mercure

Le mercure est un élément chimique métallique et liquide, utilisé depuis la plus haute antiquité à des fins thérapeutiques. Les Chinois extrayaient le mercure des mines de Kwichan dès 1200 av. J.-C. Le mercure était utilisé par les Phéniciens et les Égyptiens. Les Grecs et les Romains l'employaient sous forme d'onguent à des fins médicinales. Les Grecs le nommaient « hydrargyros », ce qui signifie « argent liquide », nom sur lequel a été forgé le symbole chimique Hg.

Guy de Chauliac, médecin personnel des papes en Avignon au XIVe siècle, préconisait le traitement de la syphilis par le mercure, prescription ensuite couramment acceptée. Pour éviter les effets secondaires du traitement, il était recommandé de mélanger le mercure avec de la cendre et de la salive pour en faire un onguent, ce qui en réalité augmentait la toxicité du mercure sur la peau. Paracelse prescrivait le mercure en fumigation. Le degré de salivation servait de critère de succès, le germe étant supposé quitter l'organisme par la salive ; en réalité une abondante salivation était un signe d'empoisonnement mercurique. Giovanni de Vigo, médecin personnel du pape Jules II, se targuait de guérir la syphilis par l'application d'onguent mercurique durant une semaine, suivie d'un emplâtre de sa fabrication.

Les voies d'utilisation qui survécurent jusqu'à l'arrivée de la pénicilline furent les frictions mercurielles et les injections d'huile grise au mercure purifié ou de calomel.

## Les antiseptiques

Les métaux cités ci-dessus agissaient par leur toxicité qui atteignait indifféremment les micro-organismes et les cellules de l'homme. Vers 1860, chirurgiens et hygiénistes commencèrent à utiliser des produits empêchant le développement des putréfactions et des fermentations, et capables d'arrêter celles qui avaient commencé. Ces produits, nommés d'abord « antiputrides », puis antiseptiques, devaient s'opposer au développement des germes et à leur multiplication. Les principales substances antiseptiques furent des agents chimiques, tels l'acide sulfureux et les sulfites, les sels de fer, d'aluminium, de cuivre, de mercure, et quelques substances organiques, telles le phénol, la créosote, les tanins. La fabrication industrielle du phénol garantit sa prééminence sur les autres antiseptiques. Il fut de fait largement utilisé aussi bien pour le nettoyage des locaux et des instruments qu'en usage humain externe. Lister préconisait en 1867 son usage systématique dans le pansement des plaies (Chapitre 4).

Dans la deuxième moitié du XIXe siècle, le succès de l'antisepsie dans les traitements externes fut impressionnant. Les médecins avaient à leur disposition un large choix d'antiseptiques. L'acide borique cher à Pasteur était très utilisé car ne retardant pas trop la cicatrisation des plaies. Koch préconisait le sublimé pour désinfecter les outils et les accessoires, ainsi que les mains du chirurgien et le champ opératoire. Il était toutefois évité en gynécologie car trop irritant pour les muqueuses, de même que l'iodoforme. Le salicylate de phénol, le chlorure de zinc, le permanganate de potasse, l'eau oxygénée, la créosote, la naphtaline, l'acide salicylique ou le menthol eurent leurs partisans et leurs détracteurs.

Mais au-delà de cette utilisation par voie externe, certains médecins, dont Charles Bouchard, envisagèrent une véritable antisepsie interne. Étudiant l'action des antiseptiques dans la tuberculose animale, Bouchard obtenait quelques bons résultats avec la créosote. Dans les années 1890, ce produit occupait le premier rang dans le traitement de la tuberculose pulmonaire humaine. Pourtant sa toxicité restait une source d'inquiétude pour les praticiens qui demeuraient divisés sur ses modes d'administration. L'acide benzoïque, les benzoates, l'acide borique, les borates furent également utilisés pour traiter les infections urinaires. Quant à l'antisepsie du tube digestif, ce fut l'obsession de Bouchard.

À la fin du XIXe et au début du XXe siècle, la thérapeutique chimique antimicrobienne s'ouvrit sur de nouveaux produits, dont l'étude systématique fut entreprise. C'étaient des substances organiques purifiées, fabriquées par l'industrie chimique : dérivés du pétrole comme certains colorants, produits de nombreuses distillations, pétrole, alcools divers, hydrocarbures aromatiques, oxygénés, etc. Le grand nombre d'annonces commerciales insérées dans les revues médicales et pharmaceutiques pour présenter les nouveaux antiseptiques reflète l'intérêt croissant des industriels de la chimie pour les médicaments anti-infectieux. Le contexte était prêt pour l'arrivée de la chimiothérapie anti-infectieuse.

© Dunod – La photocopie non autorisée est un délit.

# LES DÉBUTS DE LA CHIMIOTHÉRAPIE ANTI-INFECTIEUSE

La chimiothérapie anti-infectieuse vit le jour à la suite de la théorie des affinités spécifiques des colorants élaborée par Paul Ehrlich durant ses études médicales. Ses débuts furent marqués par les travaux de deux remarquables chercheurs, Paul Ehrlich lui-même et Ernest Fourneau. Ici encore nous retrouvons une compétition entre deux groupes, l'un allemand, l'autre français, mais cette fois-ci dans un domaine économique sensible, celui de l'émergence de l'industrie du médicament.

## Paul Ehrlich (1854-1915)

Né en 1854 à Strehlen, en Silésie, Paul Ehrlich (Figure 29) termina ses études de médecine en 1878 et officia dans un premier temps à l'Hôpital La Charité de Berlin. Il travailla quelque temps avec Robert Koch dans le nouvel Institut de Maladies infectieuses construit pour Koch. En 1896, Ehrlich fut nommé directeur du petit Institut d'État pour la Recherche et l'Étude des sérums, à Steglitz dans la banlieue de Berlin. Il y réalisa le travail qui le conduisit à son œuvre remarquable sur la standardisation du sérum antidiphtérique, travail théorique et pratique qui dépasse le cadre du sérum antidiphtérique, mais est devenu le classique de la standardisation des méthodes biologiques jusqu'à nos jours. À partir de 1899 et pendant dix ans, Paul Ehrlich dirigea un établissement plus important, l'Institut Royal Prussien de Thérapeutique expérimentale à Francfort-sur-le-Main. Il y fut chargé de l'organisation et du contrôle des tests d'efficacité et d'innocuité des lots d'antitoxine produits dans tout le royaume. Cette responsabilité publique était doublée par une recherche détaillée sur la toxine diphtérique, dans laquelle il reconnaissait l'existence d'une série de composants d'affinité différente pour l'antitoxine.

Ehrlich est l'auteur de découvertes prestigieuses dans divers domaines de la Médecine, en Hématologie, en Immunologie et surtout en Chimiothérapie, dont il est communément reconnu comme le fondateur. L'aspect remarquable du destin de Paul Ehrlich, fut l'homogénéité de sa pensée : une idée éclatante dans sa simplicité qu'il exploita toute sa vie et qui le conduisit par étape à de remarquables découvertes dans les divers domaines cités. La constatation à la base de son œuvre, Ehrlich la fit à dix-neuf ans, alors qu'il était étudiant en première année de médecine. Constatant que, sous l'effet d'un même colorant, les cellules, et même les différentes parties d'une même cellule,

**Figure 29.** Paul Ehrlich, médecin allemand, contemporain de Robert Koch. Sa théorie des affinités spécifiques fut à l'origine de remarquables découvertes en hématologie et immunologie. Elle est également à la base de la chimiothérapie antimicrobienne. © *Paul Ehrlich Institut*

prenaient des teintes différentes, Ehrlich déduisit que colorants et cellules (ou parties de cellules) avaient des attirances d'ordre chimique différentes, autrement dit, des affinités spécifiques. Sa thèse de médecine, soutenue en 1878 devant l'université de Leipzig, contenait en germe les prémices de ses découvertes. L'attraction d'une cellule pour un colorant va lui porter malheur si le colorant est toxique pour elle. Si la cellule est un micro-organisme, on voit immédiatement le bénéfice que l'homme pourrait en retirer. Si l'on arrivait à trouver un colorant qui se fixe sur le microbe sans se fixer sur la cellule, et si ce colorant

© Dunod – La photocopie non autorisée est un délit.

était toxique par sa nature ou parce qu'il détériore une fonction indispensable à la vie ou à la multiplication du microbe, il irait, lorsqu'on l'introduirait dans un organisme humain ou animal, se fixer électivement sur le microbe cible sans se fixer sur la cellule humaine ou animale, donc sans la léser. C'est la théorie de la « balle magique » (« wünder bullet ») qui posait le principe de la chimiothérapie.

Mais avant ses grandes découvertes de produits thérapeutiques, Ehrlich appliqua sa théorie de l'affinité spécifique à d'autres domaines de la Médecine. Dès 1879, il décrivit les leucocytes sanguins selon la coloration de leurs granulations, ce qui le fit considérer comme le fondateur de l'hématologie moderne. Il imagina que les cellules du sang responsables de la fabrication d'anticorps (on les appela ensuite lymphocytes B) possédaient à leur surface des « chaînes latérales protéiques » qu'il appela récepteurs, et ensuite « anticorps ». Il conçut que ces chaînes latérales libérées dans le sang interagissaient de façon spécifique avec les molécules étrangères, les antigènes. Cette conception est à la base de la notion devenue fondamentale en Biologie, de la complémentarité structurale intermoléculaire.

Étudiant les effets biologiques du bleu de méthylène, il eut l'idée de l'utiliser, en 1891, comme antiseptique interne chez un patient atteint de paludisme, dont le parasite est doté d'une forte affinité pour ce colorant, comme en témoignent les frottis sanguins. Cet essai chez l'homme, qui montra une certaine efficacité sur l'accès palustre, représente le premier essai du pouvoir d'une substance chimique à guérir une infection par action directe sur le micro-organisme en cause. Ehrlich introduisit à cette occasion le terme de « chimiothérapie ». Ce fut un événement décisif dans la carrière scientifique d'Ehrlich, car le point de départ d'une recherche systématique de substances chimiques douées d'activité thérapeutique.

La découverte faite par Laveran et Mesnil de la transmissibilité du trypanosome au rat et à la souris et de son maintien indéfini chez l'animal par sous-inoculations successives, fournit un modèle expérimental compatible avec des essais thérapeutiques expérimentaux. Avec la coopération de Kiyoshi Shiga, bactériologiste japonais connu pour ses travaux sur le bacille dysentérique et en visite à Francfort-sur-le-Main, il se lança dans la recherche d'un colorant de synthèse ayant une affinité élective sur le trypanosome, et par conséquent hautement toxique pour lui et doté en revanche d'une toxicité réduite pour les tissus de la souris. Ehrlich et Shiga découvrirent en 1904 le rouge trypan, une benzopurpurine capable de guérir définitivement l'infection trypanosomienne de la souris. Si ce produit ne s'avéra pas aussi efficace dans la trypanosomose humaine, la découverte d'Ehrlich et Shiga démontrait la validité de l'approche chimiothérapique.

Cette démarche, Ehrlich l'appliqua à la syphilis à partir de 1909, avec Hata, élève du japonais Kitasato, qui venait de mettre au point l'infection expérimentale du lapin par le tréponème. Ehrlich, abandonnant les colorants, se tourna vers les arsenicaux. L'effet médiocre de l'atoxyl sur le tréponème était connu. Ehrlich fournit alors tous les arsénobenzènes imaginables théoriquement et pouvant être synthétisés, dans de petites fioles numérotées, à Hata qui les testait chez le lapin infecté. Cette recherche systématique aboutit en 1909 à la découverte du dihydroxy-diamino-arsénobenzène, ou 606 (le 606$^{e}$ produit testé). Utilisé chez 24 syphilitiques, le produit les guérit. Il fut commercialisé dès 1910 sous le nom de salvarsan, et son emploi se répandit rapidement. Il valut à Ehrlich une renommée mondiale, car à cette époque la syphilis provoquait les mêmes réactions émotives, les mêmes attentes que le Sida aujourd'hui. Son traitement par le mercure et le bismuth était peu efficace, long et dangereux. Continuant ses travaux, Ehrlich découvrit encore le 914, produit plus connu sous le nom de novarsénobenzol.

Pour chaque nouvelle substance, Ehrlich déterminait un indice thérapeutique, rapport entre la dose thérapeutique minimale (la plus petite dose effective) et la dose maximale tolérée (la plus forte dose que l'animal supportait).

## Ernest Fourneau (1872-1949)

Né en 1872 à Biarritz, Ernest Fourneau fit ses études de Pharmacie à Paris (Figure 30). Après trois années de stage post-doctoral en Allemagne, sous la direction d'Emil Fischer, il revint en France et entra aux Établissements Poulenc Frères, installés à Ivry. De 1903 à 1911, il mit au point un anesthésique local, la stovaïne, et investit la plupart des secteurs de la chimiothérapie. Émile Roux sut l'attirer à l'Institut Pasteur pour diriger le Laboratoire de Chimie thérapeutique, qui recevait de l'industrie, en l'occurrence des Établissements Rhône-Poulenc, la moitié de ses ressources. L'industriel n'imposa pas de thème de recherche, mais reçut une présentation préférentielle des produits mis au point, en vue de leur commercialisation. À l'Institut Pasteur de 1911 à 1946, Ernest Fourneau sut rassembler une équipe de chercheurs éminents, parmi lesquels Jacques et Thérèse Tréfouel, Frederico Nitti et Daniel Bovet. Il orienta les recherches dans deux directions : la pharmacochimie des amino-alcools et de leurs dérivés, et bien entendu

© Dunod – La photocopie non autorisée est un délit.

la chimiothérapie anti-infectieuse. Dans ce domaine, le laboratoire d'Ernest Fourneau prit une part active au développement de plusieurs classes de médicaments : les arsenicaux actifs sur le tréponème et les trypanosomes, les antipaludéens de synthèse, les sulfamides et enfin les sulfones.

**Figure 30.** Ernest Fourneau, pharmacien français. Il créa et dirigea le Laboratoire de Chimie thérapeutique de l'Institut Pasteur, de 1911 à 1946, et travailla au développement de plusieurs classes de médicaments, notamment des anti-infectieux. © *Institut Pasteur*

De la collaboration du laboratoire avec Laveran, Mesnil et Marchoux sortirent la plupart des produits actifs contre les trypanosomes. Un de leurs premiers succès fut la découverte de l'activité sur le tréponème de l'acide arsinique, ou 189 F, et son dérivé acétylé, le 190 F ou stovarsol. Ce dernier produit se montra efficace dans la syphilis nerveuse, le pian, certaines spirochétoses, diverses protozooses intestinales, et dans le paludisme, associé à la quinine (quinio-stovarsol). L'efficacité du stovarsol fut bientôt surpassée par un de ses isomères, l'acide oxyphénylarsinique, 270 F ou orsanine, actif sur le trypanosome de la maladie du sommeil, contre lequel il fut largement employé.

Le moranyl, ou 205 Bayer, serait resté le fief de l'Allemagne, si le laboratoire de Fourneau n'en avait publié la formule dès qu'il l'eut retrouvée : ce fut le 309 F. Ce moranyl présentait une forte activité curative et préventive dans les différentes trypanosomoses humaines et animales. Son rôle dans la lutte contre l'arséno-résistance en fit un produit qui demeura de longues années dans l'arsenal thérapeutique. L'étude des antipaludiques de synthèse permit à Fourneau d'établir certaines règles entre constitution chimique et activité thérapeutique. Le 710 F, ou rhodoquine, proche de la pentaquine américaine, eut toutefois une utilisation limitée.

À partir de 1936, le laboratoire d'Ernest Fourneau apporta une contribution de premier plan à la découverte des sulfamides. Il participa ensuite à la découverte des sulfones et de leur action dans le traitement de la lèpre.

## Les sulfamides et les sulfones

Depuis les travaux de Paul Ehrlich, on savait que certains colorants présentaient des affinités avec les microbes et pouvaient tuer ceux sur lesquels ils se fixaient. En 1927, la firme allemande I. G. Farbenindustrie recruta un jeune médecin allemand d'origine tchèque, Gerhard Domagk (1895-1964), avec l'objectif de trouver un médicament anti-infectieux. Domagk étudia l'inhibition de la croissance du streptocoque hémolytique par trois familles chimiques : les colorants azoïques, les acridines et les sels d'or. Parmi les azoïques, la phénazopyridine, qui colorait les urines en rouge, était peu efficace mais dénuée de toxicité. Domagk synthétisa des dérivés azoïques voisins, parmi lesquels la chrisoïdine, produit sans effet par voie générale. Se souvenant que dans l'industrie on avait obtenu en 1909 une meilleure fixation sur la laine d'un colorant azoïque après ajout d'un radical sulfonamide, l'équipe de Domagk synthétisa la sulfamidochrysoïdine, ou prontosil.

© Dunod – La photocopie non autorisée est un délit.

Ce produit montra immédiatement une grande efficacité, protégeant les souris de l'infection streptococcique. Domagk déposa sans délai un brevet industriel le 7 novembre 1931. Utilisé en 1933 chez l'homme, le prontosil guérit un bébé atteint de septicémie à staphylocoque. Il fut ensuite testé chez trente-huit femmes en Angleterre. Domagk ne publia ses travaux expérimentaux qu'en 1935.

Le groupe d'Ernest Fourneau à l'Institut Pasteur, se mit alors à l'œuvre pour synthétiser des dérivés plus efficaces. Dans cette recherche, Jacques et Thérèse Tréfouel, Frederico Nitti et Daniel Bovet démontrèrent que l'activité anti-bactérienne était en fait attachée au sulfamide, et non pas à la fonction azoïque. Ils prouvèrent ensuite que, dans l'organisme, la fonction azoïque était clivée pour former l'amino-4-benzène-sulfamide, expliquant pourquoi la sulfamidochrysoïdine n'était active sur les bactéries que dans un organisme vivant et pas en culture. Ils mirent très rapidement au point un autre sulfamide, la sulfanilamide (le 1162 F ou septoplix), qui donnait de meilleurs résultats que la sulfamidochrysoïdine, pour la découverte de laquelle Domagk obtint seul le Prix Nobel en 1939.

Il fut bientôt évident que l'activité des sulfamides ne se limitait pas aux streptocoques, mais s'étendait aux méningocoques, aux pneumocoques, aux gonocoques, aux bacilles de Ducrey, de la lymphogranulomatose, du trachome, de la gangrène gazeuse et même de la peste. L'américain Donald Woods élucida en 1939 le mode d'action de la sulfamidochrysoïdine, qui n'était pas une action toxique directe, comme c'est le cas pour les antiseptiques, mais nécessitait son intégration dans la chaîne métabolique de l'acide folique, à la place de l'acide para-aminobenzoïque. C'était la première démonstration de l'existence d'anti-métabolites naturels et de leurs potentialités en chimiothérapie. Ce fut le point de départ de la mise au point d'une grande variété de sulfamides efficaces. Près de 5 000 sulfamides furent testés depuis lors dans les laboratoires du monde entier.

Quelques années plus tard, le groupe des époux Tréfouel, Nitti et Bovet démontraient que d'autres dérivés du soufre, tels les sulfures et surtout les sulfones, pouvaient faire preuve d'activité antibactérienne. La sulfone-mère (4-4'-diamino-diphénylsulfone, ou DDS) avait été synthétisée en 1908 par les Allemands Fromm et Wittman, mais ce ne fut qu'en 1937 que Fourneau et son groupe en France, ainsi que Buttle, Stephenson, Smith, Dewinf et Foster en Angleterre, démontrèrent son efficacité dans l'infection streptococcique expérimentale de la souris. En 1939, Rist, Bloch et Hamon attirèrent l'attention sur les propriétés anti-tuberculeuses de ce produit. Les premiers essais de traitement de la lèpre par les sulfones se firent en utilisant des dérivés disubstitués, diasone et promine, découverts aux États-Unis, respectivement en 1938 et 1941, sulphétrone préparé en Grande-Bretagne en 1938 et cimédone, produit français. Malgré l'action indiscutable de ces produits contre le bacille de Hansen, ils ne furent pas couramment utilisés dans le traitement de la lèpre en raison de leur coût élevé. D'autant qu'ils n'agissaient qu'en libérant par hydrolyse la sulfone-mère dans l'organisme. L'expérimentation de celle-ci dans la lèpre ne fut entreprise qu'en 1948 par Cochrane à Madras, Lowe à Uzuakoli et Floch à l'Institut Pasteur de Cayenne. La DDS devint en quelques années le produit de première ligne pour traiter la lèpre. En 1937, Fourneau, à Paris, et Buttle, à Londres, firent la synthèse d'un autre dérivé sulfuré, la dapsone, également efficace contre la lèpre.

## LES ANTIBIOTIQUES

Les antibiotiques sont des substances produites par des champignons ou des bactéries, et qui sont capables de tuer les micro-organismes sensibles (effet bactéricide) ou d'inhiber leur croissance (effet bactériostatique). Ils s'opposent aux produits chimiques que sont les colorants, les antiseptiques et les sulfamides dont nous venons de parler. On compte aujourd'hui plus de deux mille sortes d'antibiotiques, pour la plupart encore fabriqués à partir de micro-organismes. Certains antibiotiques semi-synthétiques correspondent à la modification chimique d'antibiotiques naturels. D'autres enfin sont produits synthétiquement. Depuis leur découverte, les antibiotiques ont radicalement modifié le pronostic des maladies bactériennes et permis de guérir des maladies mortelles, telles les endocardites bactériennes, la syphilis, les méningites tuberculeuses ou la peste.

### La pénicilline

Le premier antibiotique, la pénicilline naquit de façon fortuite et arriva dans le monde médical fort discrètement, grâce à Alexander Fleming (1881-1955) (Figure 31), médecin anglais travaillant dans le laboratoire de Wright, au St Mary's Hospital de Londres (chapitre 3). Microbiologiste méticuleux, Fleming conservait longtemps sur sa table les boîtes de culture, ne les jetant que lorsqu'il était assuré qu'elles ne lui apprendraient plus rien. Cette habitude lui permit de découvrir en 1922 la présence, sur une culture vieillie qu'il avait inoculée avec son mucus

© Dunod – La photocopie non autorisée est un délit.

nasal, d'une substance naturellement antimicrobienne qu'il nomma « lysozyme ». Avec V. D. Allison, il la retrouva dans de nombreux tissus, dont la peau et les ongles, et dans presque toutes les secrétions, particulièrement la salive et les larmes. Ils étudièrent le pouvoir bactéricide puissant de cette enzyme, la N-acétyl-muramidase, qui leur apparut comme un élément de premier plan des défenses naturelles de l'homme.

**Figure 31.** Alexander Fleming, microbiologiste anglais, qui découvrit successivement le lysozyme, substance antimicrobienne présente dans le mucus et la salive, en 1922, puis le premier antibiotique, la pénicilline, en 1928. Sur le cliché, Fleming est en train de signer le livre d'or du musée Pasteur, en 1946. © *Institut Pasteur*

La découverte de la pénicilline procéda d'une démarche similaire. Selon Ronald Hare, Fleming eut la surprise à son retour de vacances, le 3 septembre 1928 de trouver les boîtes de culture de staphylocoque, qu'il avait laissées sur la paillasse du laboratoire plusieurs semaines plus tôt, contaminées par des colonies cotonneuses d'un blanc verdâtre, d'une moisissure qui fut identifiée ensuite comme *Penicillium notatum* sur lequel le mycologue C. J. La Touche travaillait non loin de là. L'été avait été assez froid, la température du laboratoire favorisant la culture du champignon par rapport au staphylocoque peu enclin à pousser aux environs de 20 °C. Observant ces boîtes, Fleming remarqua qu'autour des colonies du champignon, le staphylocoque ne poussait pas. « Funny, very funny » écrivit-il dans son carnet de recherche. Il émit l'hypothèse qu'une substance secrétée par le champignon, qu'il appela tout de suite la pénicilline, était responsable de l'inhibition de la culture du staphylocoque.

Les antagonismes entre moisissures et bactéries n'étaient pas inconnus avant l'époque de Fleming. Lister, en 1871 avait noté que lorsque bactéries et moisissures cohabitaient dans l'urine, les bactéries apparaissaient en mauvais état. De même Tyndall avait observé qu'une culture de *Penicillium* poussant à la surface d'une culture bactérienne liquide tuait les bactéries, par asphyxie, pensait-il. De même des antagonismes entre bactéries avaient été notés. Pasteur et Joubert avaient remarqué en 1877 que l'inoculation de bacille charbonneux en même temps que des bactéries inoffensives ne provoquait pas d'infection de l'animal. Pasteur avait même noté en 1880 que l'antagonisme entre *Bacillus subtilis* et pyocyanique d'une part et bacille du choléra des poules d'autre part était dû à un produit soluble de la sécrétion bactérienne. Duchesne soutint en 1897 à Lyon une thèse inspirée par Gabriel Roux, consacrée aux antagonismes entre moisissures et microbes, et Charles Bouchard avait publié en 1888 plusieurs articles sur l'antagonisme d'action exercé par le bacille pyocyanique sur d'autres bactéries. Mais toutes ces observations étaient restées sans suite. Et pourtant les Allemands Emmerich et Loew en 1889 isolèrent du bacille pyocyanique une substance, la pyocyanase, antagoniste *in vitro* des bacilles de la typhoïde, de la diphtérie et de la peste, mais sa toxicité et son irrégularité d'activité avaient empêché son utilisation chez l'homme.

La liste des observations de ces phénomènes d'« antibiose » pourrait être allongée. Force est de constater qu'elles restèrent sans suite jusqu'à Fleming. Celui-ci s'aperçut que la pénicilline inhibait les cultures de certaines bactéries, comme le streptocoque, le gonocoque

© Dunod – La photocopie non autorisée est un délit.

ou le méningocoque, mais pas celles de *Haemophilus influenzae*. Mais en plus, et surtout, il nota qu'elle était dénuée de toxicité pour l'animal d'expérience et pour l'homme. Il publia ces observations en 1929, persuadé que la pénicilline était promise à un grand avenir. Pourtant, cette découverte ne fut pas exploitée pendant plus de dix ans, la pénicilline ne servant que comme réactif pour isoler au laboratoire les souches de *H. influenzae*. Si d'autres chercheurs s'intéressèrent aux travaux de Fleming, ce fut pour constater que la production de pénicilline était très difficile, que sa purification n'était pas possible en raison de l'instabilité de la molécule. Harold Raistrick, l'un des phares de la mycologie internationale, notait en 1935 : « la production de pénicilline à des fins thérapeutiques est vraisemblablement impossible ».

En 1936, Howard Walter Florey (1898-1968), physiologiste d'origine australienne, fut nommé professeur à Oxford. Il engagea un jeune biochimiste germano-russe, Ernest Boris Chain (1906-1979) qui avait fui l'Allemagne nazie en 1933. Chain comprit la portée de la découverte de Fleming, et, à partir de 1938, commença à travailler sur la pénicilline, avec ce que l'on a appelé l'« Oxford group », qui comprenait le chimiste Chain, le physiologiste Florey et deux biochimistes et bactériologistes, Edward P. Abraham et Norman Heatley. En quelques mois, ils arrivèrent à cristalliser la pénicilline sans la dégrader. En mars 1940, ils avaient produit 100 mg d'une poudre brunâtre contenant 5 unités par milligramme. Celle-ci fut testée sur huit souris ayant reçu une dose létale de streptocoque : seule les souris traitées par la pénicilline survécurent. « It looks like a miracle » notait Florey dans son cahier de laboratoire. L'équipe publia en toute hâte dans la revue anglaise The Lancet du 24 août 1940 des résultats qui passèrent totalement inaperçus compte tenu des évènements. Le monde scientifique et même les industriels du médicament demeurèrent sans réaction face à cette découverte. Cela n'empêcha pas l'Oxford Group de poursuivre la production de pénicilline et de commencer son utilisation sur l'homme. Comme elle n'était pas utilisable par voie orale, ils l'injectaient le plus lentement possible, tant elle était rapidement éliminée par le rein. Une première guérison fut obtenue sur un patient de quinze ans atteint d'une suppuration osseuse due à un streptocoque hémolytique. Le nombre de patients était limité par les quantités trop faibles de produit obtenues. Car les industriels britanniques avaient autre chose à penser, dans une économie de guerre, que de « faire pousser des champignons ».

Florey se tourna alors vers un pays non encore en guerre, les États-Unis. Ses contacts avec le Ministère Fédéral de l'Agriculture débouchèrent sur une collaboration avec une usine chimique à Péoria, dans l'Illinois. Cette usine spécialisée dans l'épuration biologique des eaux usées, grâce à des bactéries cultivées à base d'amidon de maïs, n'eut aucune difficulté à adapter la culture du *Penicillium* sur les fermenteurs utilisés dans l'industrie agroalimentaire. La production commença, d'autant plus rapidement qu'un autre *Penicillium* découvert sur place à partir d'un melon, *P. chrysogenum* produisait 50 fois plus de pénicilline que *P. notatum*. Si la découverte de la pénicilline avait été britannique, les brevets furent américains. Dès 1942, l'industrie pharmaceutique nord américaine, Merck, Pfizer et Squibb en particulier, se lança dans la production. Les essais cliniques, débutés en janvier 1943 à la Mayo Clinic, furent particulièrement démonstratifs, et la production s'intensifia, passant, chez Pfizer, de 40 000 unités en janvier à 100 000 en décembre 1944. En 1943, la production était suffisante pour les armées américaines et alliées et les besoins civils étaient satisfaits en 1945. La production s'élevait alors à plus de 440 tonnes.

En 1945, le Prix Nobel de Physiologie et Médecine fut attribué à Fleming, Chain et Florey, pour cette découverte qui révolutionna le traitement des maladies infectieuses. Le spectre d'activité de la pénicilline comprenait la plupart de bactéries Gram positive, dont le staphylocoque, le streptocoque et le pneumocoque. Mais un de ses succès les plus remarquables fut son effet puissant sur le tréponème de la syphilis.

## La streptomycine

Si la découverte de la pénicilline avait été un événement fortuit, celle de la streptomycine procéda d'une recherche systématique conduite par Selman A. Waksman (1888-1973). Ce scientifique d'origine russe, travaillant depuis 1910 aux États-Unis, était professeur de microbiologie à l'Université d'État de Rutgers (Figure 32). Son laboratoire étudiait la microbiologie des sols, isolant les innombrables moisissures, bactéries et autres micro-organismes occupés à la destruction des cadavres et des déchets et aboutissant à la croissance des végétaux. Waksman et ses collaborateurs menaient des recherches à la fois méthodiques et systématiques pour mettre en évidence et isoler des substances antagonistes de certains micro-organismes du sol. Attachés depuis trois décades à ce problème, les chercheurs du Département de Microbiologie du sol de la Station Expérimentale d'Agriculture du New Jersey, rattachée à l'Université d'État de Rutgers, avaient, avec Waksman, particulièrement étudié parmi ces micro-organismes les actinomycètes. Ils avaient découvert que ces organismes étaient ceux qui pouvaient persister le plus longtemps dans le sol, qu'ils étaient

© Dunod – La photocopie non autorisée est un délit.

capables de supplanter les microbes appartenant à de nombreux groupes, qu'ils pouvaient notamment leur survivre lorsque les conditions devenaient défavorables, après dessiccation, traitement par des substances antiseptiques, ou après un processus prolongé de décomposition. En 1939, René Dubos, chercheur américain d'origine française travaillant à l'Institut Rockefeller de New York et élève de Waksman, avait mis en évidence les propriétés antagonistes d'un micro-organisme tellurique, *Bacillus brevis*, et isolé de certaines souches de ce germe une substance active, la tyrothricine. Il reconnut, dans celle-ci, deux composants polypeptidiques, la gramicidine et la tyrocidine, très actifs contre les bactéries Gram positives et certaines bactéries Gram négatives. Ce fut le stimulus qui incita les chercheurs de l'Université de Rutgers à examiner la flore du sol, principalement les actinomycètes, à la recherche de la production de semblables substances antagonistes.

**Figure 32.** Selman A. Waksman, scientifique américain d'origine russe. Les études systématiques qu'il mena, avec ses collaborateurs, sur les micro-organismes du sol, conduisirent à l'isolement de plusieurs substances antibiotiques, dont la streptomycine en 1943.
*Avec l'aimable autorisation de Byron H. Waksman*

Waksman et ses collaborateurs, Horning, Welsch et Woodruff, étudièrent près de 10 000 souches d'actinomycètes, les unes fraîchement isolées du sol ou de substrats naturels, les autres provenant de cultures de collections. Beaucoup d'entre elles possédaient nettement la propriété d'inhiber la croissance de divers groupes bactériens. Plusieurs substances antibiotiques furent étudiées, telles l'actinomycine extraite d'*Actinomyces antibioticus*, l'actinomycétine, la proactinomycine produite par *Proactinomyces gardneri*, la micromonosporine obtenue de *Micromonospora* sp. La première était très active, mais malheureusement très toxique, alors que les trois autres possédaient une activité antibactérienne très limitée. Déjà les progrès rapides réalisés en 1941-1942 dans la production et l'extraction de la pénicilline et son utilisation montraient que l'on disposait d'une substance incomparable pour traiter les infections à germes Gram positifs. En revanche, d'autres substances isolées à partir de champignons *Penicillium* ou *Aspergillus*, telles la gliotoxine, la clavacine ou l'acide pénicillique, bien qu'actives contre des germes Gram positifs, s'avéraient inutilisables en raison de leur toxicité. Les recherches de Waksman s'orientèrent dès lors vers la recherche de substances extraites d'actinomycètes actives vis-à-vis de la flore Gram négative.

En février 1942, Waksman, Woodruff et Horning isolèrent un nouvel antibiotique, la streptothricine, à partir d'*Actinomyces lavendulae*. Cette substance active sur les Gram positifs et certains Gram négatifs, possédait les propriétés physico-chimiques requises pour une application en thérapeutique, mais elle s'avéra exercer un effet toxique tardif et cumulatif chez l'animal d'expérience, qui rendit impropre son application à l'homme. Deux ans plus tard, Schatz, Bugie et Waksman isolèrent une nouvelle substance à partir de deux souches d'un autre actinomycète, provenant l'une d'un sol fumé, l'autre du gosier d'un poulet. Ces deux souches se trouvèrent d'ailleurs identiques à une culture isolée par Waksman lors de ses premières recherches en 1916, décrite sous le nom d'*Actinomyces griseus* et conservée depuis à la Station Expérimentale d'Agriculture du New Jersey. La nouvelle substance fut appelée streptomycine, terme dérivé du nom générique proposé en 1943 par Waksman et Henrici pour désigner le groupe des actinomycètes aérobies. Grâce à la mise au point des méthodes d'extraction, de titrage et d'expérimentation de la streptothricine, l'étude de la streptomycine fut rapidement complétée. Cette substance s'avéra active, tant *in vitro* qu'*in vivo,* sur les germes Gram positifs et certains Gram négatifs insensibles à la pénicilline. Elle montrait surtout une très grande activité contre *Mycobacterium tuberculosis* et exerçait une action bactériostatique remarquable dans la tuberculose expérimentale. Elle s'imposa en plus par sa faible toxicité pour l'animal et sa rapide excrétion des tissus. Dès lors, chimistes et industriels

© Dunod – La photocopie non autorisée est un délit.

coordonnèrent leurs efforts pour développer sa production. Une vaste enquête clinique publiée en septembre 1946 permit de préciser les indications, les contre-indications, les incidents et les causes d'échec de la streptomycine. Deux ans après la publication initiale de Schatz, Bugie et Waksman, la streptomycine avait livré l'essentiel de son secret et montrait qu'elle représentait sans conteste l'agent antibiotique le plus intéressant après la pénicilline. Selman Waksman reçut le Prix Nobel de Physiologie et Médecine en 1952.

## Recherche systématique

La pénicilline et la streptomycine ouvrirent la voie à la recherche systématique de nouveaux antibiotiques, menée par la plupart des grandes firmes de l'industrie du médicament. Des milliers d'échantillons de sol provenant du monde entier furent analysés à la recherche d'un champignon ou d'un germe capable de produire un antibiotique. Durant la seconde guerre mondiale, les pilotes de l'US Air Force recevaient une rétribution pour tout échantillon de sol ou de boue qu'ils ramenaient des pays où ils allaient. Plus de 100 000 échantillons de sols furent examinés avant la découverte de la moisissure productrice de la terramycine dans un échantillon de sol d'Amérique du Sud. De même la chloromycétine provenait d'un sol de Caracas au Venezuela. Découverte en 1947, elle est le premier antibiotique dit « à large spectre », car actif non seulement sur les bactéries Gram positives et Gram négatives, mais aussi sur les rickettsies, les chlamydies et les mycoplasmes. L'auréomycine provenait du Missouri et l'érythromycine des Îles Philippines. Les antibiotiques sont les plus internationales des drogues.

Mais l'origine des germes fournisseurs d'antibiotiques ne fut pas exclusivement tellurique. La bacitracine est un contre-exemple original. Elle fut isolée en 1945 par un chirurgien, Meleney, et deux microbiologistes, Anker et Johnson, de l'Université de Columbia. À partir des tissus d'une petite fille, Tracey, porteuse d'une fracture complexe du tibia, ils isolèrent un germe, *Bacillus licheniformis*, qui inhibait la croissance sur bouillon des cocci responsables de la surinfection de la fracture, cocci prédominants normalement en culture sur plaque. Ils isolèrent sans difficulté la substance active de ce germe, qui fut reconnue dénuée de toxicité pour l'animal, et peu toxique pour l'homme. Ce fut la bacitracine, représentant de la famille des antibiotiques polypeptidiques.

L'étape de criblage systématique des micro-organismes fut ensuite complétée, voire remplacée par une étape chimique dont l'un des pionniers fut René Dubos. Celui-ci, essayant de résoudre le problème thérapeutique de la pneumonie due au pneumocoque de type III, germe résistant à tout moyen thérapeutique disponible car protégé par une capsule polyosidique protectrice, se mit avec Avery à rechercher des bactéries du sol susceptibles de la détruire. Dubos et Avery placèrent des échantillons de sol dans des flacons de verre étanches à l'air. Lorsque les bactéries du sol avaient épuisé le milieu nutritif, ils ajoutaient aux réceptacles, les sucres composant la capsule du pneumocoque. Ils isolèrent ainsi un grand nombre de germes capables d'utiliser les hydrates de carbone du pneumocoque, à partir desquels ils obtinrent le ferment capable de digérer la capsule du pneumocoque et qui guérissait la pneumonie expérimentale de la souris et du singe. Malheureusement ce produit était toxique pour l'animal d'expérimentation, interdisant son usage ultérieur chez l'homme.

Pourtant la voie était ouverte et dès lors la recherche d'antibiotiques étudia les interférences possibles avec les processus nutritionnels des micro-organismes, en ciblant les structures chimiques indispensables à leur vie, et en synthétisant au laboratoire des substituts capables de bloquer le métabolisme et la machinerie des germes. Ces molécules, structurellement semblables à des intermédiaires métaboliques des micro-organismes, entrent en compétition avec les métabolites en raison de leur similarité mais sont suffisamment différentes pour qu'elles ne puissent pas fonctionner normalement dans le métabolisme microbien. En outre, les étapes d'hémi-synthèse et de synthèse complète de nouveaux produits permirent la découverte et la production massive, au sein des principales familles d'antibiotiques, de nouvelles générations de produits.

## LES ANTIVIRAUX

Les virus sont, nous l'avons vu, de connaissance tardive par rapport aux bactéries ou aux protozoaires. Mais même lorsqu'ils furent mieux compris, la perspective de traiter les maladies virales avec des médicaments semblait irréaliste du fait que les virus pénétraient dans les cellules hôtes et utilisaient largement les enzymes et les constituants de ces cellules. Empêcher la multiplication du virus sans être toxique pour la cellule, et donc pour le patient, paraissait de ce fait impossible. Au moment de la découverte du virus de l'immunodéficience humaine (VIH) par Luc Montagnier et Robert Gallo, en 1983, l'arsenal thérapeutique contre les maladies virales était pratiquement inexistant. Depuis, on a découvert des inhibiteurs d'enzymes spécifiquement viraux et les processus du cycle des virus. Les vingt dernières années

© Dunod – La photocopie non autorisée est un délit.

ont vu progressivement apparaître un certain nombre d'antiviraux, ayant essentiellement pour cible les virus de l'herpès, des hépatites B et C et le VIH. Une trentaine d'antiviraux sont aujourd'hui disponibles. La plupart d'entre eux inhibent l'une des étapes critiques du cycle du virus (pénétration dans la cellule, assemblage des composants viraux, libération des nouveaux virus) ou empêchent la synthèse des acides nucléiques spécifiques du virus.

Pour être complet, avant d'aborder le développement des antiviraux, il convient de signaler la découverte dans les années 1950 d'une substance antivirale d'origine naturelle : l'interféron. Précédée par plusieurs observations préliminaires de divers virologistes, la découverte en revient au virologiste écossais Alick Isaacs et au chercheur suisse Jean Lindenmann, qui remarquèrent l'effet inhibiteur (les auteurs parlent d'interférence, d'où le nom d'interféron) causé par un virus grippal inactivé à la chaleur sur la culture d'un virus actif sur membrane chorio-allantoïque de poussin. Les interférons sont des molécules protéiques produites par différents types cellulaires, en particulier des cellules immunitaires, et qui empêchent indirectement la dissémination des virus en augmentant les réponses immunitaires des patients. Il existe plusieurs classes d'interférons, selon les cellules productrices. Produits industriellement par recombinaisons génétiques, les interférons sont utilisés dans le traitement de maladies virales graves, comme l'hépatite C pour l'interféron alpha.

Les premiers antiviraux furent mis au point dans les années 1960. Ils étaient essentiellement dirigés contre le virus de l'herpès. Ils furent obtenus par des méthodes classiques d'exposition de cultures de tissus infectées par le virus à des composés chimiques dont on étudiait l'effet sur la quantité de virus produite, une méthode de criblage peu productive. À partir des années 1980, la génomique fut à l'origine de la découverte de diverses classes de substances antivirales. La connaissance du génome viral permit sa comparaison aux séquences d'autres cellules et l'identification des protéines correspondantes. Les protéines essentielles au développement viral constituèrent les cibles privilégiées des substances antivirales, qui devaient par ailleurs ne pas perturber le développement des cellules saines. Les protéines virales dotées d'un intérêt thérapeutique étaient alors soit copiées en insérant leur gène dans une bactérie sur laquelle on recherchait les substances qui se fixaient, soit analysées dans les trois dimensions afin de rechercher les produits susceptibles de se lier et d'entraver leur fonction.

Le stade le plus précoce de l'infection virale est un moment favorable pour attaquer un virus, aussi un certain nombre de composés antiviraux visent à empêcher le virus de pénétrer dans sa cellule cible. Dans le cas du VIH, un inhibiteur de la fusion des membranes virale et cellulaire a été mis au point en 2001. Il s'agit d'une petite protéine, la 5-helix, ressemblant aux hélices C-terminales de la protéine gp41 du VIH et qui se lie elle-même aux hélices N-terminales, empêchant le repliement de la protéine gp41 et inhibant de ce fait la fusion des membranes, et par voie de conséquence la pénétration virale. De même, l'amantidine et la rimantidine, les deux premiers antiviraux efficaces contre la grippe, interrompent d'autres phases du processus d'entrée.

Une autre catégorie d'antiviraux est celle des analogues de nucléosides ou de nucléotides : incorporés dans les chaînes en construction par les enzymes qui copient l'ADN ou l'ARN viral, ils bloquent l'activité de ces enzymes et font échouer la réplication du génome viral. L'acyclovir, le premier antiviral à la fois efficace et peu toxique, est un analogue de nucléoside découvert par criblage de composés sélectionnés pour leur aptitude à interférer avec la réplication de l'*Herpes simplex*. Il fut découvert par Gertrude Elion en 1977 et lui valut le Prix Nobel de Médecine et Physiologie en 1988. Le premier médicament mis sur le marché contre le VIH, la zidovudine, ou AZT, était également un analogue de nucléoside. Initialement mis au point contre le cancer pour sa capacité à empêcher la réplication de l'ADN, on a ensuite découvert qu'il diminuait l'activité de la transcriptase inverse, une enzyme du VIH qui copie son génome d'ARN en ADN. La lamivudine est également un inhibiteur de nucléoside actif contre le virus de l'hépatite B.

D'autres cibles pour interrompre la réplication virale ont été choisies pour le développement d'antiviraux. C'est le cas de la Rnase H, une partie de la transcriptase inverse qui sépare l'ADN du VIH nouvellement transcrit de l'ARN, ou de l'intégrase, une enzyme qui insère l'ADN transcrit de l'ARN viral dans l'ADN chromosomique de la cellule infectée d'où il dirige la réplication virale.

Une fois le génome viral inséré dans celui de la cellule, il est possible d'empêcher la transcription de ses gènes en brins d'ARN messagers que la cellule cible transcrit ensuite en protéines. Ce sont les molécules antisens, fragments d'ADN simple brin complémentaires de certaines séquences de l'ARN messager des protéines virales, qui en se liant à elles empêchent la synthèse d'une protéine potentiellement indispensable à la multiplication du virus. Le fomivirsen par exemple est une molécule antisens d'un facteur de transcription du cytomégalovirus, utilisée pour traiter les affections oculaires dues à ce virus chez les patients atteints de Sida.

© Dunod – La photocopie non autorisée est un délit.

Certains virus, dont le VIH, fabriquent dans la cellule une chaîne protéique qui est découpée par une protéase en plusieurs protéines fonctionnelles. Cette protéase a été une des premières cibles visées. Grâce à des simulations numériques de la structure de cette protéase, des inhibiteurs efficaces de cette enzyme ont été mis au point dans les années 1990. Les protéines virales reproduites dans une cellule restent inoffensives jusqu'à ce qu'elles s'assemblent en nouvelles particules virales qui s'échappent de la cellule infectée et migrent vers d'autres cellules. Les antiviraux dirigés contre le virus de la grippe les plus récents, le zanamivir et l'oseltamivir, interviennent à ce niveau.

Si le nombre d'antiviraux actuellement disponibles est assez réduit, la recherche de nouveaux produits est un secteur en pleine expansion. De nouveaux médicaments antiviraux sont découverts en permanence, au point qu'on peut dire que le XXIe siècle sera l'aire des antiviraux. D'autant qu'au fur et à mesure que l'on découvre de nouvelles molécules antivirales, les virus deviennent insensibles ou résistants à nombre d'entre eux. Une course est donc engagée pour que la Médecine garde l'avantage sur les virus.

Chapitre **10**

# Les microbes contre l'homme : la guerre biologique

Les maladies infectieuses ont pesé d'un poids considérable sur l'histoire de l'humanité (chapitre 1). Ce rôle dans l'Histoire se fit en général de manière naturelle, à l'insu des hommes, et en particulier de ceux qui façonnèrent cette histoire, rois, empereurs ou chefs de guerre. Grâce au développement de la Microbiologie et des sciences voisines, des applications bénéfiques ont progressivement diminué l'influence des maladies infectieuses sur les populations du monde. Pourtant, « il aurait été surprenant », comme l'écrivait Charles Nicolle dans son ouvrage *Le Destin des Maladies infectieuses*, « que l'homme, dont le génie s'emploie tout autant au mal qu'au bien, n'ait pas cherché une arme de destruction contre ses semblables dans les acquisitions de la science des maladies infectieuses ». Il le fit en effet, utilisant, en certaines occasions, les maladies infectieuses comme armes de guerre ou de destruction. Ce fut d'abord de façon empirique et de manière ponctuelle, avant l'ère de la bactériologie. Plus tard, de grands projets d'utilisation systématique prirent naissance dans la pensée perverse de certains régimes, de certains dirigeants, servis par la complaisance ou la peur de médecins ou de scientifiques acceptant de dévoyer les

© Dunod – La photocopie non autorisée est un délit.

connaissances microbiologiques pour les mettre au service de projets inhumains.

## LA GUERRE BIOLOGIQUE AVANT LES DÉBUTS DE LA MICROBIOLOGIE

La pratique d'empoisonner les puits ennemis en y jetant des cadavres de soldats et d'animaux tués est aussi vieille que la guerre elle-même. Mais un des premiers exemples d'utilisation caractérisée d'arme bactériologique remonte vraisemblablement au XIVe siècle. Djaniberg, Khan de la Horde d'Or, assiégeait en 1346 le port de Caffa tenu par les Génois, lorsque la peste s'abattit sur son armée. Désespéré de voir ses troupes décimées par le fléau, alors que les assiégés se trouvaient à l'abri de la contagion, il fit catapulter des cadavres de pestiférés par-dessus les remparts. Les Génois eurent beau s'empresser de jeter les cadavres dans le port, la peste se déclara dans la cité. Lorsque les Tartares eurent levé le siège, les marchands génois chargèrent leurs galères de marchandises précieuses et prirent la direction de l'Italie, où ils atteignirent le port de Messine en octobre 1347. Peu après les premiers cas de peste se déclarèrent dans cette ville, puis la maladie se répandit à toute la Sicile. Ce fut, selon certains auteurs, l'origine de la plus grande pandémie du Moyen Âge en Occident, la grande Peste Noire.

Les Espagnols utilisèrent du vin infecté avec du sang de lépreux contre les Français près de Naples, en 1495. En 1650, un général de l'artillerie polonaise, Siemenowics, imagina de bombarder ses ennemis avec des sphères percées contenant de la salive de chien enragé. Au XVIIIe siècle, les Russes utilisèrent eux aussi des cadavres de victimes de peste pour infecter leurs ennemis suédois. Durant la guerre franco-anglaise d'Amérique du Nord (1754-1767), le commandant britannique Sir Jeffrey Amherst suggéra d'utiliser la variole pour éliminer les tribus indiennes ennemies. « Par considération pour eux (deux chefs indiens) nous leur avons donné deux couvertures et un mouchoir qui sortaient de l'hôpital des varioliques. J'espère que l'effet souhaitable en résultera » peut-on lire sous la plume du Capitaine Écuyer du régiment des Royal Americans. Et de fait, Fort Pitt fut pris après que les tribus indiennes de l'Ohio furent décimées par la variole. Les immigrants européens eux-mêmes, partis à la conquête des vastes territoires nord-américains, eurent tôt fait de s'apercevoir qu'ils avaient avec la variole un allié imprévu dont ils n'hésitèrent pas à se servir dans la tâche d'extermination des Peaux-rouges qu'ils avaient entreprise. Ils cherchèrent à en accélérer la diffusion en introduisant des objets contaminés dans les campements ennemis, selon des documents officiels : « Vous ferez bien de chercher à inoculer les Indiens au moyen de couvertures et d'essayer en même temps toute autre méthode susceptible de contribuer à l'anéantissement de cette race ». De même, durant la Guerre de Sécession, le futur gouverneur du Kentucky, Luke Blackburn, fit donner aux soldats des troupes de l'Union des vêtements portés par des malades atteints de variole et de fièvre jaune.

Au début du XIX<sup>e</sup> siècle, Napoléon I<sup>er</sup> inclut le paludisme dans sa stratégie guerrière. Bonaparte avait contracté le paludisme, vraisemblablement en Corse, alors qu'il était jeune lieutenant. Le médecin militaire qui le soigna lui avait expliqué le danger qu'il y avait à faire stagner les troupes dans les marécages. Son illustre patient intégra cette notion épidémiologique et l'appliqua à la protection de ses troupes autant que faire se pouvait. Il s'en servit même dans sa stratégie, comme par exemple lors du débarquement des Anglais, en juillet 1809, dans l'île de Walcheren, aux Bouches de l'Escaut. Il ordonna à ses officiers de « laisser paisiblement débarquer les Anglais, et de les fixer dans l'île où leur mauvais destin les attire. Ils y trouveront le Général Fièvre qui combattra si bien pour nous que l'ennemi devra bientôt battre en retraite, après avoir perdu le meilleur de ses effectifs » (rapporté par Huard, 1970). L'événement lui donna raison : les malades encombrèrent les hôpitaux, les Britanniques ne purent se maintenir et leurs régiments durent être ramenés en Angleterre.

Le développement de la Bactériologie qui suivit les travaux de Louis Pasteur et Robert Koch ouvrit des possibilités immenses à la guerre biologique, en rendant possible l'isolement et la culture massive de micro-organismes pathogènes. Aussi les nations cherchèrent-elles à s'en protéger très tôt, comme le montre la signature à Bruxelles en 1874 de la Déclaration internationale sur les Lois et Coutumes de Guerre qui prohibait l'utilisation de poisons et armes empoisonnées. Cette interdiction était reprise à la Première Conférence sur la Paix à La Haye en 1899, puis lors de la Seconde en 1907.

## LA GUERRE BIOLOGIQUE DURANT LES DEUX GUERRES MONDIALES

Durant la première guerre mondiale, l'Allemagne utilisa des armes biologiques contre les animaux des troupes alliées, en particulier contre les chevaux, éléments clés de la logistique des armées de l'époque. Sur

© Dunod – La photocopie non autorisée est un délit.

le front ouest, les Allemands cherchèrent à infecter les chevaux de la cavalerie française par *Burkholderia (Pseudomonas) mallei,* agent de la morve. De même, des agents allemands en Argentine inoculèrent des chevaux en partance pour l'Europe. Sur le front est, à la frontière de la Russie, les moutons roumains furent infectés par les Allemands avec *Bacillus anthracis* en 1915-1916. Des allégations d'utilisation d'armes biologiques contre les populations humaines de France, Italie et Roumanie, n'ont jamais été démontrées et ont toujours été niées par l'Allemagne. Il faut d'ailleurs remarquer que la tendance était davantage à l'époque à l'utilisation d'armes chimiques, qui firent des ravages durant cette première guerre mondiale.

D'ailleurs, au Traité de Versailles, le stockage, l'importation ou l'utilisation d'armes de destruction massive furent interdits à l'Allemagne. À la Société des Nations, des négociations internationales aboutirent au Protocole de Genève de 1925, signé par vingt-huit nations, qui étendit l'interdiction d'utilisation des gaz aux armes biologiques, incompatibles avec la civilisation moderne. Toutefois, certains pays qui avaient signé le traité restaient convaincus qu'ils pourraient avoir à se défendre contre des attaques par armes prohibées dans le futur et pensaient que la possession de telles armes pouvait avoir un effet dissuasif. Aussi la Belgique, le Canada, la France, la Grande-Bretagne, la Hollande, l'Italie, la Pologne et l'Union Soviétique lancèrent des programmes de recherche dans le plus grand secret. Ces pays étaient d'ailleurs parfaitement en droit de le faire, puisque le Protocole de Genève prohibait l'utilisation de telles armes et non pas leur possession.

Désireuse de ne pas retrouver une situation d'impréparation analogue à celle qu'elle avait connue lors de la première attaque chimique de l'armée allemande en avril 1915, la France explora dès 1921 les possibilités d'usage militaire d'armes biologiques. Les travaux débutèrent sur le site de Sevran-Livry sous la direction d'Auguste Trillat et portèrent sur la mise au point d'un obus d'artillerie et d'une bombe aérienne susceptibles de disséminer une charge biologique. Les agents retenus par les scientifiques français étaient les bacilles du charbon et de la peste et la toxine botulinique. Mais faute de volonté politique assurée, ces travaux ne passèrent jamais au stade de production et d'industrialisation.

Le Japon, pas plus que les États-Unis, n'avait ratifié le Protocole de Genève et ne se sentait tenu de se conformer à son esprit. Il s'engagea dans une course aux armes biologiques modernes. Après avoir visité durant deux ans les établissements de recherche étrangers, l'officier japonais Shiro Ishii lança un programme de recherche d'armes biologiques à l'Hôpital militaire de Harbin, en Mandchourie occupée. En 1937, Ishii obtint l'autorisation du gouvernement nippon de construire le premier et le plus important programme de recherche sur les armes biologiques au monde, que dirigea ensuite Kitano Misaji. Installé dans le village de Pingfan, il nécessitait 6 à 12 millions de yens de budget annuel. À Pingfan (Unité 731) et dans dix-huit autres stations, dont l'Unité 100 près de Changchun et le « Département Tama », près de Nanjing, de multiples expériences furent effectuées sur des prisonniers chinois, russes ou coréens, nourris de centaines de kilos d'une pâte contenant les bactéries du choléra, du typhus ou de la peste. Certains prisonniers furent soumis à des bombes contenant du bacille du charbon. On estime à au moins 10 000 le nombre de prisonniers qui moururent des expérimentations elles-mêmes ou qui furent exécutés ensuite. Ces travaux donnèrent lieu à applications sur le terrain : entre 1940 et 1944, les Japonais répandirent des puces contaminées par le bacille pesteux dans au moins onze villes chinoises. Ils perpétrèrent également des attaques urbaines soit par contamination de la nourriture et des réseaux d'eau, soit par dissémination de cultures d'agents infectieux au moyen de bombes larguées par avion. Les Japonais développèrent également une technologie de transport à longue distance de bombes incendiaires par ballons (« fusen bakudan », ou ballons de feu) qu'ils planifiaient d'utiliser pour des attaques biologiques. Contrairement au Japon, l'Allemagne nazie ne s'intéressa jamais véritablement aux armes biologiques. Après avoir constamment repoussé les demandes de financement faites par ses généraux pour de tels travaux, Hitler finit par autoriser en 1943 la création d'un centre de recherche près de Posen, dont les travaux ne dépassèrent guère le stade expérimental.

Le programme britannique de développement d'armes biologiques débuta en 1934, mais n'eut les moyens nécessaires qu'en 1940. Le programme débuta par l'évaluation de pathogènes et de biotoxines comme armes. Des bombes contenant des spores de charbon furent testées en conditions naturelles sur l'île Gruinard, au large de la côte occidentale de l'Écosse. Tous les moutons moururent en trois jours, mais les spores persistant dans le milieu rendirent l'île inaccessible durant plus de cinquante ans. Ces expériences montrèrent que le charbon était plusieurs centaines de fois plus puissant qu'aucun des agents chimiques de l'époque et pouvait être utilisé pour rendre des villes entières inhabitables. Elles conduisirent à la mise au point de la bombe biologique chargée au charbon, dite « Bombe N1 » et d'un contenu plus de 100 fois supérieur à celui de bombes testées sur l'île Gruinard.

© Dunod – La photocopie non autorisée est un délit.

Le programme biologique militaire des États-Unis débuta en 1942, sous l'égide d'une Agence fédérale, le War Reserve Service (WRS). Il comprenait un site de recherche et développement à Camp Detrick, dans le Maryland, et deux sites de tests, dans le Mississippi et l'Utah, ainsi qu'une unité de production à Terre Haute, dans l'Indiana. À partir de mai 1943, les programmes biologiques britanniques, américains et canadiens fusionnèrent, et la totalité des données recueillies par les scientifiques britanniques furent transférées aux États-Unis. La Grande-Bretagne toutefois construisit un institut de recherche biologique ultramoderne à Porton Down. Le programme allié d'armes biologiques se lança dans la confection de quelque cinq millions de tourtes à bétail contenant des spores de charbon, prêtes à être larguées au-dessus de l'Allemagne pour ruiner son secteur agricole déjà fortement atteint. En effet, la bombe N1 cessa bientôt de représenter l'objectif du programme, beaucoup pensant qu'elle laisserait à ses utilisateurs un désert empoisonné. Il lui fut préféré l'utilisation de *Brucella*, qui, en dépit d'un taux de mortalité plus faible, avait l'avantage de contaminer la région cible quelques jours seulement. Divers agents capables de détruire massivement les récoltes furent également produits, parmi lesquels *Sclerotium rolfsii* (Agent C) pour la destruction des plants de tabac, de soja, de betterave sucrière, de patate douce et de coton, *Phytophtora infestans* (agent LO), qui cause le mildiou de la pomme de terre, *Piricularia oryae* (agent IE), un champignon qui attaque le riz et *Helminthosporium oryzae* (agent E) responsable de la fonte des semis et le flétrissement des jeunes pousses de riz. De tels agents biologiques contre les productions furent occasionnellement utilisés par les Alliés pour introduire la rouille sur les récoltes de riz japonais en 1945, et par la Grande-Bretagne en Malaisie après la guerre.

À la fin de la seconde guerre mondiale, les Alliés ne travaillaient plus sur des armes biologiques à des fins défensives, mais développaient en fait des armes biologiques offensives, sachant pertinemment que les Allemands et les Japonais n'avaient plus la capacité de monter d'attaque biologique. Les programmes développés durant la guerre leur avaient donné une avance technologique qu'ils ne voulaient pas perdre en revenant en arrière.

## LA GUERRE BIOLOGIQUE DE 1945 À 1972

Le programme américain s'accéléra après la seconde guerre mondiale. Il inclut la participation d'Ishii, de Misaji et d'autres scientifiques japonais de l'Unité 731, auxquels fut garantie l'absence de poursuites pour crimes de guerre en échange de la diffusion d'informations sur leur programme. À Camp Detrick, une grande chambre étanche fut construite pour tester la dispersion par aérosols de nombreux pathogènes. Des volontaires militaires et civils furent exposés aux agents de la tularémie *Francisella tularemia*, et de la fièvre Q, *Coxiella burneti*, ainsi qu'au germe non pathogène *Serratia marcescens*. Ce dernier organisme fut répandu à un taux de 5 000 particules par minute au-dessus de San Francisco, pour évaluer quel pourcentage de la population de la ville serait infecté si un agent infectieux similaire, mais beaucoup plus dangereux, était répandu au cours d'une attaque. Pratiquement la totalité des habitants de la ville fut trouvée porteuse du germe. De façon similaire, en 1966, du *Bacillus subtilis* non pathogène fut libéré dans une seule station du métro de New York, avec pour résultat la contamination de l'ensemble du métro souterrain de la ville, grâce aux déplacements d'air générés par les rames du métro.

Les États-Unis furent accusés par l'Union Soviétique, la Chine et la Corée du Nord d'avoir utilisé des armes biologiques durant la guerre de Corée (1950-1953). Bien que ces allégations aient été renforcées par le fait que les États-Unis avaient refusé de signer le Protocole de Genève de 1925 et par l'intégration des scientifiques japonais au programme américain, elles ne furent jamais démontrées. Ces accusations persistèrent durant la guerre froide, les États-Unis étant accusés d'expérimenter sur des Eskimos canadiens et sur des paysans colombiens et boliviens, et d'avoir préparé un plan pour déclencher une épidémie de choléra dans le sud-est de la Chine. Au début des années 1960, les États-Unis possédaient une large panoplie de drogues et toxines pouvant être utilisées pour des actions clandestines, incluant des toxines de coquillages d'action létale rapide pour se suicider en cas de découverte de la mission. Les Russes le découvrirent lorsqu'un avion espion U2 de la CIA fut abattu au-dessus de leur pays en mai 1960. Son pilote, Francis Powers, était en possession d'un dollar en argent creusé, dont le trou contenait une aiguille enduite de toxine de ricin : le chien injecté mourut en dix secondes.

Dans le courant des années 1960, on assista à un début de limitation des programmes d'armes biologiques offensives. À la suite d'accidents parmi les volontaires et d'incidents dans les villages voisins de Porton Down, la Grande-Bretagne abandonna le développement d'armes offensives et réorienta son programme uniquement à des fins défensives. Elle soumit au Comité du désarmement des Nations Unies un projet d'interdiction du développement, de la production et du stockage d'armes biologiques, prévoyant l'autorisation d'inspections en cas

© Dunod – La photocopie non autorisée est un délit.

d'infraction supposée. Les pays du Pacte de Varsovie proposèrent un document semblable, aboutissant en 1972 à la Convention sur l'Interdiction du développement, de la production et du stockage d'armes bactériologiques et toxiniques et sur leur destruction. Cette convention, signée en avril 1972, entra en action en mars 1975. Elle représenta un très grand pas en avant pour la suppression de la guerre biologique, puisqu'elle fut ratifiée par cent quarante pays, y compris l'ancienne Union Soviétique et les États-Unis, qui mirent fin sous la présidence de Richard Nixon à tout programme d'armes biologiques offensives.

En Union Soviétique, bien que l'Armée Rouge ait inauguré son premier laboratoire de recherche sur les micro-organismes pathogènes en 1928, le programme militaire ne connut de véritable essor que dans les années 1950. Un polygone d'essais en plein air fut créé sur deux îles de la mer d'Aral (Komsomols et Vozrozhdeniye), où de nombreux types d'armes et de produits furent testés. À partir des années 1970, l'Union Soviétique accéléra le développement de son industrie microbiologique. Elle décida la construction du Complexe militaire de Sverdlovsk, près d'Ekaterinbourg en Russie, ainsi que d'un réseau de plus de quarante centres de recherche et développement regroupés dans une structure, Bioparat, en principe civile mais qui fut en fait activement impliquée dans le programme militaire d'armes biologiques. L'ensemble de ce dispositif était coordonné par une agence interministérielle secrète, le Conseil scientifique et technologique de biologie moléculaire et de génétique, comprenant une forte composante du Ministère de la Défense et du complexe militaro-industriel. Cette structure développa jusqu'en 1992 un arsenal biologique impressionnant qui comprenait une large variété d'agents pathogènes militarisés, dont des missiles balistiques intercontinentaux.

Mais la signature de la Convention par cent quarante états en 1972 fut loin de résoudre le problème de la guerre biologique, certains états signataires étant même l'objet de soupçons. L'Union soviétique, qui avait accusé ses ennemis de la guerre froide, fut à son tour accusée d'avoir utilisé des armes biologiques, en particulier des aérosols de la mycotoxine trichothecene (pluie jaune) au Laos (1975-1981), au Cambodge (1979-1981) et en Afghanistan (1979-1981). Cette substance extraite de champignons du genre *Fusarium* inhibe la synthèse de l'ADN et des protéines. Toutefois, la réalité de ces attaques ne fut jamais établie en raison aussi bien de l'absence de témoins que de l'aspect contradictoire des symptômes rapportés, mais surtout en raison du fait de l'existence des *Fusarium* comme agents commensaux de l'environnement. À la même époque, les Russes fournirent aux Services secrets bulgares la ricine qui fut utilisée pour tuer l'exilé Georgi Markov. Le même produit fut utilisé pour la tentative d'assassinat de Vladimir Kostov, et vraisemblablement dans six autres assassinats. Toutes ces histoires de pluie jaune et d'assassinats furent éclipsées par l'accident survenu dans la ville de Sverdlovsk. En effet, en avril 1979, une explosion au complexe militaire de Sverdlovsk entraîna une épidémie de charbon pulmonaire parmi la population vivant ou travaillant dans un périmètre de 4 km autour du complexe. Cette épidémie qui fit 66 morts fut mise par les autorités sur le compte d'une intoxication alimentaire par ingestion de viande contaminée achetée au marché noir. Pourtant Boris Eltsine, qui avait été chef du Parti dans la ville à l'époque de l'épidémie, finit par admettre en 1992 que les informations américaines sur l'origine de l'épidémie étaient vraies, et décida à la même époque de mettre fin au programme de recherche d'armes biologiques offensives. Quelques transfuges à l'Ouest, dont Ken Abilek, ancien chef du laboratoire soviétique BioPreparat, ont toutefois révélé il y a à peine quelques années que le programme était toujours poursuivi et qu'il occupait entre 25 000 et 30 000 personnes. Ils ont affirmé que le programme avait autrefois produit des tonnes de virus de la variole et que des expérimentations ont été effectuées avec les virus des fièvres hémorragiques Ebola et Marburg.

En 2000, on apprit que 20 000 volontaires avaient servi de cobayes humains à Porton Down. La même année, il fut révélé que les gouvernements des États-Unis et de Grande-Bretagne avaient envisagé de disséminer par aérosols le champignon *Fusarium oxysporium* au-dessus de la forêt colombienne, pour détruire les récoltes de coca, qui sont à l'origine de 80 pour cent de la cocaïne mondiale.

D'autres pays pourraient avoir mené des programmes de développement d'armes biologiques dangereuses. Au moins douze états sont soupçonnés et leur nombre pourrait s'accroître. Ces suspicions proviennent des données fournies par la Commission spéciale des Nations Unies responsable du désarmement de l'Iraq, après la guerre du Golf de 1990-1991. Après quatre ans d'enquête, les Iraquiens ont admis que leur programme d'armes biologiques avait débuté en 1985, que les premiers agents pathogènes avaient été obtenus en 1986, et qu'ils avaient ensuite produit 8 500 litres de charbon (dont 6 500 litres vaporisables), 19 000 litres de toxine botulinique (dont 10 000 litres vaporisables) et 2 200 litres d'aflatoxine (dont 1 580 litres vaporisables). D'autres agents infectieux avaient été étudiés dans ce programme, dont le virus de la conjonctive hémorragique, un rotavirus et un poxvirus du chameau.

© Dunod – La photocopie non autorisée est un délit.

Malgré l'état d'avancement de ce programme, les Iraquiens n'utilisèrent pas d'armes biologiques durant la guerre du Golf, mesure judicieuse pour eux car ils ne possédaient aucun stock de vaccins pour leurs propres troupes, alors que les 150 000 militaires américains avaient été vaccinés contre le charbon, que 8 000 avaient reçu l'anatoxine botulinique et que 30 millions de doses de ciprofloxacine étaient stockées pour le cas où leurs troupes rencontreraient des spores de charbon. Ces travaux de la Commission spéciale des Nations Unies révélèrent avec quelle rapidité des régimes malveillants pouvaient réaliser des armes biologiques, lorsqu'ils étaient laissés sans surveillance.

Beaucoup plus récemment, le problème de la guerre biologique s'est déplacé, avec l'émergence de groupes bioterroristes. En 1984, des adeptes du gourou Bhagwan Shree Rajneesh contaminèrent les restaurants de l'état américain d'Oregon avec *Salmonella typhimurium.* Cet acte destiné à influencer les élections locales se solda par 751 cas d'infections entériques avec 45 hospitalisations. Au Japon, la secte Aum (Aum Shinrikyo), qui prêche un syncrétisme de Bouddhisme et d'Hindouisme et prophétise un apocalypse violent, est responsable, outre de l'attaque du métro de Tokyo de mars 1995 par le gaz neurotoxique sarin, de plusieurs attentats manqués à la toxine botulinique et au charbon. La secte a également travaillé sur *Coxiella burneti* et le virus Ebola.

La première condamnation en vertu de l'Acte contre le terrorisme par armes biologiques de 1989 fut prononcée en 1995 contre un citoyen américain qui écopa de 33 mois de prison pour avoir détenu 0,7 gramme de ricine. La même année, le leader blanc Larry Wayne Harris obtenait le bacille de la peste, *Yersinia pestis*, d'une organisation non gouvernementale. Ces exemples montrent qu'une attaque terroriste utilisant un agent biologique vaporisé peut se produire brutalement et se révéler sans préavis par des centaines ou des milliers de personnes atteintes ou décédées. En 1996, le Congrès des États-Unis a adopté une nouvelle loi pour préparer le pays à la possible émergence du terrorisme chimique et biologique. Cette loi prévoit un large éventail de mesures, allant de l'utilisation d'experts militaires pour la formation de responsables d'équipes civiles d'intervention, à la création d'un fond pour indemniser les pays de l'ancienne Union Soviétique et leur permettre de détruire leurs stocks d'armes chimiques et biologiques et éviter qu'ils ne tombent aux mains de terroristes. Cette loi est venue à propos, si l'on considère qu'il y eut en 1998 aux États-Unis jusqu'à 100 menaces d'attentats au charbon.

Ainsi, au début du XXI^e siècle, la guerre biologique demeure d'actualité, mais on doit toutefois reconnaître que les quelques tentatives d'utilisation qui en furent faites ne furent pas d'une efficacité remarquable. Avec le bioterrorisme, la donne change totalement. La confection relativement aisée et à bon marché d'armes biologiques constitue une menace sournoise pouvant atteindre n'importe quelle population à n'importe quel moment.

# Conclusion

Les maladies infectieuses ont eu une influence considérable dans l'histoire de l'humanité. Certaines d'entre elles, comme les grandes maladies pestilentielles, telles la peste, le choléra ou le typhus, ou plus récemment la grippe ou le Sida, se sont manifestées bruyamment à l'échelle mondiale et ont été responsables de pandémies meurtrières. Outre les mortalités prodigieuses dont elles furent responsables, elles eurent des conséquences sociales, culturelles, religieuses et économiques considérables et ont marqué le monde de façon indélébile.

Si toutes les maladies infectieuses n'ont pas eu un impact aussi global et déterminant, celles qui sévissaient à une échelle plus réduite n'en entraînaient pas moins des morbidités préjudiciables, des mortalités élevées ou des dépopulations dramatiques.

Certaines maladies infectieuses ont atteint des hommes d'état, des chefs d'armées ou de grands hommes. Elles ont pu à ce titre peser directement sur les décisions qu'ils prenaient et, partant, sur le cours de l'Histoire. Mais même lorsqu'elles décimaient plus anonymement les rangs des populations ou des armées, elles n'en influaient pas moins sur les destinées du monde, sur les modes de vie, sur les pensées. Le microbiologiste ne peut que s'étonner de voir que les maladies infectieuses sont pratiquement passées sous silence dans les manuels d'histoire. La bataille d'Azincourt, qui dura trois heures, le 25 octobre 1415, y occupe plus de place que la grande peste noire qui

© Dunod – La photocopie non autorisée est un délit.

décima au XIVe siècle la population de l'Europe occidentale, la réduisant brutalement de moitié, avec un cortège de bouleversements sociaux, économiques, religieux et culturels qui marquèrent cette Europe de façon durable. De même oublie-t-on souvent que la première guerre mondiale, qualifiée de « grande boucherie » avec ses huit millions de morts, fut très largement surpassée par l'épidémie de grippe espagnole qui parcourut le monde de 1917 à 1919, tuant environ 20 millions de personnes parmi les quelque 200 millions de sujets atteints.

En outre, les maladies infectieuses ne se sont pas limitées à l'homme. Elles ont atteint également animaux et végétaux. Mais même dans ce cas, l'homme a été également affecté indirectement par les conséquences économiques qu'ont pu entraîner les destructions d'espèces exploitées. L'épidémie de rouille due au champignon *Phytophtora infestans* détruisit les cultures de pommes de terre en Irlande au XIXe siècle et provoqua une famine sans précédent responsable, outre de la mort d'un million de personnes, de l'exode d'un autre million vers les États-Unis. Elle eut un retentissement déterminant sur l'émergence économique et politique de ce nouveau pays, et, au plan linguistique, elle contribua fortement à assurer la suprématie définitive de la langue anglaise sur le français. Sans ce champignon, les États-Unis d'Amérique seraient peut-être aujourd'hui un pays francophone.

Mais si les microbes exercent leurs ravages depuis des temps immémoriaux, l'homme n'en a eu connaissance que depuis à peine un siècle et demi. Cette prise de conscience est donc toute récente et l'histoire de la Microbiologie éphémère à l'échelle de l'humanité. Mais si courte soit-elle, cette histoire est extrêmement dense. Des avancées mémorables ont été accomplies en un temps somme toute assez court. Il est remarquable qu'il ait fallu si peu de générations pour s'affranchir des idées empiriques et passer de la théorie microbienne des maladies à l'explication des mécanismes infectieux au niveau moléculaire.

C'est cette formidable évolution des connaissances de la Microbiologie que nous avons souhaité raconter dans les pages précédentes. Nous nous sommes attachés à suivre l'évolution des idées et des concepts sur les microbes et les maladies dont ils sont responsables, sur les méthodes pour les déceler et les produits pour les combattre. Nous avons souhaité consacrer une part non négligeable aux applications fructueuses qu'ont générées ces connaissances, à leurs prolongements vers d'autres disciplines. Si nous avions réussi à captiver le lecteur par le merveilleux de cette épopée nous aurions atteint l'objectif que nous nous étions fixé.

La démarche expérimentale qui incarne l'apogée de la pensée occidentale rationnelle et logique a eu un rôle décisif dans l'avènement du monde moderne. En ce sens, le développement de la Microbiologie a eu des conséquences déterminantes pour l'humanité. D'abord parce qu'il a bridé les maladies infectieuses qui pesaient d'un poids considérable sur les populations et leur histoire. Ensuite parce qu'il a déclenché des transformations profondes de la Médecine et de la Chirurgie, qu'il a révolutionné l'industrie agroalimentaire.

À partir du milieu du XIXe siècle, le formidable développement de la Microbiologie amena un recul progressif des plaies que constituaient les maladies infectieuses. Car la Microbiologie ne fut pas seulement une formidable avancée dans le domaine des idées, elle fut également une remarquable force de mouvement pour la transformation de la Médecine, elle aussi sortie de l'irrationnel. L'emploi des vaccinations à grande échelle et la découverte des antibiotiques se sont conjugués aux avancées de la Médecine et de la Chirurgie modernes pour provoquer une forte réduction de la mortalité de la population humaine. Malgré deux guerres mondiales meurtrières, la population mondiale s'est considérablement accrue en a peu près un siècle, passant d'un milliard d'habitants au début du XIXe siècle à six milliards et demi en 2005.

Les avancées de la Microbiologie et de l'Hygiène furent si spectaculaires que l'homme se prit à rêver dans les années 1950 que l'éradication des maladies infectieuses était en son pouvoir. Mais c'était sans compter sur la diversité des micro-organismes et leurs capacités d'évolution spontanée. C'était oublier également que les avancées dans le domaine sanitaire n'avaient pas touché l'humanité de façon homogène, que le développement et l'abondance avaient laissé pour compte des peuples, des pays, voire des continents entiers. Depuis une trentaine d'années, les maladies infectieuses ont opéré un retour en force. Les grandes épidémies réapparaissent au cours des désastres sociaux. Dans les pays du sud, un grand nombre de maladies infectieuses constituent des problèmes majeurs de santé publique. Dans les pays développés mêmes, elles représentent une cause importante de morbimortalité tant dans la population générale, en particulier pédiatrique où elles représentent plus de la moitié de la pathologie, qu'en milieu hospitalier. L'infectiologie doit faire face, à de nouveaux défis. Les infections nosocomiales se développent dans l'écosystème hospitalier. L'explosion des résistances des agents infectieux aux anti-microbiens pose un problème de plus en plus préoccupant. La menace d'épidémies nouvelles pouvant se propager rapidement au monde entier

© Dunod – La photocopie non autorisée est un délit.

demande une réactivité immédiate. La progression des causes d'immunodépression, d'origine infectieuse (en particulier l'infection par le VIH) ou thérapeutique, offre les conditions de développement des infections opportunistes. L'amplification des conditions de transmission d'agents infectieux connus (*Legionella*, *Listeria*, virus de la grippe, virus West Nile) et, plus récemment, la menace d'utilisation de micro-organismes comme agents de bioterrorisme remettent les agents infectieux sur le devant de l'actualité. Les maladies émergentes, Sida, grippe aviaire ou Chikungunya, sont venues défier à nouveau l'homme et lui montrer que malgré ses connaissances et ses techniques il n'était pas à l'abri d'épidémies meurtrières, voire de pandémies.

Enfin, l'histoire de la Microbiologie est également une exemplaire leçon sur l'homme. Nous avons côtoyé durant ces pages des génies passionnés et généreux, œuvrant pour le bien de l'humanité. Mais comme toute œuvre humaine, la Microbiologie a pu être pervertie par l'homme même, détournée de ses objectifs de soin et de santé pour être employée à la domination et à la destruction. Nous avons vu que les tentations de pratiquer la guerre biologique, si elles furent nombreuses, n'eurent guère de concrétisation, en tout cas pas sous une forme élaborée et massive. Pourtant les maladies infectieuses ont constamment accompagné les conflits et les guerres, ajoutant leurs propres victimes aux morts résultant directement des combats. Toutes les concentrations humaines ont favorisé le déclenchement d'épidémies d'autant plus meurtrières qu'elles survenaient sur des populations affaiblies et dénutries, vivant dans une promiscuité effroyable et des conditions d'hygiène précaires. Dans un très beau discours de réception du Prix Nobel de Physiologie et Médecine, en 1928, Charles Nicolle mettait l'accent sur la responsabilité de l'homme dans l'épanouissement des maladies infectieuses. Parlant du pou, dont il venait de démontrer le rôle de vecteur dans le typhus exanthématique mondial, il déclarait : « L'homme porte sur sa peau un parasite, le pou. La civilisation l'en débarrasse. Que l'homme se dégrade, qu'il se fasse semblable à la brute primitive, le pou se multiplie de nouveau et il traite, comme elle le mérite, la brute humaine ». Une douzaine d'années après ces paroles prophétiques, les camps de concentration de l'Allemagne nazie faisaient plus de trois millions de victimes. Sans pouvoir rivaliser avec la chambre à gaz, le pou et le typhus y ajoutèrent leurs victimes propres.

# Remerciements

Je voudrais tout d'abord remercier bien vivement le professeur Luc Montagnier qui a accepté de préfacer cet ouvrage et d'en faire une lecture critique, et madame Annick Perrot, conservateur du musée Pasteur, pour la mise à disposition gracieuse de la grande majorité des illustrations dont cet ouvrage est orné.

Je remercie également mes collègues qui ont accepté de lire certains chapitres, et tout spécialement Estelle Bilak (Professeur, Faculté de Pharmacie, Université Montpellier 1), Noël Boemare (Professeur, Université Montpellier 2), Gérard Devauchelle (Professeur, Université Montpellier 2), Thierry Lavabre-Bertrand (Professeur, Faculté de Médecine, Université Montpellier 1), Gilles Marchal (professeur à l'Institut Pasteur, Paris), Geneviève Milon (chef de laboratoire à l'Institut Pasteur, Paris), Michel Pagès (chargé de recherche, CNRS), Bernard Papierock (chef de laboratoire à l'Institut Pasteur, Paris), Pierre Saliou (Sanofi-Pasteur). Je remercie également pour les informations fournies : Gabriele Schoënian (Charité Universitactsmedizin, Berlin, Allemagne), Michele Maroli (Istituto Superiore du Sanita, Rome, Italie).

Me furent d'une aide précieuse toutes les personnes qui ont autorisé la reproduction de certaines figures, et en particulier : Patrick Bierther (Novartis Behring, Marburg, Allemagne), Ute Hornbogen (Musée Robert Koch, Charité Universitaetsmedizin, Berlin, Allemagne), Don Powell (Wellcome Trust Sanger Institute, Cambridge, Grande-Bretagne),

© Dunod – La photocopie non autorisée est un délit.

L. A. Robertson (Delft University of Technology, Delft, Pays-Bas), Dörte Ruhaltinger (Paul-Ehrlich-Institut, Langen, Allemagne), Byron H. Waksman (Lexington, USA).

Je sais également gré, pour l'aide apportée, à Michael A. Osborne (University of Californa, Santa Barbara, USA), Micheline Terquem (Institut Pasteur), et Yves Balard et Martine Bonnefoy (Laboratoire de Parasitologie, Université Montpellier 1).

# Bibliographie


ANONYME. (1977) *Collected papers of Shibasaburo Kitasato*. Toppan Printing Co.

BAÜMLER E. (1984) *Paul Ehrlich, scientist for life*. Holmes & Meyer.

BESREDKA A. (1921) *Histoire d'une idée : l'œuvre de E. Metchnikoff. Embryogénie, Inflammation, immunité, sénescence, pathologie, philosophie*. Masson.

BINDER P., LEPICK O. (2001) *Les armes biologiques*. Presses Universitaires de France.

BLAYAC J. P., VAGNON F., HILLAIRE-BUYS D. (1997) *Les quinquinas et la quinine : petites histoires d'une grande découverte*. Nunc Monspeliensis Hippocrates, 5 : 11-17.

BOURDELAIS P. (2001) *Les hygiénistes, enjeux, modèles et pratiques (XVIII^e^-XX^e^ siècles)*. Belin.

BOYCE R. W. (1909) *Mosquito or man ? The conquest of the tropical world*. John Murray, London.

BRETEY J. (1982) *Robert Koch et son bacille. Un reportage*. Bull. Acad. Nat. Méd., 166 : 399-406.

BRIGGS J. D. (1962) Commercial production of insect pathogens. In : *Insect Pathology, an advanced treatrise*, E. A. Steinhaus Ed., Academic Press, 2 : 519-548.

BROCK T. D. (1988) *Robert Koch. A life in Medicine and Bacteriology*. Springer-Verlag.

BROSSOLLET J., MOLLARET H. (1994) *Pourquoi la peste ? Le rat, la puce et le bubon*. Découvertes Gallimard.

BULLOCH W. (1938) *The history of Bacteriology*. Oxford University Press.


© Dunod – La photocopie non autorisée est un délit.

BURNET E. (1932) *La lèpre, légende, histoire, actualité*. Flammarion.

CARTER K. C., CARTER B. R. (1994) *Childbed fever. A scientific biography of Ignaz Semmelweis*. Greewood Press.

CELINE L. F. (1977) *Semmelweis*, Gallimard.

CHASTEL C. (1992) *Histoire des virus, de la variole au Sida*. Boubée.

CHASTEL C. (1996) *Ces virus qui détruisent les hommes*. Ramsay Archimbaud.

CHASTEL C. (1997) *La naissance de la virologie*. Virologie, 1 : 103-110.

CONTREPOIS A. (2001) *L'invention des maladies infectieuses. Naissance de la bactériologie clinique et de la pathologie infectieuse en France*. Éditions Archives contemporaines.

CRESSAC M. (1950) *Le docteur Roux, mon oncle*. L'Arche.

CUNY H. (1963) *Louis Pasteur et le mystère de la vie*. Seghers.

DARMON P. (1995) *Pasteur*. Fayard.

DEDET J. P. (2000) *Les Instituts Pasteur d'outre-mer, cent vingt ans de microbiologie française dans le monde*. L'Harmattan.

DELAUNAY A. (1962) *L'Institut Pasteur des origines à aujourd'hui*. Éditions France-Empire.

DIGGINS F. W. E. (1999) *The true history of the discovery of penicillin, with refutation of the misinformation in the literature*. Brit. J. Biomed. Sci., 56 : 83-93.

DOBY J. M. (1992) *Histoire du traitement du paludisme depuis l'antiquité jusqu'à la préparation de la quinine*. Bull. Soc. Franç. Parasitol., 10 : 133-159.

DUBOS R. (1987) *La leçon de Pasteur*. Albin Michel.

DUBOS R. (1995) *Louis Pasteur, franc-tireur de la science*. La Découverte.

FOSTER W. D. (1970) *A history of medical bacteriology and immunology*. W. Heinemann Medical Books.

GENETET B. (2000) *Histoire de l'immunologie*. Presses Universitaires de France.

GOODWIN L. G. (1995) *Pentostam® (sodium stibogluconate), a 50-year personnal reminiscence*. Trans. R. Soc. Trop. Med. Hyg., 89 : 339-341.

GREENWOOD D. (1992) *The quinine connection*. J. Antimicrob. Chemother., 30 : 417-427.

GUARNER F., (2003) *Malagelada J. R. Gut flora in health and disease*. Lancet, 360 : 512-519.

HALIOUA B. (2001) *Histoire de la Médecine*. Masson.

HANSEN W., FRENEY J. (2002) *Des bactéries et des hommes. Histoire des grandes maladies infectieuses et de leur diagnostic*. Privat.

HAYES R. A., RICHADSON B. J. (2001) *Biological control of the rabbit in Australia : lessons not learned ?* Trends Microbiol., 9 : 459-460.

HEIMPEL A. M., ANGUS T. A. (1962) Diseases caused by certain spore-forming bacteria. In : *Insect Pathology, an advanced treatrise*, E. A. Steinhaus Ed., Academic Press, 2 : 21-73.

HUARD P. (1970) *Sciences, médecine, pharmacie de la Révolution à l'Empire (1789-1815)*. Da Costa, Paris.

HUARD P., WONG M. (1969) La *Médecine chinoise*. Presses Universitaires de France.

HUET M. (1995) *Le pommier et l'olivier. Charles Nicolle, une biographie (1866-1936).* Sauramps Médical.

KASS E. H. (1987) *History of the specialty of infectious diseases in the United States*. Ann. Intern. Med., 106 : 745-756.

KOHN G. C. (2001) *Encyclopedia of plague and pestilence, from ancient times to the present*. Checkmark Books.

LAGRANGE E. (1939) *Robert Koch, sa vie et son œuvre*. Goemaere.

LAGRANGE E. (1954) *Monsieur Roux*. Goemaere.

LAGRANGE P. H., WARGNIER A., HERRMANN J. L. (2002) *Historique de la vaccination antituberculeuse et actualités du BCG*. Bull. Assoc. Anc. Elèves Inst. Pasteur, 173 : 167-177.

LAPEYSSONNIE L. (1988) *La Médecine coloniale, mythes et réalités*. Seghers.

LATOUR B. (1994) *Pasteur, une science, un style, un siècle*. Perrin.

LEBRUN F. (1995) *Se soigner autrefois. Médecins, saints et sorciers aux XVII^e et XVIII^e siècles*. Éditions du Seuil.

LÉPINE P. (1961) *Les virus*. Presses Universitaires de France.

LÉPINE P. (1966) *Élie Metchnikoff et l'immunologie*. Seghers.

LÉPINE P. (1975) *Les vaccinations*. Presses Universitaires de France.

LÉVY I. (1996) *Le dictionnaire des prix Nobel*. Éditions Josette Lyon.

LUMET L. (1922) *Pasteur, sa vie, son œuvre*. Hachette.

MACFARLANE G. (1990) *Fleming, l'homme et le mythe*. Belin.

MAUROIS A. (1959) *La vie de Sir Alexander Fleming*. Hachette.

METCALFE N. (2002) *A short history of biological warfare*. Medicine, Conflict and Survival, 18 : 271-282.

METTLER C. C. (1947) *History of Medicine*. The Blakiston Company, Philadelphia, Toronto.

MOLLARET H. H., BROSSOLLET J. (1985) *Alexandre Yersin ou le vainqueur de la peste*. Fayard.

NAVARRO Y., GARCIA R. (2001) *Historia de la sanidad maritima en Espana*. Instituto de Salud Carlos III.

NICOLLE C. (1939) *Destin des maladies infectieuses*. Presses Universitaires de France.

PARFITT T. (2005) *Georgia : an unlikely stronghold for bacteriophage therapy.* The Lancet, 365 (9478) :2166-2167.

PASTEUR VALLERY-RADOT (1936) *Les grands problèmes de la médecine contemporaine*. Flammarion.

RAICHVARG D. (1995) *Louis Pasteur, l'empire des microbes*. Découvertes Gallimard.

ROLLAND X. ET L. (1997) *Bactéries, virus et champignons*. Flammarion.

SENEZ J. C. (1968) *Microbiologie générale*. Doin.

SILVERSTEIN A. M. (2002) *Paul Ehrlich's receptor immunology : the magnificent obsession*. Academic Press.

© Dunod – La photocopie non autorisée est un délit.

STANIER R. Y., DOUDOROFF M., ADELBERG E. A. (1966) *Microbiologie générale*. Masson.

STEARN W. E., STEARN A. E. (1945) *The effect of smallpox on the destiny of the Amerindian*. Bruce Humphries, Inc., Boston.

STEINHAUS E. A. (1962) Introduction. In : *Insect Pathology, an advanced treatrise*, E. A. Steinhaus Ed., Academic Press, 1 : 1-26.

THÉODORIDES J. (1991) *La thèse prophétique d'Ernest Duchesne (1897) sur l'antagonisme entre les moisissures et les microbes*. Éditions Louis Pariente, Paris.

VALLERY-RADOT R. (1941) *Madame Pasteur*. Flammarion.

VALLERY-RADOT R. (1900) *La vie de Pasteur*. Flammarion.

VIGNAIS P. (2001) *La Biologie, des origines à nos jours. Une histoire des idées et des hommes*. EDP Sciences.

WAKSMAN S. A. (1964) *Ma vie avec les microbes*. Albin-Michel.

WELCH H., MARTI-IBANEZ F. (1960) *The Antibiotic saga*. Medical Encyclopedia, New York.

WINOGRADSKY S. (1949) *Microbiologie du sol. Problèmes et méthodes. Cinquante ans de recherches*. Masson, Paris.

WOJTKOWIAK B. (1990) *Tous les Nobel de Chimie*. Ouest Editions.

# Chronologie des grandes découvertes en microbiologie

1546 : Frascator imagine que certaines maladies soient dues à des sortes de germes, les « seminaria ».

1673 : Leeuwenhoeck découvre les « animalcules » (des bactéries) dans l'eau d'une rivière.

1688 : Redi bat en brèche la théorie de la génération spontanée en démontrant que les vers naissent des œufs déposés par les mouches.

1762 : Linné établit sa classification des animaux.

1765-1776 : Spallanzani suggère que les germes sont transportés dans l'air.

1786 : Müller établit la première classification des bactéries.

1796 : Jenner inocule la vaccine pour protéger contre la variole.

1836 : Donné décrit *Trichomonas vaginalis.*

1837 : Bassi décrit le champignon *Botrytis* agent de la muscardine des vers à soie, première démonstration de l'origine microbienne d'une maladie.

1839 : Schönlein découvre le champignon responsable de la teigne.

1844 : Découverte de *Herpes tonsurans*, champignon responsable de la teigne tondante.

1847 : Semmelweis démontre que la fièvre puerpérale est transmise par les médecins et propose d'utiliser des antiseptiques pour prévenir la maladie.

1849 : Snow étudie le développement d'une épidémie de choléra à Londres.

1850 : Rayer et Davaine découvrent la bactéridie charbonneuse.

© Dunod – La photocopie non autorisée est un délit.

1855-1866 : Principaux travaux de Pasteur sur les fermentations.

1857 : Pasteur découvre que la fermentation du sucre en acide lactique est due à une levure.

1860-1866 : Pasteur réfute la génération spontanée.

1865 : Pasteur met au point la pasteurisation des vins.

1865-1870 : Travaux de Pasteur sur les maladies des vers à soie.

1867 : Lister publie son travail sur la chirurgie aseptique.

1871-1879 : Suite des travaux de Pasteur sur les fermentations.

1873 : Obermeier découvre le spirochète de la fièvre récurrente.

1874 : Hansen découvre le bacille de la lèpre.

1875 : Losch découvre l'amibe dysentérique. Ferdinand Cohn publie une première classification des bactéries où apparaît le terme « *Bacillus* ».

1876 : Koch démontre que le charbon est dû à *Bacillus anthracis*.

1877 : Pasteur découvre le vibrion septique, *Clostridium septicum*. Patrick Manson découvre la transmission de la filariose lymphatique par le moustique.

1877-1883 : Travaux de Pasteur sur le charbon.

1878-1883 : Recherches de Pasteur sur le choléra des poules et l'érysipèle du porc.

1878 : Le terme « microbe » est adopté par l'Académie des Sciences, sur proposition du chirurgien Sédillot.

1879 : Pasteur isole le streptocoque dans un abcès des suites de couches. Émile Roux obtient l'atténuation du bacille du choléra des poules. Chamberland soutient sa thèse de Physique, point de départ des travaux qui l'amèneront à concevoir l'autoclave.

1880 : Laveran découvre l'hématozoaire du paludisme. Pasteur met en évidence le staphylocoque.

1881 : Expérience de Pasteur sur la vaccination contre le charbon à Pouilly-le-Fort. Koch met au point le milieu solide à l'agarose pour la culture des bactéries.

1880-1886 : Travaux de Pasteur sur la rage.

1881 : Pasteur décrit le pneumocoque.

1882 : Koch découvre le bacille tuberculeux, *Mycobacterium tuberculosis*.
Loeffler et Schütz découvrent *Pfeifferella mallei*, agent de la morve

1883 : Metchnikoff décrit la phagocytose. Klebs met en évidence le bacille diphtérique dans les fausses membranes.

1884 : Koch décrit le vibrion cholérique. Il publie pour la première fois ses postulats. Loeffler isole et cultive le bacille diphtérique. Gaffky isole le bacille typhoïdique. Rosenbach isole et cultive le staphylocoque et le streptocoque. Nicolaïer met en évidence le bacille tétanique dans les lésions expérimentales du lapin. Chamberland met au point un filtre à l'aide d'une bougie de porcelaine poreuse : le filtre Chamberland. Construction du premier autoclave à Paris. Gram décrit la coloration qui porte son nom.

1885 : Pasteur vaccine Joseph Meister contre la rage. Découverte du gonocoque par Bumm. Escherich découvre le colibacille, *Escherichia coli.*

1886 : Fraënkel découvre l'agent de la pneumonie, *Streptococcus pneumoniae*.

1887 : Richard Petri invente la boite qui porte son nom. Weichselbaum découvre le méningocoque. Bruce isole l'agent de la fièvre de Malte, *Brucella melitensis*.

1887-1890 : Winogradsky étudie les bactéries sulfureuses et nitrifiantes.

1888 : Fondation de l'Institut Pasteur, à Paris.

1889 : Kitasato isole et cultive le bacille tétanique. Roux et Yersin découvrent la toxine diphtérique. Kitasato et Weyl découvrent la toxine tétanique. Beijerinck isole des bactéries des nodules radiculaires des plantes.

1890 : Behring prépare des antitoxines contre la diphtérie et le tétanos. Koch isole la tuberculine.

1891 : Wolff et Israël découvrent les Actinomycètes.

1892 : Welch et Nuttal découvrent *Clostridium perfringens* et les agents de la gangrène gazeuse. Ivanovski démontre que la mosaïque du tabac est due à un virus filtrant. Behring met au point un sérum antidiphtérique par immunisation de la vache. Loeffler découvre *Salmonella typhimurium.*

1894 : Yersin isole le Bacille de la peste, *Yersinia pestis.* Roux prépare un sérum antidiphtérique par immunisation du cheval.

1895 : Pfeiffer décrit le phénomène de la bactériolyse immune. Bordet découvre le complément.

1896 : Van Ermengem découvre le bacille botulinique, responsable du botulisme. Wright met au point les vaccins bactériens tués.

1897 : Büchner prépare un extrait de levure qui fermente.

1898 : Ross démontre que le parasite du paludisme des oiseaux est transmis par un moustique. Simond découvre la transmission de la peste par la puce. Shiga décrit le bacille dysentérique. Loeffler et Frosch montrent que la fièvre aphteuse est due à un virus filtrant. Noccard et Roux découvrent *Mycoplasma mycoïdes*, agent de la péripneumonie contagieuse des petits ruminants.

1899 : Beijerinck démontre qu'une particule virale est la cause de la mosaïque du tabac. Fondation des Écoles de Médecine tropicale de Liverpool et de Londres, en Grande-Bretagne.

1900 : Reed démontre que la fièvre jaune est transmise par un moustique.

1901 : Dutton découvre le trypanosome de la maladie du sommeil. Reed montre que la fièvre jaune est due à un virus filtrant. Bordet décrit la réaction de fixation du complément. Ishiwata isole *Bacillus thuringiensis*. Attribution du premier Prix Nobel de Physiologie et Médecine à Behring.

1902 : Richet et Portier découvrent l'anaphylaxie. Reed et Carrol démontrent que la fièvre jaune est due à un virus filtrant.

© Dunod – La photocopie non autorisée est un délit.

1905 : Schaudinn et Hoffmann montrent que *Treponema pallidum* est l'agent de la syphilis. Koch reçoit le Prix Nobel de Physiologie et Médecine.

1906 : Bordet et Gengou découvrent le bacille de la coqueluche. Wassermann développe le test de fixation du complément pour la syphilis.

1909 : Ricketts démontre que la fièvre des Montagnes Rocheuses est transmise par des tiques.

1910 : Ehrlich développe un agent chimiothérapique contre la syphilis.

1911 : Rous découvre un virus responsable de cancer chez les poules.

1915-917 : Twort et d'Hérelle découvrent les bactériophages.

1921 : Fleming découvre le lysozyme. Première vaccination de nourrissons par le BCG.

1923 : Ramon découvre les anatoxines. Sorre élabore le concept de complexe pathogène.

1928 : Griffith découvre la transformation bactérienne.

1929 : Fleming découvre la pénicilline.

1931 : Woodruff et Goodpasture mettent au point l'inoculation à l'œuf embryonné de poule.

1932 : Ruska invente le microscope électronique.

1933 : Premier isolement du virus de la grippe par Smith, Andrews et Laidlaw. Mise en évidence du cycle sauvage de la fièvre jaune.

1935 : Domagk découvre les sulfamides. Stanley cristallise le virus de la mosaïque du tabac.

1937 : Chatton divise les organismes vivants en procaryotes et eucaryotes.

1941 : Beadle et Tatum formulent l'hypothèse un gène, une enzyme. Hirst découvre l'hémagglutination virale.

1942 : Utilisation de la pénicilline. Mise en évidence du virus des tumeurs mammaires de la souris par Bittner.

1944 : Waksman découvre la streptomycine. Avery démontre que l'ADN transporte l'information génétique durant la transformation.

1946 : Lederberg et Tatum décrivent la conjugaison bactérienne.

1949 : Enders, Weller et Robbins multiplient le poliovirus dans des cellules humaines en culture.

1950 : Lwoff induit des bactéries lysogènes.

1951 : Découverte du premier virus des leucémies murines par Gross.

1952 : Hershey et Chase démontrent que les bactériophages injectent leur ADN dans les cellules hôtes. Zinder et Lederberg découvrent la transduction généralisée.

1953 : La microscopie à contraste de phase se développe. Isolement du premier Adénovirus par Rowe et Huebner.

1955 : Jacob et Wollman découvrent que le facteur F est un plasmide. Jerne et Burnet proposent la théorie de la sélection clonale.

1957 : Gierer et Schramm découvrent l'infectivité de l'ARN isolé du virus de la mosaïque du tabac.

1961 : Jacob et Monod proposent le modèle de l'opéron pour la régulation des gènes.

1961-1966 : Nirenberg, Khorana et d'autres élucident le code génétique.

1962 : Synthèse de l'acide nalidixique, premier antimicrobien de type quinolone.

1963 : Blumberg découvre l'antigène Australia.

1967 : Première épidémie de maladie de Marburg, en Allemagne.

1969 : Premier cas de fièvre de Lassa, au Nigeria.

1970 : Arber et Smith découvrent les endonucléases de restriction. Temin et Baltimore découvrent la transcriptase inverse chez les rétrovirus.

1973 : Ames développe un test bactérien de détection des agents mutagènes et cancérigènes. Cohen, Boyer, Chang et Helling se servent de plasmides vecteurs pour cloner des gènes dans les bactéries.

1975 : Découverte de la borréliose de Lyme.

1976 : Découverte par Stehelin du premier oncogène viral sur le virus du sarcome de Rous. Premières épidémies de fièvre hémorragique Ebola au Soudan et au Zaïre.

1977 : Reconnaissance des archéobactéries comme un groupe distinct de micro-organismes. Gilbert et Sanger développent des techniques de séquençage de l'ADN.

1979 : Éradication de la variole. Découverte du virus HTLV1 par l'équipe de Robert Gallo.

1980 : Développement du microscope à effet tunnel et à balayage.

1982 : Vaccin contre l'hépatite B obtenu par des techniques de génie génétique. Barry Marshall et Robin Warren découvrent et cultivent la bactérie *Helicobacter pylori* présente à la surface de la muqueuse gastrique.

1982-1983 : Cech et Altman découvrent l'ARN catalytique.

1983-1984 : Le virus de l'immunodéficience humaine (VIH) est découvert par Montagnier et Gallo.

1986 : Premier vaccin (hépatite B) produit par génie génétique et reconnu utilisable chez l'homme.

1988 : Début du programme OMD d'éradication de la poliomyélite par la vaccination.

1992 : Premiers tests chez l'homme d'une thérapie antisens.

1995 : Séquençage du génome de *Haemophilus influenzae*.

1996 : Séquençage du génome de *Methanococcus jannachii*. Séquençage du génome de la levure *Saccharomyces cerevisiae*.

1997 : Découverte de la plus grande bactérie connue : *Thiomargarita namibiensis*. Séquençage du génome d'*Escherichia coli*.

2000 : Découverte de deux chromosomes distincts chez *Vibrio cholerae*.

© Dunod – La photocopie non autorisée est un délit.

# Liste des Prix Nobel attribués à des Microbiologistes

(Sauf mention spéciale, il s'agit des Prix Nobel de Physiologie et Médecine.)

1901. **Behring** Emil (pour ses travaux sur la sérothérapie, en particulier antidiphtérique)

1902. **Ross** Ronald (pour ses travaux sur le paludisme, et en particulier la transmission du paludisme aviaire par le moustique)

1905. **Koch** Robert (pour ses recherches et ses découvertes sur la tuberculose)

1907. **Laveran** Alphonse (pour ses travaux sur le rôle joué par les protozoaires dans la cause des maladies)

1908. **Ehrlich** Paul et **Metchnikoff** Élie (pour leurs travaux sur l'immunité)

1912. **Carrel** Alexis (pour ses travaux sur la structure des vaisseaux et la transplantation de vaisseaux et d'organes)

1913. **Richet** Charles (pour ses travaux sur l'anaphylaxie)

1919. **Bordet** Jules (pour ses découvertes concernant l'immunité)

1927. **Jauregg** Julius Wagner (pour la découverte du traitement de la paralysie générale par l'inoculation du parasite du paludisme)

1928. **Nicolle** Charles (pour ses travaux sur le typhus exanthématique)

1939. **Domagk** Gerhardt (pour la découverte de l'action thérapeutique du prontosil dans certaines infections)

© Dunod – La photocopie non autorisée est un délit.

1945. **Fleming** Alexander, **Florey** Howard W. et **Chain** Ernst Boris (pour la découverte de la pénicilline)

1946. **Wendell** Meredith Stanley (Prix Nobel de chimie, pour l'obtention du virus de la mosaïque du tabac sous forme d'une protéine pure cristallisée)

1948. **Müller** Paul (pour la découverte du dichloro-diphényl-trichloréthane, le DDT)

1951. **Theiler** Max (pour ses découvertes relatives à la fièvre jaune et à la lutte contre cette maladie)

1952. **Waksman** Selman A. (pour la découverte de la streptomycine)

1954. **Enders** John F., **Weller** Thomas H. et **Robbins** Frederick (pour la découverte de la faculté du virus poliomyélitique de se multiplier dans des cultures de tissus différents)

1954. **Pauling** Linus Carl (Prix Nobel de Chimie, pour ses travaux sur les liaisons chimiques et leur application à la compréhension des structures chimiques complexes)

1957. **Bovet** Daniel (pour ses découvertes sur les anti-histaminiques de synthèse et les produits curarisants)

1958. **Beadle** George W., **Tatum** Edward L. et **Lederberg** Josuah (pour la découverte que les gènes régularisent certains processus chimiques déterminés, et la recombinaison génétique chez les bactéries)

1960. **Burnet** Frank.M. et **Medawar** Peter B. (pour la découverte de la tolérance immunologique acquise)

1962. **Watson** James D., **Crick** Francis H. et **Wilkins** Maurice H. (pour la découverte de la structure moléculaire des acides nucléiques et sa signification pour la transmission d'informations dans la matière vivante)

1965. **Jacob** François, **Lwoff** André et **Monod** Jacques (pour leurs découvertes sur la régulation génétique de la synthèse d'enzymes et de virus)

1966. **Rous** Francis Peyton (pour sa découverte de la nature virale du sarcome aviaire)

1969. **Luria** Salvador E., **Delbrück** Max et **Hershey** Alfred D. (pour leurs travaux sur la génétique bactérienne et la biologie des phages)

1975. **Dulbecco** Renato, **Temin** Howard M. et **Baltimore** David (pour leur découverte sur l'action cancérogène d'un groupe de virus)

1976. **Blumberg** Baruch S. (pour sa découverte du virus de l'hépatite B) et **Gajdusek** Carleton D. (pour la démonstration de la transmissibilité du kuru)

1978. **Smith** Hamilton O., **Arber** Werner et **Nathans** Daniel (pour la découverte de l'enzyme de restriction)

1980. **Gilbert** Walter et **Sanger** Frederick (Prix Nobel de Chimie, pour leurs contributions à la détermination des séquences de base dans les acides nucléiques)

1986. **Ruska** Ernst (Prix Nobel de Physique, pour ses recherches fondamentales en optoélectronique et pour la construction du premier microscope électronique), et **Binnig** Gerd et **Rohrer** Heinrich (Prix Nobel de Physique pour la construction du microscope à balayage utilisant l'effet tunnel)
1987. **Tonegawa** Susumu (pour la structure des défenses immunitaires)
1988. **Elion** Gertrude, **Hitchings** George H. et **Black** James W. (pour leur découverte de principes importants concernant le traitement par des médicaments)
1989. **Bishop** J. Michael et **Varmus** Harold (pour la découverte de l'origine cellulaire des oncogènes rétroviraux)
1993. **Sharp** Phillip et **Roberts** Richard John (pour la découverte des exons et des introns dans les gènes des adénovirus)
1993. **Mullis** Kary B. (Prix Nobel de Chimie, pour son invention de la méthode de PCR, réaction de polymérase en chaîne)
1996. **Doherty** Peter et **Zinkernagel** Rolf (pour les bases de la reconnaissance d'un virus par les cellules du système immunitaire)
1997. **Prusiner** Stanley (pour la découverte de la molécule prion et son rôle dans plusieurs maladies neuro-dégénératives)
2005. **Marshall** Barry J. et **Warren J.** Robin (pour la découverte de la bactérie *Helicobacter pylori* et son rôle dans l'ulcère de l'estomac)

# Index des noms de personnes


## A

Abbe, Ernst 33, 43
Abilek, Ken 221
Abraham, Edward P. 204
Adil-Bey 139
Allison, V. D. 202
Altman 239
Ames 239
Amherst, Jeffrey 214
Anderson, Thomas 86, 145, 171
Andrewes, C. H. 148
Andrews, F. W. 121, 238
Angus 135
Anker 208
Aoki 134
Appert, Nicolas 8, 130
Arber, Werner XIV, 179, 239, 242
Aristote 2
Arkwright, Joseph A. 113
Auxonne, Pierre d' 184
Avenzoar 10
Avery XIV, 119, 209, 238
Avery, Oswald T. 117, 173
Avicenne 3

## B

Babes, Victor 69
*Bacillus thuringiensis* 134
Bail 146
Balard, Antoine-Jérôme 14, 17
Balmis, Francisco Javier 95
Baltazard, Marcel 54, 116
Baltimore, David 157, 179, 239, 242
Bang, Bernhard 76, 156
Barcroft 168
Barré-Sinoussi, Françoise 160
Bartch 83
Barthez, Paul Joseph 9
Bassi, Agostino 10, 235
Bastian 162
Bastian, Henry Charlton 19, 89
Bawden, Frederick C. 144
Beadle, George 169, 170, 171, 238, 242


© Dunod – La photocopie non autorisée est un délit.

Beauperthuy, Louis Daniel 115
Béchamp, Antoine 19, 191
Behring, Emil 38, 55, 60, 61, 62, 63, 69, 70, 71, 116, 237, 241
Behringwerke 62, 70
Beijerinck 127
Beijerinck, Martinus Willem 125, 126, 127, 129, 138, 139, 237
Ben Cao Gang Mu 188
Bergé, A. 85
Berger 134
Berkefeld, Wilhelm 138
Berliner 134, 135
Bernard, Noël 53
Bernoulli 94
Berthemot, Jean-Baptiste 188
Bertrand, Gabriel 51, 55
Berzelius 15
Besredka, Alexandre 51, 72
Bhagwan Shree Rajneesh 222
Biggs, H. M. 78
Binnig, Gerd 243
Bishop, J. Michael 157, 243
Bittner, John 156, 238
Black, James 243
Blackburn, Luke 215
Blanc, Georges 54, 116
Blanchard, Raphaël 76
Blegny, Nicolas de 186
Bloch 200
Blowitz 26
Blumberg, Baruch S. 148, 239, 242
Boehringer 188
Boquet, Alfred 100
Bordet, Jules 50, 54, 64, 72, 122, 123, 142, 146, 237, 238, 241
Bordeu, Théophile de 9
Borelli, Giovanni Alphonso 9
Borrel, Amédée 47, 72, 156
Borries, von 145
Bossuet 186
Bouchard, Charles 193, 203
Bourgogne, duc de 186
Boussingault 127
Bovet, Daniel 197, 200, 242
Boycott, A. E. 121
Boyer 239
Bradley 7
Brahmachari 191
Brenner, Sidney 175
Bretonneau, Pierre 9, 68
Brown, J. H. 119
Bruce, David 74, 75, 76, 237
Bruck, Carl 64, 124
Brumpt, Émile 76, 79
Büchner, Edouard 168, 237
Budd, William 166
Buffon, Georges 8, 17
Bugie 207, 208
Bumm, Ernst von 67, 237
Burkitt, Denis 156
Burnet, Etienne 48, 238
Burnet, Frank Macfarlane 143, 242
Burrill, Thomas 77
Buttle 200, 201

## C

Cagniard-Latour, Charles 9, 15
Calmette, Albert 52, 54, 55, 72, 96, 99, 100, 101
Camus, Lucien 96
Carini, Antonio 79
Carnificis 184
Carnot, Sadi 14, 46
Carrel, Alexis 142, 143, 241
Carrol 139, 237
Casals 144
Cavendish 15
Caventou, Joseph-Bienaimé 184, 187, 188
Cech 239
Celse 2
Centanni 139
Chagas, Carlos 2, 79
Chain, Ernest Boris 204, 205, 242
Chamberlain, Joseph 73, 77
Chamberland, Charles 23, 25, 26, 27, 28, 43, 46, 88, 89, 90, 91, 138, 236
Chambon, Ernest 96
Chang 239

Chantemesse, André 25, 58, 74, 166
Chapin, C. V. 113
Charpentier 47
Chase, Martha 173, 238
Chatton, Edouard 238
Chauliac, Guy de 192
Chelle, Paul-Louis 161
Cherman, Jean-Pierre 160
Chevallier-Appert 89
Cheyne, Watson 74, 96
Chigasaki 134
Ciuca 146
Clarke 144
Cochrane 201
Cogrossi 7
Cohen 239
Cohen, Georges 177
Cohen, S. S. 171
Cohen-Bazire, Germaine 171
Cohn, Ferdinand 19, 22, 33, 67, 89, 236
Cole, R. 117
Colin 22
Conn, Herbert 78
Conradi 167
Cornet 38
Correns, Carl 169
Craigie, J. 142
Creutzfeldt, H. G. 161
Crick, Francis 175, 179, 242
Cruz, Oswaldo 79, 151
Cuillé, Jean 161

**D**

D'Hérelle, Félix 134, 140, 141, 238
Darier 156
Davaine, Casimir-Joseph 10, 22, 235
Delafosse, Gabriel 14
Delbrück, Max 145, 171, 172, 242
Delezenne 51
Démocrite 2
Denham 38
Dewinf 200
Dickinson 162
Diener 162
Dionysos 15
Dioscoride 183
Djaniberg 214
Dochez, A. R. 117, 119
Dodge 171
Doherty, Peter 243
Domagk, Gerhard 199, 200, 238, 241
Donaz 38
Donné, Alexandre 10, 235
Dopter 72
Doyen 155
Dreyer, G. 121
Drigalski 167
Dubos, René 206, 208, 209
Dubos, Robert 118
Duchesne 203
Duclaux, Émile 20, 23, 46, 47, 50, 177
Ducrey 200
Dulbecco, Renato 143, 242
Dumas, Jean-Baptiste 14, 20
Dunning, Richard 95
Dupetit 127
Durham, H. E. 121, 167
Duruy, Victor 46
Dutky 134
Dutton 237

**E**

Eberth, Carl 65, 166
Ehrlich, Paul 60, 61, 63, 64, 65, 71, 184, 185, 191, 194-197, 199
El Chinchon, comtesse de 185
Eliava, George 141
Elion, Gertrude 211, 243
Ellermann 156
Ellis, Emory 145, 171
Emmerich 203
Enders, John 143, 149, 238, 242
Engelmann 127
Enriquez de Rivera, Francisca (voir El Chinchon)
Ephrussi, Boris 172
Epstein, Anthony 156, 157
Ermengem 237
Ernst, Harold 78

© Dunod – La photocopie non autorisée est un délit.

Escherich, Theodor 67, 121, 237
Evans, Alice 76
Eyre, J. W. H. 116

## F

Fasquelle, André 96
Fawcett 134
Fehleisen, Friedrich 84
Feinberg 156
Félix, Arthur 121, 122
Fermi, C. 150
Finlay, Carlos 115, 140
Fischer, Bernhard 36, 59
Fischer, Emil 197
Fleming, Alexander 74, 118, 201-205, 238, 242
Flexner 72
Floch, Hervé 201
Florey, Howard Walter 204, 205, 242
Flügge, Carl 59
Foley, Henry 112
Foster 200
Fourneau, Ernest 191, 194, 197-201
Fournier, Louis 192
Fowler, J. K. 120
Fraenkel, Carl 59, 66, 67
Fraenkel-Conrat XIV
Frane 38
Frascator, Girolamo 5, 235
Friedlander, C. 65, 66
Fromm 200
Frosch, Paul 61, 138, 237

## G

Gabritchevsky 70
Gadjusek, Carleton 161
Gaffky, Georg 33, 36, 59, 60, 75, 166, 236
Galbiati, Gennaro 96
Gallo, Robert 158, 159, 209, 239
Galtier 27
Gamov 175
Garré, K. 85
Gärtner 120
Gayon 127
Ge-hong 184
Germont, Louis 132
Gernez 20
Gey 143
Gibbs, Clarence J. 161
Giemsa 79
Gierer, Alfred XIV, 145, 239
Gilbert, Walter 181, 239, 242
Gillepsie, L. J. 117
Girard, Georges 54
Globig 38
Goiffon, Jean-Baptiste 7
Gomez, Antonio Bernardino 187
Goodpasture 143, 238
Gorgas, William Crawford 151
Gotschlich 105
Gram, Hans Christian 65, 66
Grancher, Joseph 29, 30, 31, 46
Granger 58
Gregg 148
Griffith, Fred 117, 118, 120, 172, 238
Gros, François 175
Gross 156, 238
Grüber 121
Gruby, David 10
Gruter 149
Guérin 100
Guérin, Camille 99, 100, 101
Gunther 66

## H

Haffkine, Waldemar 47, 57
Hamon 200
Hannay 135
Hansen 201, 236
Harden 168, 169
Hare 144
Hare, Ronald 203
Harris, Larry Wayne 222
Harrison 142
Hartmann, Max 79
Harvey 156
Hasskarl 187
Hata, Sahachiro 63, 197
Havers, Clopton 93

Hawley 134
Hayes 174
Heatley, Norman 204
Heidelberger, M. 117
Heine 104
Helling 239
Hellriegel 127
Helmont, Jan Baptist Van 9, 17
Helvetius 190
Henle, Jacob 37
Henrici 207
Hershey, Alfred 173, 238, 242
Hervieux 23
Hésiode 2
Hesse, Fannie 34
Hesse, Walther 59
Hilleman 149
Hinds, Frank 132
Hinuma, Y. 158
Hippocrate 2, 3, 184
Hirst, Georges K. 144, 238
Hitchings, George 243
Hoagland 175
Hoffmann, Hermann 65, 238
Hofmann, August Wilhelm 184
Holley, Robert 176
Holt 157
Horning 206, 207
Horowitz, Norman 170
Houa Cheou 2
Howard 188
Huard 215
Huebner 149, 238
Hueppe, Ferdinand 33, 59
Hunter, John 94
Hurtwitz, Jerard 175

**I**

Isaacs, Alick 210
Ishii, Shiro 217, 218
Ishiwata 134, 237
Israël 237
Ivanovski, Dmitri Iosifovich 138, 139, 237

**J**

Jacob, François XIV, 146, 172, 174, 175, 177, 178, 238, 239, 242
Jakob, A. 161
Jauregg, Julius 241
Jenner, Edward 26, 92, 94-98, 151, 235
Jerne 238
Joblin 72
Joblot, Louis 7
Johnson 208
Jolit, Madeleine 171
Joubert, André 5, 203
Jupille, Jean-Baptiste 30
Jurgensen, T. 65
Jussieu, Joseph de 185

**K**

Kabeshima 142
Kalanaranam 158
Kaposi 159
Kauffman, F. 121
Keefer, C. S. 76
Khorana, Gobind 176, 239
Kircher, Athanasius 5
Kirchner, Martin 59
Kitasato, Shibasaburo 38, 55, 56, 60, 61, 63, 64, 69, 167, 197, 237
Klebs 60, 68, 236
Klemperer, G. et F. 116
Klin 83
Kling 104
Ko Hong 2
Koch, Emmy 59
Koch, Robert XIV, XXIII, 10, 13, 22, 23, 32-46, 56, 59, 68, 75, 76, 82, 84, 85, 110, 113, 115, 117, 155, 165, 166, 183, 193-195, 215, 236-238, 241
Kolle 72
Kornberg, Arthur 174
Kostov, Vladimir 221
Krausche 145
Krebs, Hans 168
Kützing 15

© Dunod – La photocopie non autorisée est un délit.

## L


La Condamine, Charles-Marie de 94, 185, 187
La Scola, Bernard 147
La Touche, C. J. 203
Laennec, René-Théophile 9, 65
Laidlaw, P. P. 148, 238
Laigret, Jean 151
Lancefield, Rebecca 119, 120
Landsteiner, Karl 104, 124, 140
Laplace 38
Laurent, Marie 14
Laveran, Alphonse 48, 51, 70, 191, 196, 199, 236
Lavoisier, Antoine-Laurent 15
Lawson, James A. 56
Laycock 68
Le Conte, John 133
Lederberg, Joshua 173, 174, 238, 242
Lederer 174
Ledingham, John 113
Leeuwenhoek, Antonie Van XX, XXII, 5, 6, 7, 8, 126
Legroux, René 48
Lépine, Pierre 104, 147
Levaditi, Constantin 50, 104, 143, 192
Levaillant 188
Li Che-tchen 189
Liebig, Justus von 15
Lindenmann, Jean 210
Linné, Carl von 7, 186, 187, 235
Lipmann, Fritz 168
Lister, Joseph 73, 77, 82, 85, 86, 87, 88, 193, 203, 236
Loeffler, Freiderich 33, 37, 59-61, 68, 85, 133, 138, 236, 237
Loew 203
Loir, Adrien 53, 132
Losch 236
Lowe 201
Lucas-Championnière, Just 87
Lugo, Juan de 186
Luria, Salvador 145, 146, 147, 171, 242
Lwoff, André 52, 146, 147, 157, 171, 172, 176, 178, 238, 242
Lwoff, Marguerite 172
Lyme 239


## M


M'Fadyean 139
Mac Bride 15
Mac Callum, F. O. 148
Mac Carty, Maclyn 173
Mac Leod, Colin 173
Magendie, François 190
Maillot 20
Manson, Patrick 76, 77, 115, 236
Marchoux, Émile 51, 53, 72, 79, 199
Marmo 221
Marmorek, A. 72, 119
Marshall, Barry 239, 243
Marten 7
Martin, Louis 47, 50, 51
Matthaei, Johan 176
Maurice 72
Mayer, Adolf 138
Mc Clelland 144
Medawar, Peter 242
Medin, Oskar 104
Meister, Joseph 29, 30, 31, 73, 237
Meleney 208
Mendel, Gregor 169
Merck 205
Meselson, Matthew 175, 179
Mesnil, Félix 51, 191, 196, 199
Mésué, Jean de 3
Metchnikoff, Élie 46, 48-51, 57, 70, 100, 110, 125, 134, 236, 241
Meyerhof 168
Mineptah-Siptah 103
Misaji, Kitano 217, 218
Mitani 134
Moloney 156
Monod, Jacques XIV, 52, 146, 169, 171, 172, 175, 177, 178, 239, 242
Montagnier, Luc XVI, 159, 160, 209, 239
Montagu, Lady Mary Wortley 93

Morax, Victor 47
Morgan, Doris 158
Morgan, Thomas 169
Moser, P. 119
Mouat, Frederic John 189
Müller 171, 235
Müller, Hermann J. 169
Müller, Otto Freiderich 7
Müller, Paul 242
Mullis, Kary 243
Müntz 127


## N


Nathans, Daniel 179, 242
Nathanson 127
Needham, John Tuberville 8
Neelsen, Freiderich 36, 65
Nègre 100
Negri 140
Neisser, Albert 64, 67, 124
Neuberg 168
Neufeld, F. 117
Neva 149
Nicolaïer 236
Nicolle, Charles XV, 47, 53, 54, 72, 110-116, 139, 213, 228, 241
Nicolle, Maurice 47, 50
Nirenberg, Marshall 176, 239
Nitti, Frederico 197, 200
Nocard, Edmond 36, 58, 70
Northrop 146
Novy, Frederick 78
Nuttal, G. H. F. 70, 77, 237


## O


Obermeier 236
Oertel, J. 68
Ogston, Alexander 84, 85
Okasaki, Reiji 175
Outram 162


## P


Paracelse 192
Pardee, Arthur 172, 177
Paré, Ambroise 17
Pasteur Vallery-Radot, Louis 44
Pasteur, Jean-Baptiste 32, 46
Pasteur, Louis XIV, XX, XXIII, 9-32, 40-47, 50, 52, 53, 58, 66, 70, 73, 74, 82, 84-92, 98, 99, 110, 115, 125, 126, 130-132, 137, 138, 149, 150, 155, 167, 168, 183, 193, 203, 215, 236, 237
Pauling, Linus Carl 242
Pavlovskii, E. N. 116
Pelletier, Louise 31
Pelletier, Pierre-Joseph 184, 187, 188, 190
Perkin, William Henry 184
Pertick 70
Petri, Richard J. 34, 38, 59, 237
Pettit, Auguste 51
Pfankuch 145
Pfeiffer, Richard 38, 49, 59, 63, 64, 138, 237
Pfizer 205
Pfuhl, Eduard 59
Phisalix, Césaire 55
Picoteaul 7
Pirie, Norman W. 144
Plagge 38
Pline 183, 184
Plutarque 184
Pollander 21
Pommery 132
Popovic 159
Popper, Erwin 140
Popper, William 104
Portier, Paul 72, 237
Pouchet, Félix Archimède 19
Poulenc, Frères 197
Powers, Francis 219
Prauskauer 38
Proskauer, Bernhard 33, 59
Prowasek 79
Prudden, T. Mitchell 77, 78
Prusiner, Stanley B. 162, 243
Pugh 94
Pylarini, Jacobo 93


© Dunod – La photocopie non autorisée est un délit.

## R

Rabaut, Jacques-Antoine 94
Raistrick, Harold 204
Ramon, Gaston 51, 71, 102, 103, 238
Raoult, Didier 147
Rappin 155
Rauscher 156
Rayer, Pierre 10, 21, 22, 235
Reclus 81
Redi, Francesco 7, 235
Reed, Walter 78, 115, 139, 237
Remlinger, Paul 54, 140
Renucci 10
Rhazès 2
Rhône-Poulenc 197
Richet, Charles 72, 237, 241
Rickenberg, Howard 177
Ricketts 238
Rist 200
Robbins, Frederick 143, 238, 242
Roberts, Richard 243
Robins 106
Robinson 168
Robiquet 188
Rocha-Lima, Henrique de 79
Rogers, Leonard 190
Rohrer, Heinrich 243
Roscoe, Henri 73
Rosenbach, Frederick 85, 236
Ross, Ronald 115, 237, 241
Rossignol 25, 26, 99
Roth 38
Roubaud, Émile 51
Rous, Francis Peyton 143, 146, 147, 156, 157, 179, 238, 239, 242
Roux, Émile 23-26, 28, 30, 36, 37, 46-48, 51, 53, 55, 58, 59, 69-71, 110, 150, 197, 236, 237
Roux, Gabriel 203
Rowe 149, 238
Roy, Charles Smart 74
Ruffer, Marc Armand 73, 74
Ruska, Ernst 238, 243
Ruska, Helmuth 145

## S

Sabin, Albert 104, 105
Sabouraud, Raymond 59
Sachs 124
Saint-Yves Ménard 96
Salimbeni 72, 79
Salk, Jonas 104
Salmon, Daniel E. 77
Samonicus, Serenus 183
Sanarelli, Giuseppe 138, 139, 140
Sanger, Frederick 179, 180, 181, 239, 242
Sawtchenko 156
Schaeffer, Pierre 172
Schatz 207, 208
Schaudinn 238
Schlesinger, Max 144
Schloesing 127
Schmidt 191
Schönlein, Johann Lucas 10, 235
Schottmüller, H. 119
Schramm, G. XIV, 145, 239
Schütz 236
Schwalbe, Julius 60
Schwann, Theodor 8, 15
Schwarze 65
Sclavo 72
Sedgwick, William Thompson 78
Sédillot 236
Sellars, Watson 151
Semmelweis, Ignace 9, 82, 83, 235
Sergent, Edmond 112
Sergent, Etienne 48, 53, 54
Sharp, Phillip 243
Sherrington 38
Shiga 237
Shiga, Kiyoshi 63, 72, 196, 197
Shneerson 106
Shri Sitala Devi 92
Siemenowics 214
Sigurdsson, Björn 161
Simond, Paul-Louis 57, 72, 79, 115, 237
Sloane, Hans 93
Smith 152, 200, 238, 239

Smith, Erwin 156
Smith, Hamilton 179, 242
Smith, Theobald 76-78, 119, 167
Smith, W. 148
Snow, John 9, 82, 235
Soper, Fred L. 97, 152
Sorre, Max 115, 116, 238
Spallanzani, Lazzaro 8, 235
Squibb 205
Stahl, Franklin 179
Stahl, Georg Ernst 9
Stanley, Wendell M. 144, 238, 242
Stehelin 157, 239
Stephenson 200
Stephenson, Marjorie 168, 177
Sternberg, George M. 66, 77, 78
Stimpson, L. A. 77
Straus, Isidore 36, 37, 58
Syphile 5

**T**

Talamon, Charles 58, 66
Talbor, Robert 186, 190
Talbot (Voir Talbor)
Tarnier, Stéphane 87
Tatum, Edward 169, 170, 171, 173, 238, 242
Tch'ao 10
Tche Fa Ts'ouen 2
Tchermack 169
Tchou Tan-ki 189
Temin, Howard 157, 179, 239, 242
Theiler, Max 152, 242
Thiroux, André 53, 191
Thucydide 2
Thuillier, Louis 25, 26, 36, 58
Thunberg 169
Todd, E. W. 120
Tonegawa, Susumu 243
Torriani, Annamaria 171
Townsend, C. O. 156
Traube, Moritz 167
Tréfouel, Jacques 200
Tréfouel, Thérèse 197, 200
Trendelenburg 68
Trentin 149
Treskow 36
Trillat, Auguste 216
Truche 72
Turner, Sidney 74
Twort, Frederick William 140, 238
Tyndall, John 8, 89, 90, 91, 203

**V**

Vaillard, Louis 58, 69, 72
Vallée 99
Vallery-Radot, René 44
Van Niel, Cornelis 127, 129
Varmus, Harold 157, 243
Varron 3
Veillon 51
Verkolje, Johannes 6
Vidal de la Blache 115
Vigo, Giovanni de 192
Vincent 166
Virchow, Rudolf 166
Vries, Hugo de 169
Vulpian 29

**W**

Waksman, Selman A. 118, 205, 206, 207, 208, 238, 242
Warburg 168
Warren, Robin 239, 243
Washbourn, J. W. 117
Wassermann, August Von 60, 64, 72, 124, 238
Watarai 134
Watson 134, 179
Watson, James 175, 242
Watson, Jim 172
Weaver, G. H. 119
Weber 29
Weddel 187
Weichselbaum 237
Weigert, Carl 33, 65, 67
Weil, Edmond 121, 122
Weinberg 51
Weiss, Samuel 175
Weisser 38

© Dunod – La photocopie non autorisée est un délit.

Welch, William H. 77, 78, 237
Well 162
Weller, Thomas 143, 238, 242
Welsch 206
Werner 149
Wernicke 69, 71
Wertheim 67
West 104
Westphal 65
Weyl 63, 69, 237
White, P. B. 121
White, R. T. 134
Whitehead, James 73
Widal, Fernand 58, 74, 121, 123, 166
Wilkins, Maurice H. 242
Willems, Louis 97
Willfarth 127
Winge 171
Winogradsky, Serge 125-127, 129, 237
Wittman 200
Wöhler 15
Wolffhügel, Gustav 59
Wollman 238
Wollman, Élie 172, 174
Wollman, Eugène 50
Woodruff 143, 206, 207, 238
Woods, Donald 200
Wright 99
Wright, Almroth Edward 50, 74, 75, 98, 99, 117, 201, 237
Wucherer, Otto 76

## Y

Yen, C. H. 142
Yersin, Alexandre 47, 48, 53, 54, 55, 56, 57, 63, 69, 72, 237
Young 168

## Z

Zamenick 175
Zammit, Themistocles 75
Zeiss, Carl 33
Zhao-xue-min 187
Zhdanov, V. M. 97
Ziehl, Franz 36, 65
Zigas, V. 161
Zilva 169
Zinder 174, 238
Zinkernagel, Rolf 243
Zoeller, Christian 103

# Index des noms de germes, maladies et produits


**A**

acide
- arsinique 199
- benzoïque 193
- borique 193
- pénicillique 207
- phénique 86
- phénylstibonique 191

acridines 199
*Actinomyces antibioticus* 207
*Actinomyces griseus* 207
*Actinomyces lavendulae* 207
actinomycètes 205, 206, 207, 237
actinomycétine 207
actinomycine 207
acyclovir 211
adénovirus 106, 143, 149, 238, 243
adjuvants 102, 103
*Aedes aegypti* 140, 155
aérobiose 16, 168
aflatoxine 221
agent non conventionnel 148, 162
*Agrobacterium tumefaciens* 156
AIDS 159
aluminium 193
amantidine 211
amibe 147, 236
amino-alcools 197
anaérobie, anaérobiose 16
*Anagasta kühniella* 134
anaphylaxie 237
anatoxine 102, 103, 222, 238
*Anisoplia austriaca* 134
antibiotique 110, 118, 131, 142, 143, 162, 185, 201, 208, 209, 227
antigène Australia 148, 239
antimoine, antimoniés 184, 190, 191
antipaludéen 198
antisepsie 81, 86, 193
antiseptique 86, 88, 192, 193, 196, 201, 235
antitoxine 103, 194, 237
antiviraux 185, 209-212


© Dunod – La photocopie non autorisée est un délit.

arbovirus 144
archéobactérie 239
arénavirus 153, 155
armoise 188
arsenic, arsenicaux 184, 185, 190, 191, 197, 198
arsénobenzène 191, 197
*Artemisia annua* 184, 188
artémisinine 184, 189
asepsie 87, 88
*Aspergillus* 207
atoxyl 197
atténuation 98
auréomycine 208
autoclave 19, 89, 90, 236
azoïque 199, 200
*Azotobacter chroococcum* 127

## B

*Babesia bigemina* 39
babésiose 39
bacille
  botulinique 237
  de la peste, pesteux (voir *Yersinia pestis*)
  diphtérique 37, 68, 69, 113, 236
  du choléra (voir vibrion cholérique)
  du foin (voir *Bacillus subtilis*)
  dysentérique 140, 196, 237
  en virgule (voir vibrion cholérique)
  lactique 121
  paratyphoïdique 121
  pyocyanique 64, 203
  tétanique 63, 69, 236, 237
  tuberculeux XV, 34, 36, 37, 40, 62, 65, 91, 236
  typhoïdique 60, 66, 75, 99, 113, 121, 142, 166, 167, 236
*Bacillus aerogenes* 121
*Bacillus amyloliquefaciens* 179
*Bacillus anthracis* 33, 216, 236
*Bacillus brevis* 206
*Bacillus icteroïdes* 138, 140
*Bacillus lentimorbus* 135
*Bacillus licheniformis* 208
*Bacillus popilliae* 135
*Bacillus subtilis* 19, 91, 203, 219
*Bacillus thuringiensis* 134, 135, 237
bacitracine 208
bactériophage 140-147, 171-174, 176, 179, 180, 238, 242
*Bacterium abortus* 75, 76
*Bacterium enteritidis* (voir *Salmonella enteritidis*)
baculovirus 163
*Bartonella* XVI
*bassiana* 10
BCG 99, 100, 101, 106, 238
benzoate 193
*Bifidobacterium* 131
bilharziose 2
biotoxine 217
bismuth 192, 197
blennorragie 67
*Blissus leucopterus* 134
borates 193
*Borellia* XVI
borréliose 239
*Botrytis* 10, 235
botulisme 130, 237
*Boveria* 10
bovo-vaccin 99
*Brucella* 74, 218
*Brucella melitensis* 75, 76, 237
*Burkholderia mallei* 216

## C

calomel 192
*Candida albicans* 68, 159
Carré, maladie de 113
*cattle fever* 78
*Cercopithecus aethiops* 152
Chagas, maladie de 2, 79
charbon 10, 21-27, 32, 34, 42, 49, 61, 77, 90, 98, 216- 218, 221, 222, 236
chaulmoogra 189
chauve-souris 155
Chikungunya XV, 163, 228
*Chlamydia*, chlamydies XVI, 208
chloromycétine 208

choléra 2, 9, 10, 24, 36, 38, 56, 57-59, 60, 63, 64, 68, 82, 99, 109, 217, 219, 225, 235
 des poules 24-26, 42, 98, 132, 203, 236
 du porc 77
chrisoïdine 199
cimédone 201
*Cinchona* 186, 187
*Cinchona calisaya* 187
*Cinchona officinalis* 187
*Cinchona succirubra* 187
cinchonine 187, 188
ciprofloxacine 222
clavacine 207
*Clostridium pasteurianum* 126, 127
*Clostridium perfringens* 237
*Clostridium septicum* 23, 236
coccidie 156
*Coccobacillus acridiorum* 134
colibacille 144, 237
coliforme 109, 121, 166, 167
colorants 194
complément 50, 237
complexe pathogène 115, 116, 238
coqueluche 50, 99, 107, 109, 113, 124, 238
*Corynebacterium diphteriae* 60
cow-pox 94
*Coxiella burneti* 219, 222
créosote 193
Creutzfeldt-Jakob, maladie de 162
criquets 134
cuivre 193
cyanobactérie 129
cytomégalovirus 211

## D

dapsone 201
DDS 200, 201
DDT 242
dengue 113, 155
*Desulfovibrio desulfuricans* 127
diasone 201
diphtérie XV, XXIII, 55, 60, 68, 69, 70, 71, 85, 103, 107, 109, 110, 116, 203, 237
*Drosophila melanogaster*, drosophile 169, 170
dysenterie 10, 141
 amibienne 190
 bacillaire 63, 140

## E

eau oxygénée 193
Ebola, fièvre hémorragique 114, 149, 152, 154, 221, 222, 239
émétine 190
émétique 190
encéphalopathie 161, 162
endocardite 201
entérobactérie 121, 122
entérovirus 105
érysipèle 84, 119
érysipèle du porc (voir rouget du porc)
érythromycine 208
*Escherichia coli* 68, 171, 174, 176, 179, 180, 237, 239

## F

farcin 58
fer 193
fermentation 15, 16, 130, 168, 236
fièvre
 aphteuse 61, 138, 139, 237
 boutonneuse 113
 de la côte orientale 39
 de Malte 74, 75, 109, 237
 des Montagnes Rocheuses 238
 hémoglobinurique 39
 hémorragique XIX, 114, 149, 152, 154, 155, 239
 jaune 72, 78, 79, 113, 115, 138-140, 144, 149, 151, 152, 215, 237, 238, 242
 ondulante (voir fièvre de Malte)
 puerpérale 23, 82, 83, 84, 119, 235
 Q 219
 récurrente 112, 236

© Dunod – La photocopie non autorisée est un délit.

fièvre (*suite*)
typhoïde 39, 58, 64, 74, 99, 105, 109, 110, 121-123, 140, 141, 166, 167, 203
filaire lymphatique 115
filariose lymphatique 76, 236
*Filoviridae* 153, 154
filtration 89, 91
flacherie 21
fomivirsen 211
foyer naturel 116
*Francisella tularemia* 219
furoncle 23
*Fusarium* 220
*Fusarium oxysporium* 221

## G

gale 7, 10
galle du collet 156
gangrène gazeuse 51, 77, 200, 237
génération spontanée 7, 8, 9, 14, 16, 17, 18, 19, 235, 236
gliotoxine 207
gonocoque 67, 200, 203, 237
gonorrhée 67, 74, 109, 124
gramicidine 206
GRID 159
grippe 106, 138, 143, 145, 148, 211, 212, 225, 228, 238
aviaire XV, XIX, 163, 228

## H

*Haemophilus influenzae* 63, 64, 105, 181, 204, 239
hanneton 134
HeLa 143
*Helicobacter pylori* XVI, 239, 243
*Helminthosporium oryzae* 218
hématozoaire 236
hépatite 96, 148, 210
A 148
B 106, 148, 211, 239, 242
C 210
épidémique (voir hépatite A)
herpès 106, 143, 149, 210
*Herpes simplex* 211
*Herpes tonsurans* 235
*Histosporidium carcinomatosum* 156
HTLV 158, 159, 239
*Hydnocarpus* 189

## I

IDAV 159
infections 112
inapparentes 112-114
nosocomiales XV, 81, 227, 228
opportunistes 159, 228
puerpérales XXIII, 83
*Influenza bacillus* 138
insectes 115, 133, 134, 135
interféron XV, 210
iodoforme 193
ipecac, ipécacuana 190

## K

*Klebsiella pneumoniae* 66
kuru 161, 162, 242

## L

lactique 131
*Lactobacillus* 131
*Lactococcus* 131
laiteuse (maladie) 134, 135
lamivudine 211
Lassa, fièvre de 149, 152, 153, 154, 239
LAV 159, 160
*Legionella* 228
légionellose 114
leishmaniose 51, 191
lentivirus 148
lèpre XXIII, 2, 3, 5, 7, 51, 109, 183, 189, 201, 236
leptospires 51
leucémie 156, 158, 238
leucoencéphalopathie multifocale 148
levures 9, 168, 171, 239
*Listeria* 228
*Listeria monocytogenes* 131, 181
listériose 130

Lyme, maladie de 114
lymphangite ulcéreuse 58
lymphogranulomatose 200
lysogénie 146
lysozyme 202, 238

## M

maladie
  à virus lents 148
  de la vache folle 162
  du sommeil 39, 53, 191, 199, 237
  laiteuse 134, 135
  lente à virus 161
*Mamestra brassicae* 135
mammite
  contagieuse 58
  gangreneuse 58
Marburg, maladie de 149, 152, 153, 154, 221, 239
*Mastomys* 154
*Mastomys natalensis* 154
méningite 109, 201
méningocoque 64, 105, 110, 113, 117, 200, 204, 237
menthol 193
mercure 190, 192, 193, 197
*Metarrhizium anisopliae* 134
métaux 184, 190
*Methanococcus jannachii* 239
*Micrococcus amylovorus* 77
*Micrococcus melitensis* (voir *Brucella melitensis*)
*Micrococcus neoformans* 155
*Micromonospora* 207
micromonosporine 207
microsporidie 20
mildiou 218
Mimivirus 147
*Monospora bicuspida* 49
moranyl 199
morve 59, 60, 216, 236
mosaïque du tabac 128, 138, 139, 144, 145, 237, 238, 239, 242
mouche du vinaigre (voir drosophile)
moustique 115, 133, 140, 155, 184, 236, 237, 241
muscardine 10, 235
*Mycobacterium bovis* 77
*Mycobacterium leprae* 181
*Mycobacterium tuberculosis* 100, 207, 236
*Mycoderma vini* 16
*Mycoplasma mycoïdes* 59, 237
mycoplasme 208
mycotoxine 220
myxomatose 133, 139

## N

nagana 191
naphtaline 193
*Neisseria* 67
*Neisseria meningitidis* 181
nématode 1
*Neodiprion sertifer* 135
*Neurospora* 171
*Neurospora crassa* 170, 171
noctuelle 135
*Nosema bombycis* 20
nosocomiales (voir infections nosocomiales)
novarsénobenzol 197

## O

oncogène 239
opportunistes (voir infections opportunistes)
or, sels 199
oreillons 143
orpiment 191
orsanine 199
oseltamivir 212
ostéomyélite 23, 85
*Ostrinia nubilalis* 134

## P

paludisme 39, 51, 106, 115, 183, 188, 196, 199, 215, 236, 237, 241
panencéphalite sclérosante 148
papovavirus 148

© Dunod – La photocopie non autorisée est un délit.

Paramyxoviridae 155
pasteurisation 16, 19, 91, 92, 130, 236
pébrine 20, 21
pénicilline 118, 192, 201-208, 238, 242
pénicillique (voir acide pénicillique)
*Penicillium* 203, 205, 207
*Penicillium chrysogenum* 205
*Penicillium notatum* 203, 205
pentaquine 199
péripneumonie 97, 98, 237
  contagieuse 59
peste XXIII, 2, 4, 5, 7, 54-57, 60, 63, 99, 109, 114, 115, 200, 201, 203, 214, 216, 217, 222, 225, 237
  aviaire 139
  bovine 39, 139
  équine 139
*Pfeifferella mallei* 236
phage, voir bactériophage
phagocytose 48, 49, 50, 51, 236
phénazopyridine 199
phénol 150, 193
phénylarsinate 191
phénylstibonique, acide 191
phtisie 5
phylloxéra 131, 132
*Phytophtora infestans* 218, 226
pian 199
picote 94
*Piricularia oryae* 218
plasmide 106
*Plasmodium* 115
*Plectridium tetani* 63
pluie jaune 220
pneumocoque 23, 27, 65, 66, 67, 78, 105, 110, 116, 117, 118, 119, 138, 172, 173, 200, 205, 209, 236
*Pneumocystis carinii* 158, 159
pneumonie 65, 66, 109, 116-118, 158, 173, 209, 237
poliomyélite 72, 103-107, 113, 140, 142, 143, 149, 152, 239
poliovirus 104, 105, 238
polyhédrose nucléaire 135
*Popilla japonica* 134
porc 27
potasse 150, 193
pou XV, 112, 115, 228
poxvirus 145, 221
prion 162, 243
*Proactinomyces gardneri* 207
proactinomycine 207
promine 201
prontosil 185, 199, 200, 241
Proteus 121, 122
*Pseudomonas aeruginosa* 68, 181
*Pseudomonas mallei* 216
psittacose 58
*Psychotria ipecacuanha* 190
puce 115, 217, 237
puerpérale (infection, fièvre) XXIII, 82, 83, 119, 235
punaise 134
pyocyanase 203
pyocyanique 203
pyrale du maïs 134

## Q

Qing-hao 184, 188
Qing-hao-su 184, 189
quinine 184, 185, 187, 188, 190, 199
quinolone 239
quinquina 184-189

## R

rage 2, 4, 7, 21, 23, 25, 27, 29, 31, 32, 42, 46, 66, 73, 90, 98, 114, 137, 140, 142, 143, 147, 150, 236, 237
rétrovirus 147, 155, 157, 158
rhinovirus 143
  « M » 149
rhodoquine 199
rhumatisme articulaire aigu 120
ricine 222
rickettsie 208
rimantidine 211
rongeur 154, 155
rotavirus 221
rouge trypan (voir trypan rouge)

rougeole 2, 72, 107, 113, 114
rouget du porc 25, 27, 42, 60, 90, 98, 236
rouille 77, 218, 226
rubéole 148

## S

*Saccharomyces cerevisiae* 181, 239
salicylique 193
*Salmonella* 121
*Salmonella cholerae suis* 77
*Salmonella enteritidis* 120
*Salmonella paratyphi B* 122
*Salmonella typhi* 64
*Salmonella typhimurium* 60, 133, 222, 237
salmonelles 106, 110, 120, 121
salmonellose 130
salvarsan 197
sarcome 147, 156, 157, 242
 d'Harvey 156
 de Kaposi 159
 de Rous 143, 147, 157, 179
sarcopte 10
scarlatine 85, 119, 120
*Schistosoma* 2
*Schizotrypanum cruzi* 79
*Sclerotium rolfsii* 218
scrapie 161, 162
seminaria 5, 235
sérothérapie 48, 54, 55, 58, 61, 62, 68-72, 103, 110, 116-119, 241
*Serratia marcescens* 219
*Shigella dysenteriae* 63, 140
Sida XV, XIX, XXIII, 4, 155, 158-161, 197, 211, 225, 228
spirochète 115, 236
spirochétose 113, 199
SRAS XV, XIX, 163
*Staphylococcus* 85
*Staphylococcus aureus* 85, 142
staphylocoque 23, 84, 85, 109, 117, 200, 203, 205, 236
*Stegomyia fasciata* (voir *Aedes aegypti*)
stérilisation 19, 88-91
stovaïne 197
stovarsol 199
*Streptococcus pneumoniae* 237
streptocoque 23, 58, 84, 85, 109, 110, 117, 119, 120, 199, 200, 203-205, 236
streptomycine 118, 205-208, 238, 242
streptothricine 207
sublimé 193
sulfamide 185, 189, 198-201, 238
sulfamidochrysoïdine 199, 200
sulfanilamide 200
sulfite 193
sulfone 189, 190, 198-201
sulfure 200
sulphétrone 201
surra 191
syphilis XXIII, 4, 5, 51, 63, 64, 96, 109, 124, 183, 191, 192, 197, 199, 201, 205, 238

## T

tanins 193
*Taraktogenos* 189
*Taraktogenos kurzii* 189
teigne 10, 59, 235
terramycine 208
tétanos 2, 55, 59, 63, 68, 69, 71, 103, 107, 109, 237
*Theileria parva* 39
theilériose 39
Thiobacilles 127
*Thiomargarita namibiensis* 239
tique 238
toxine 55, 102, 135, 138, 194, 216, 219, 221, 222, 237
*Treponema pallidum* 124, 238
tréponème 124, 197, 198, 199, 205
*Trichomonas vaginalis* 10, 235
*Trichuris trichiura* 1
trypan rouge 196
trypanosome 79, 196, 198, 199, 237
trypanosomose 2, 51, 79, 113, 191, 197, 199

© Dunod – La photocopie non autorisée est un délit.

tuberculine 37, 38, 43, 59, 62-64, 237
tuberculose XXIII, 1, 37, 39, 40, 42, 43, 59, 60, 62, 64, 68, 99, 100, 107, 109, 124, 193, 207, 241
tularémie 219
tumeur mammaire 156
tyndallisation 19, 91
typhoïde (voir fièvre typhoïde)
typhus 10, 63, 111-113, 121, 217, 225, 228
  exanthématique 2, 72, 110, 111, 115, 228, 241
tyrocidine 206
tyrothricine 118, 206

## V

vaccin 106
vaccination 26, 30, 81, 92, 94-98, 103, 106, 107, 236
vaccine 95, 96, 98, 106, 142, 143, 150, 235
variole XV, XXIII, 2, 7, 92-98, 105-107, 114, 143, 145, 147, 150, 151, 162, 183, 214, 215, 221, 239
variolisation 93, 94, 98, 151
ver 1, 2, 134, 235
  à soie 20, 21, 24, 236
*Vibrio cholerae* (voir vibrion cholérique)
vibrion
  cholérique 36, 63, 64, 113, 181, 236, 239
  septique 21, 22, 236
VIH 106, 152, 158-160, 163, 209-212, 228, 239
virus
  APC 149
  d'Epstein-Barr 156
  de la conjonctivite hémorragique 221
  du Sida (voir VIH)
  Ebola 114, 149, 152, 154, 221, 222, 239
  Echo 143, 149
  émergent 149, 152, 155
  filtrant 138-140, 142, 156
  grippal 163, 210
  Guanarito 155
  Hanta 155
  Hendra 155
  iridescent 145
  Junin 155
  Lassa 149, 152-154, 239
  Machupo 155
  Nipah 155
  rabique 28
  Sabia 155
  West Nile 228
Visna 148

## W

*Welchia perfringens* 77
West Nile, virus 228

## Y

*Yersinia pestis* 63, 217, 222, 237

## Z

zanamivir 212
zidovudine 211
zinc 193
zoonoses 114, 152

50806 - (I) - (1,5) - OSB 80° - TYP - JME
Imprimerie CHIRAT - 42540 Saint-Just-la-Pendue
Dépôt légal : janvier 2007
N° 3385

*Imprimé en France*